W0259827

Odyssee im Zeptoraum

Gian Francesco Giudice

Odyssee im Zeptoraum

Eine Reise in die Physik des LHC

Aus dem Englischen von Nicola Fischer

Gian Francesco Giudice
Theoretical Physics Division
CERN, Geneva 23
Schweiz
Gian.Giudice@cern.ch

A Zeptospace Odyssey: A Journey into the Physics of the LHC, Die Erstauflage erschien 2009 auf Englisch. Diese Übersetzung erscheint mit freundlicher Genehmigung von Oxford University Press.

ISBN 978-3-642-22394-5 e-ISBN 978-3-642-22395-2
DOI 10.1007/978-3-642-22395-2
Springer Heidelberg Dordrecht London New York

Die Deutsche Nationalbibliothek verzeichnet diese Publikation in der Deutschen Nationalbibliografie; detaillierte bibliografische Daten sind im Internet über http://dnb.d-nb.de abrufbar.

Einbandentwurf: KünkelLopka GmbH, Heidelberg

Gedruckt auf säurefreiem Papier

Springer ist Teil der Fachverlagsgruppe Springer Science+Business Media (www.springer.com)

Vorwort

Werden wir nicht nachlassen in unserm Kundschaften
Und das Ende unseres Kundschaftens
Wird es sein, am Ausgangspunkt anzukommen
Und den Ort zum ersten Mal zu erkennen.

Thomas Stearns Eliot[1]

Der Kontrollraum des Large Hadron Collider (LHC) ist voller Menschen. Sie alle blicken gebannt auf den Monitor an der Wand, der in diesem Augenblick nur einen grauen Hintergrund zeigt. Der letzte Absorberblock ist bereits entfernt worden, die Protonen können also ungehindert in ihre Kreisbahn durch den 27 Kilometer langen unterirdischen Tunnel eintreten. Es ist 10.28 Uhr am 10. September 2008. Wir befinden uns am CERN, dem europäischen Laboratorium für Teilchenphysik, das sich nahe Genf entlang der deutsch-französischen Grenze erstreckt.

Wie ein Magier kurz vor seinem spektakulärsten Trick spricht Lyn Evans, der Direktor des LHC-Projekts auf Französisch den Zauberspruch, ohne dabei seinen Waliser Akzent zu verbergen: »Trois, deux, un ...... faisceau!« Im selben Moment sind auf dem Bildschirm einen

[1] T. S. Eliot: Vier Quartette: Little Gidding (Four Quartets: Little Gidding, 1943). Dt. v. N. Wydenbruck, 1988.

Moment lang zwei helle Punkte zu sehen. Ringsum bricht Beifall los. Das Geschehen im Kontrollraum wird live ins Hauptauditorium übertragen, wo CERN-Physiker und -Personal sich mehrheitlich versammelt haben. Auch hier schließen sich alle, voller Zufriedenheit und tief bewegt, dem spontanen Applaus an. Das Abenteuer, auf das man so lange hingearbeitet und gewartet hatte, hat tatsächlich begonnen.

Die ersten offiziellen Studien für den Large Hadron Collider, den leistungsstärksten Teilchenbeschleuniger der Welt, stammen aus den frühen 1980er Jahren; endgültig genehmigt wurde das Projekt jedoch erst 1994. Vierzehn Jahre später nun signalisieren die zwei hellen Punkte auf dem Bildschirm das Ende der Bauphase und den Beginn des experimentellen Programms im Bereich der Teilchenphysik. Diese Punkte waren zwei Abbilder des Protonenstrahls auf einem dünnen Leuchtfilm: Ein Punkt zeigte den Strahl im Augenblick seines Eintritts in den LHC, der zweite bei seiner Wiederkehr nach einer Runde um den Ring, nach 27 Kilometern in nur 90 Millionsteln einer Sekunde. Es stimmt, die Energie des Protonenstrahls betrug erst einen Bruchteil der letztlich vollen Kraft des LHC, und auch die Dichte der zirkulierenden Protonen war extrem niedrig. Dennoch ist der ehrlich empfundene Beifall der anwesenden Physiker vollkommen gerechtfertigt: Dieses Ereignis war der entscheidende Praxistest, dass die Technologie, auf die der LHC aufbaut, tatsächlich funktioniert.

Anwesend im Kontrollraum sind die letzten fünf Generaldirektoren des LHC. Sie haben das Laboratorium durch die einzelnen Planungs- und Bauphasen geführt: Herwig Schopper, Carlo Rubbia, Christopher Llewellyn Smith, Luciano Maiani und Robert Aymar, dem nach Ende seiner Amtszeit im Dezember 2008 Rolf Heuer folgte. »Es sind nur deshalb bloß fünf, weil die anderen bereits tot sind!«, kommentiert Lyn Evans mit einem Lachen. Einige der älteren Direktoren teilen seine Heiterkeit nicht. Dennoch sichtbar begeistert, gehen sie in ihren Anzügen und Krawatten auf Evans zu, der eher für die Modetradition des CERN steht—Jeans und Turnschuhe—, um ihrer Freude Ausdruck zu verleihen. Glückwunsche aus allen großen teilchenphysikalischen Laboratorien der Welt treffen ein. Die originellste Botschaft kommt von Nigel Lockyer, dem Direktor des kanadischen Labors TRIUMF, der

Abb. 1 Der Kontrollraum des LHC am 10. September 2008
Quelle: CERN.

die Worte Neil Armstrongs beim Betreten der Mondoberfläche abwandelt: »Eine kurze Reise für ein Proton, aber ein großer Schritt für die Menschheit!«

Der Large Hadron Collider ist tatsächlich ein außergewöhnliches Abenteuer für die Menschheit: ein großes Abenteuer der Bautechnik etwa durch die Aushebung von fast 80.000 Kubikmetern Erde in 100 Metern Tiefe—einer Menge, mit der man das Mittelschiff der Kathedrale von Canterbury füllen könnte. Ein Abenteuer an der absoluten Spitze der Technologie durch die Entwicklung neuartiger Instrumente unter konstant extremen Anforderungen wie der jahrelangen Kühlung von 37.000 Tonnen Material, verteilt über eine Strecke von 27 Kilometern, auf -271 °C, eine Temperatur unterhalb jener des leeren Weltraums. Ein beispielloses Abenteuer der Informationstechnologie mit einem Datenfluss von etwa einer Million Gigabyte pro Sekunde—als würden alle Menschen auf der Erde über einen einzigen Betreiber gleichzeitig jeweils rund zehn Anrufe aussenden. Vor allem aber ist es ein fantastisches geistiges Abenteuer, denn der Large Hadron Collider wird Räume erforschen, in die zuvor noch kein Experiment hat vordringen können.

Der LHC ist eine Reise zu den tiefstgelegenen Materiestrukturen mit dem Ziel, die fundamentalen Gesetze zu entdecken, die das Verhalten der Natur lenken. Es geht um ein Verstehen der elementaren Prinzipien, die über das Universum bestimmen; darum, wie—und insbesondere warum—die Natur so funktioniert, wie wir sie beobachten.

Das Faszinierendste am Large Hadron Collider ist seine Reise zum Unbekannten. Der LHC gleicht einem gigantischen Mikroskop, das in Dimensionen von weniger als etwa 100 Zeptometer vorzudringen in der Lage ist. Die selten verwendete Einheit von einem Zeptometer entspricht einem Milliardstel eines Milliardstels eines Millimeters. Die Bezeichnung wurde 1991 vom *Bureau International des Poids et Mesures* geprägt mit der Begründung: »Die Vorsilbe ‚zepto' leitet sich von ‚septo' ab und bezieht sich auf die Zahl sieben (1.000 hoch 7), und der Buchstabe ‚s' wird durch den Buchstaben ‚z' ersetzt, um die Mehrfachverwendung des Buchstabens ‚s' als Zeichen zu vermeiden.«[2] Eine recht seltsame Definition für eine seltsame Maßeinheit. Alles an diesem Wort »zepto« ist so seltsam, dass es mir zur Beschreibung des unbekannten und fremdartigen Raums extrem geringer Entfernungen sehr gut zu passen scheint. Diesen unendlich kleinen Raum von nicht mehr als einigen Hundert Zeptometern haben bislang nur Elementarteilchen und die blühende Fantasie der theoretischen Physiker betreten. In diesem Buch wird er *Zeptoraum* genannt. Der LHC wird die erste Maschine sein, die den Zeptoraum erkundet.

Während die erste bemannte Reise zum Mond ein konkretes, in wolkenlosen Nächten für jedermann sichtbares Ziel hatte, ist die Reise, auf die sich der Large Hadron Collider begeben hat, eine Odyssee in fremdere Räume, bei der niemand voraussagen kann, was wir finden oder wo wir landen werden. Es ist eine Suche nach unbekannten Welten mithilfe komplexer, modernster Technologien, gelenkt von theoretischen Mutmaßungen, die nur nachvollziehen kann, wer sich in höherer Physik und Mathematik auskennt. Eben diese Aspekte haben die Arbeit der Physiker in einen Nebel geheimnisvoller Exklusivität gehüllt und

[2] Beschluss 4 des 19. Treffens der *Conférénce générale des poids et mesures* (1991). [Anm. d. Übs.: Zitate ohne Angabe deutscher Quellen wurden sämtlich für das vorliegende Buch übersetzt.]

Nichteingeweihten die Neugier genommen. Dieses Buch dagegen will zeigen, dass die Fragen, die sich aus der Arbeit des LHC ergeben, für jeden spannend und interessant sind, der fundamentale Fragen über die Natur als der Mühe wert empfindet.

Die Regierungen der zwanzig Mitgliedstaaten der Europäischen Organisation für Kernforschung CERN finden offensichtlich, dass diesen Fragen nachzugehen der Mühe wert ist, haben sie doch beträchtliche Mittel in das Unternehmen gesteckt. Der Bau des LHC-Beschleunigerrings hat einschließlich der Testläufe, des Baus der Maschine und des CERN-Zuschusses zu LHC-Rechnern und Detektoren, jedoch ohne die CERN-Personalkosten, rund 3 Milliarden Euro gekostet. Diese riesige Finanzlast wäre ohne die maßgeblichen Beiträge vieler Nicht-Mitgliedstaaten des CERN, darunter Kanada, Indien, Japan, Russland und die USA, nicht zu stemmen gewesen. An Entwurf, Bau und Erprobung der Instrumente waren Physiker aus 53 Ländern und fünf Kontinenten beteiligt (Physiker oder Pinguine aus der Antarktis konnten sich leider keine zur Mitarbeit entschließen). Der Large Hadron Collider ist ein beeindruckendes Beispiel für internationale Zusammenarbeit im Namen der Wissenschaft. Da der LHC mit den Mitteln und der körperlichen und geistigen Arbeitskraft so vieler verschiedener Länder gebaut wurde, sind seine Ergebnisse Wertbesitz der gesamten Menschheit. Diese Ergebnisse sollen nicht nur einigen wenigen Physikern Nutzen bringen, und hinter ihrem technisierten und spezialisierten Charakter darf die Bedeutung ihres universellen Erkenntnisgehalts nicht verborgen bleiben.

Der Large Hadron Collider ist das komplexeste und ehrgeizigste wissenschaftliche Projekt, das die Menschheit je auf den Weg gebracht hat. Jede Herausforderung während Planung und Bau des LHC erforderte Neuentwicklungen an den Grenzen der Technologie. Die Forschungsarbeiten im Vorfeld des LHC werden fraglos in Spin-offs und praktischen Anwendungen münden, die über den rein wissenschaftlichen Nutzen hinausreichen. Auch das World Wide Web wurde 1989 am CERN erfunden, um den Daten- und Informationsaustausch zwischen Physikern und Laboratorien in verschiedenen Teilen der Welt zu ermöglichen. Vier Jahre darauf beschloss das CERN die Freigabe dieses Instruments, das heute aus dem Alltagsleben der Menschen weltweit nicht mehr wegzudenken ist. Aus der Grundlagenforschung ergeben sich häufig unvermutete Anwendungen. Mitte des 19. Jahrhunderts fragte der britische Schatzkanzler William Gladstone den mit der Erforschung des Elektromagnetismus beschäftigten Physiker Michael Faraday, worin der Nutzen von dessen Entdeckungen liegen könnte. »Ich weiß es nicht, Sir«, war Faradays Antwort, »aber eines Tages werden Sie Steuern darauf erheben können.«

Für Physiker aber besteht das letzte Ziel des LHC ausschließlich in der reinen Erkenntnis. Weit über jede technologische Anwendung hinaus ist Wissenschaft eine Bereicherung der Gesellschaft. So wurde 1969 Robert Wilson, Direktor eines führenden US-amerikanischen Laboratoriums, vor den Kongress gerufen. Man debattierte über die möglichen Argumente für eine Ausgabe von 200 Millionen Dollar zugunsten eines teilchenphysikalisches Forschungsprojekts. Senator John Pastore vom Atomenergie-Ausschuss des Kongresses befragte Wilson, der in seiner Replik die Bedeutung der Grundlagenforschung auf den Punkt brachte.

PASTORE: Gibt es in Zusammenhang mit den Hoffnungen hinsichtlich dieses Beschleunigers irgendetwas, das in irgendeiner Weise mit der Sicherheit dieses Landes zu tun hat?

WILSON: Nein, Sir, das glaube ich nicht.

PASTORE: Gar nichts?

WILSON: Gar nichts.

PASTORE: Er hat in der Hinsicht keinen Wert?

WILSON: Er hat allein mit dem Respekt zu tun, mit dem wir einander begegnen, mit der Würde des Menschen, unserer Liebe zur Kultur... Er hat nichts unmittelbar mit der Verteidigung unseres Landes zu tun, außer dass es durch ihn der Verteidigung wert ist.[3]

[3] Anhörungen vor dem *Joint Committee on Atomic Energy*, Kongress der Vereinigten Staaten. Erste Sitzung zu: Allgemeines, Physikalisches Forschungsprogramm, Raum-Kernforschungsprogramm und »Plowshare«-Projekt, 17.–18. April 1969; Teil I. US Government Printing Office, Washington, DC.

Dieses Buch befasst sich mit der Reise des Large Hadron Collider: Warum sie unternommen wurde und was wir aus ihr lernen wollen. Es liegt in der Natur dieses Themas, dass es sehr umfangreich, kompliziert und hoch technisch ist, wogegen diesem Buch ein vergleichsweise begrenzter Rahmen gesteckt ist. Ich werde nicht alle Aspekte systematisch behandeln und beanspruche nicht, hier eine vollständige Geschichte des LHC zu erzählen. Mein Ziel ist lediglich, einen Einblick in die Problemstellungen aus Sicht eines Physikers zu geben und gleichzeitig die geistige Breite und Tiefe der Fragen hervorzuheben, derer sich das LHC annimmt. Ich möchte den Lesern dieses Buchs die Bedeutung dieser Reise und den Grund dafür nahebringen, dass die gesamte teilchenphysikalische Wissenschaftlergemeinschaft den Ergebnissen dieser Reise so gespannt entgegenfiebert.

Im ersten Teil dieses Buchs geht es um die Welt der Teilchen und wie die Physiker sie zu verstehen gelernt haben. Eine Würdigung der Ergebnisse des LHC ist ohne eine gewisse Vorstellung vom Aufbau der Teilchenwelt nicht möglich. Wie der theoretische Physiker Richard Feynman einmal sagte: »Ich verstehe nicht, warum die Journalisten und andere selbst dann etwas über die neuesten Entdeckungen in der Physik wissen wollen, wenn sie nichts über die früheren Entdeckungen wissen, die den neuesten Entdeckungen Bedeutung verleihen.«[4]

Der Large Hadron Collider ist eine Maschine der Superlative von extremer technologischer Komplexität. Der zweite Teil dieses Buchs beschreibt, was der LHC ist und wie er arbeitet. Die technologischen Innovationen, die zum Bau des LHC nötig waren, bilden nur einen der vielen erstaunlichen Aspekte dieses wissenschaftlichen Abenteuers. Wir werden auch die Detektoren kennenlernen, mit denen die Teilchen untersucht werden, die bei den Protonenkollisionen im LHC entstehen. Diese Instrumente sind moderne Wunderwerke; in ihnen wird erstklassige Mikrotechnologie mit gigantischen Proportionen verbunden.

Das LHC-Projekt dient in erster Linie der Erkundung des Unbekannten. Daher mündet dieses Buch in einem Überblick über die

[4] R. P. Feynman, zitiert in S. Weinberg: The Discovery of Subatomic Particles. Cambridge University Press, Cambridge 2003.

wissenschaftlichen Ziele und Erwartungen am Large Hadron Collider. Im dritten Teil geht es um einige der wichtigsten Fragen zu den Zielen des LHC: Wie stellen die Physiker sich den Zeptoraum vor? Warum soll es das rätselhafte Higgs-Boson geben? Ist im Raum eine Supersymmetrie verborgen, oder erstreckt er sich in zusätzliche Dimensionen? Wie können miteinander kollidierende Protonen am Large Hadron Collider die Rätsel des Ursprungs unseres Universums lösen? Kann am LHC Dunkle Materie produziert werden?

HINWEIS AN DIE LESER

In der Teilchenphysik werden häufig sehr große und sehr kleine Zahlen verwendet. Manchmal werde ich mich daher der wissenschaftlichen Notation bedienen müssen, auch wenn ich dies nach Möglichkeit zu vermeiden versuche. Daher ist es wichtig zu wissen, dass 10^{33} der Ziffer 1 mit 33 Nullen entspricht: 1.000.000.000.000.000.000.000.000.000.000.000. Ebensogut könnte ich eine Million Milliarden Milliarden Milliarden sagen, aber 10^{33} sieht auch hier sehr viel knapper und lesbarer aus. Gleichermaßen steht 10^{-33} für 33 Nullen vor einer Eins, mit dem Dezimaltrennzeichen nach der ersten Null. 10^{-33} ist also ein Millionstel eines Milliardstels eines Milliardstels eines Milliardstels oder 0,000000000000000000000000000000001.

Für die Lektüre dieses Buches ist keinerlei teilchenphysikalisches Vorwissen notwendig. Den Gebrauch von Fachbegriffen habe ich so weit wie möglich eingeschränkt; wo unvermeidlich, werden Fachwörter im Text erläutert. Zum bequemen Nachschlagen ist am Ende des Buchs ein Glossar zu finden.

Inhaltsverzeichnis

Teil I

Teilchen in der Materie

1

Die Zerlegung der Materie

Es wäre eine traurige Angelegenheit, ein Atom in einem Universum ohne Physiker zu sein.

George Wald[1]

Ein Tröpfchen Öl auf der Wasseroberfläche kann sich nicht unendlich ausbreiten; die Größe des Ölflecks wird von der Moleküldicke des Öls begrenzt. Salz ist in Wasser nur bis zu einer Höchstkonzentration löslich; jenseits dieser Grenze sinkt es auf den Boden des Gefäßes. Das sind einfache Hinweise auf ein beobachtbares Faktum der Natur: Materie ist kein Kontinuum; sie ist aus Einzelteilen zusammengesetzt.

Hinter der simpel scheinenden Erkenntnis, dass Materie aus diskreten Teilen besteht, verbergen sich einige der bemerkenswertesten Geheimnisse der Natur. Im Innern der Materie sind erstaunliche neue Welten zu entdecken, revolutionäre Grundprinzipien und ungewöhnliche Phänomene, die unserem intuitiven Verständnis zuwiderlaufen und unsere Sinneswahrnehmungen Lüge strafen. Die wichtigste Erkenntnis aus den Tiefen der Materie allerdings ist, dass die Natur einem Muster folgt. Hinter der Komplexität unserer Welt verbergen sich einfache fundamentale Gesetze, die erst dann erkennbar werden, wenn wir in die

[1] Vorwort von G. Wald in L. J. Henderson: The Fitness of the Environment. Beacon, Boston 1958.

G.F. Giudice, *Odyssee im Zeptoraum*, DOI 10.1007/978-3-642-22395-2_1,

kleinsten Bestandteile der Materie vordringen. Bei der Zerlegung der Materie geht es ausschließlich um die Suche nach diesen fundamentalen Naturgesetzen. Richard Feynman hat dies so formuliert: »Würden in einer Katastrophe sämtliche wissenschaftlichen Erkenntnisse ausgelöscht und lediglich ein einziger Satz an die nächste Generation weitergegeben, welche Behauptung enthielte die meiste Information in den wenigsten Worten? Ich glaube, die Atomhypothese . . . In diesem einen Satz steckt, wie Sie sehen werden, eine riesige Menge an Information über die Welt, wenn man nur ein bisschen Fantasie und Kopfarbeit aufbringt.«[2]

ATOME

Demokrit nannte ihn Atome, Leibniz nannte ihn Monaden. Glücklicherweise sind diese beiden Männer einander nie begegnet, sonst hätte es sicher sehr törichte Streitereien gegeben.

WOODY ALLEN[3]

Die thrakischen Philosophen Leukipp und sein Schüler Demokrit stellten im 5. und 4. Jahrhundert vor unserer Zeitrechnung die Behauptung auf, Materie bestehe aus Atomen (vom griechischen Wort *átomos*, das Unteilbare) und leerem Raum. Aristoxenos von Tarent berichtet, Platon habe die Lehre der Atomisten derart verabscheut, dass er den Wunsch äußerte, ihre im Umlauf befindlichen Schriften samt und sonders zu verbrennen. Wir wissen nicht, ob Platon diesen Wunsch in die Tat umgesetzt hat; die Zeit zumindest hat es getan. Ein einziges Textfragment Leukipps und 160 davon aus der Feder Demokrits—mehr ist uns nicht erhalten geblieben, und nur sehr wenige dieser Fragmente nehmen explizit Bezug auf Atome. Was wir heute von den Ansichten der ersten Atomisten wissen, stammt zum Großteil von späteren Philosophen und Historikern.

[2] R. P. Feynmann: The Feynmann Lectures on Physics. Addison-Wesley, Reading 1964.

[3] W. Allen: Wie du dir, so ich mir (Getting Even, 1978). Dt. v. B. Schwarz, 1987.

Laut Leukipp und Demokrit setzt sich Materie aus einigen wenigen in Größe und Form verschiedenen Arten von Grundatomen zusammen. Die Komplexität der Natur entstehe, so die beiden Philosophen, durch die vielfältigen Verbindungen dieser Atome und durch ihre Position im leeren Raum. Die Eigenschaften der Materie, etwa Geschmack oder Temperatur, seien nichts weiter als der globale Effekt von ihr zugrundeliegenden mikroskopisch kleinen Objekten. Mit anderen Worten, diese Eigenschaften sind Folge einer tieferen Struktur der Natur—Folge der Atome. In zwei Fragmenten Demokrits heißt es: »Nun, dass wir nicht verstehen, wie jedes Einzelne in Wirklichkeit ist oder nicht ist, ist auf vielerlei Weise bewiesen worden. ... Der Bestimmung zufolge [gibt es] Farbe, der Bestimmung zufolge Süßes, der Bestimmung zufolge Bitteres, in Wirklichkeit aber nur Atome und Leeres.«[4]

Gemeinhin heißt es, die antiken Atomisten seien durch Gerüche auf ihre Ideen gekommen: Materie bestehe aus Atomen, die sich von Substanzen lösen und in unsere Nase gelangen könnten. Das atomistische Konzept ist jedoch in erster Linie eine philosophische Annahme, die sich eher als Erwiderung auf Zenons Probleme mit der Idee des unendlichen teilbaren Raums eignet denn als Erklärung konkreter Beobachtungen von Naturphänomenen. Sicherlich verblüffen manche Aussagen in den Fragmenten der Atomisten heute durch ihre Nähe zur modernen Sichtweise; ihre Konzepte aber unterscheiden sich natürlich stark von der Wirklichkeit, wie wir sie heute begreifen. So wird Demokrit gemeinhin die Auffassung zugeschrieben, die unterschiedlichen Zustände der Materie hingen mit unterschiedlichen Atomen zusammen: Rund und glatt seien die Atome flüssiger Materie, feste Substanzen hingegen könnten sich aufgrund ihrer Form ineinander verhaken.

Die Sichtweise der Atomisten war eine prophetische Eingebung von ebenso wenig empirischer Validität wie das aristotelische Dogma von den Grundelementen (Luft, Feuer, Erde, Wasser) als kontinuierlichen Einheiten. Der Atomismus trat erst auf den wissenschaftlichen Plan, als man ihn, beginnend mit den Arbeiten Isaac Newtons, zur

[4] Sextus Empiricus, Adv. math. VII; Galen, Med. emp. 15; Dt. v. J. Mansfeld. www.seilnacht.com. [Mai 2011]

Erklärung der Eigenschaften von Gasen und—hier machte John Dalton den Anfang—zur Interpretation der Mengenverhältnisse einzelner Bestandteile chemischer Reaktionen heranzog. Im Laufe des 19. Jahrhunderts begann man viele thermodynamische Eigenschaften mit der Hypothese zu erklären, die Materie sei kein Kontinuum, sondern bestehe aus Grundbausteinen. Dies mündete in einer neuen Sicht auf die Struktur von Materie: Jedes Gas ist aus einzelnen Molekülen zusammengesetzt. Diese Moleküle wiederum sind Verbindungen aus wahrhaft fundamentalen Bausteinen—den Atomen.

So erfolgreich diese Hypothese bestimmte Phänomene erklären konnte, so zögerlich waren manche Wissenschaftler bereit, die atomistische Weltsicht zu akzeptieren. Dies traf besonders auf Teile der deutschsprachigen Gemeinschaft zu, die stark vom Positivismus des österreichischen Physikers und Philosophen Ernst Mach beeinflusst war. Mach weigerte sich die physikalische Realität von diskreten Einheiten wie Atomen anzuerkennen, die sich nicht unmittelbar beobachten ließen. Diese Ablehnung des Atomismus trug zu Ludwig Boltzmanns depressivem Zustand bei, der den Suizid dieses großen österreichischen Physikers und Vaters der statistischen Mechanik herbeiführte.

Ganz anders stellte sich die Situation in England dar, wo die Tradition Newtons und Daltons einen philosophisch unvoreingenommenen Blick auf den Atomismus begünstigte. Es mag daher kein Zufall sein, dass die grundlegenden Entdeckungen, mit denen die Atome in der Wirklichkeit ankamen, in England gemacht wurden. Unwiderlegbar bewiesen allerdings wurde die Existenz des Atoms—des Unteilbaren—paradoxerweise erst mit seiner Spaltung.

DIE SPALTUNG DES ATOMS

Es ist schwieriger, ein Vorurteil zu zertrümmern als ein Atom.

Albert Einstein[5]

[5] Dieser Ausspruch wird A. Einstein zugeschrieben.

1897 gilt offiziell als das Jahr der Entdeckung des Elektrons, und die Hauptrolle dabei spielte Joseph John Thomson (1856–1940, Nobelpreis 1906). Thomson schloss 1880 sein Studium an der Cambridge University ab, und als er vier Jahre darauf zum Cavendish-Professor berufen wurde, rief dies in akademischen Kreisen Erstaunen hervor. Dieser Posten, den zuvor Physiker vom Kaliber eines Maxwell oder Rayleigh bekleidet hatten, genoss international höchstes Renommee—und Thomson war damals gerade einmal 28 Jahre alt. Zudem ging es um eine Professur in experimenteller Physik, und Thomson hatte bis dahin vor allem in theoretischer Physik und Mathematik gearbeitet. Dennoch sollte sich diese Entscheidung als äußerst weitsichtig erweisen.

Nach seiner Berufung wendete sich Thomson der Untersuchung von *Kathodenstrahlen* zu. Diese Strahlung wird zwischen zwei mit einer Hochspannungsquelle verbundenen Metallplatten erzeugt, wobei der Apparat in einen Glaskolben platziert und evakuiert, d. h. die Innenluft mit einer Pumpe abgesaugt wird. Kathodenstrahlen galten als elektromagnetische Strahlung, obwohl der französische Physiker Jean Baptiste Perrin (1870–1942, Nobelpreis 1926) die unerklärliche Beobachtung gemacht hatte, dass diese Strahlen elektrische Ladung auf die Metallplatte zu übertragen schienen. Im Bestätigungsfalle würde dies der Ausgangshypothese widersprechen, da elektromagnetische Strahlung keine elektrische Ladung besitzt.

Thomson nahm sich des Problems an, indem er in der Glasröhre ein elektrisches Feld ansetzte, um zu untersuchen, ob dieses Feld die Kathodenstrahlen beeinflussen würde. Er beobachtete eine Ablenkung der Kathodenstrahlen—ein unwiderlegbarer Beweis dafür, dass die Strahlen elektrische Ladung transportieren und keine elektromagnetische Strahlung sein können. Anderen Forschern vor ihm war es bei diesem Experiment nicht gelungen, messbare Auswirkungen festzustellen; Thomson verdankte seinen Erfolg in erster Linie stärkeren Vakuumpumpen, mit deren Hilfe er den Druck des Restgases in der Röhre reduzieren konnte.

Abb. 1.1 Joseph John Thomson bei einer Vorlesungsdemonstration an der Universität Cambridge
Quelle: Cavendish Laboratory/University of Cambridge.

Thomsons Apparat ist nichts weiter als eine primitive Version der Kathodenröhre, wie sie in altmodischen Fernsehgeräten verwendet wurde. Ebenso wie in Thomsons Experiment lenken in einem Fernseher geeignete elektrische und magnetische Felder kontinuierlich den Kathodenstrahl ab, der auf eine Leuchtschicht trifft und dort einen Lichtpunkt hinterlässt. Auf dem Bildschirm verändern diese Lichtpunkte ihre Position schneller, als unsere Netzhaut wahrzunehmen imstande ist, wodurch die Bilder einander überlagern und unserem Gehirn den Eindruck eines zusammenhängenden Bildes vermitteln.

Thomson wiederholte sein Experiment mit verschiedenen elektrischen und magnetischen Feldern und maß die jeweilige Ablenkung der Kathodenstrahlen aus ihrer Bahn. Aus den gesammelten Messdaten zog er anschließend seine Schlüsse. Er ging von der Annahme aus, dass die Kathodenstrahlen aus elektrisch geladenen Teilchen bestünden, die er »Korpuskeln« nannte, und berechnete die Ablenkung des von elektrischen oder magnetischen Kräften beeinflussten Strahls. Er verglich seine theoretische Berechnung mit den Messergebnissen und konnte sodann das Verhältnis zwischen Masse und Ladung der hypothetischen Teilchen herleiten: Dieses war, wie er feststellte, etwa um ein Tausendfaches kleiner als bei einem Wasserstoff-Ion, dem leichtesten bekannten Element. Thomson hatte keine Zweifel und zog den mutigen Schluss: »Dieser Ansicht zufolge haben wir in den Kathodenstrahlen Materie in einem neuen Zustand, einem Zustand, in dem die Unterteilung von Materie sehr viel weiter geht als im gewöhnlichen gasförmigen Zustand.«[6] Mit anderen Worten: Das Atom war gespaltet und eines seiner Fragmente beobachtet worden.

Mit seinen Messungen war es Thomson gelungen, das Verhältnis zwischen Masse und Ladung des Atomfragments zu reduzieren, nicht jedoch die beiden Größen getrennt. Noch gab es Erklärungsbedarf: »Der kleine Zahlenwert für m/e [das Masse-zu-Ladung-Verhältnis] kann auf einen kleinen Wert für m [die Teilchenmasse] oder auf einen großen Wert für e [die Teilchenladung] oder auf eine Kombination aus beidem zurückgehen.«[7] Zwei Jahre später konnte Thomson die Elementarladung erstmals grob bestimmen; einen präziseren Wert berechneten später Robert Millikan (1868–1953, Nobelpreis 1923) und sein Student Harvey Fletcher (1884–1981). Damit war bestätigt worden, dass das Fragment deutlich leichter war als das ganze Atom: Das *Elektron* war entdeckt.

Mit dieser Entdeckung begann ein neues Kapitel in der Physik, denn nun hatte man gesehen, dass sich das Atom spalten ließ. Darüber hinaus hatte Thomson die Substanz identifiziert, die in elektrischem Strom die Ladung transportiert. Daraus folgte, dass elektrische Phänomene durch die Abspaltung von Elektronen aus Atomen verursacht werden oder, in Thomsons eigenen Worten: »Elektrisierung umfasst im Wesentlichen die Aufspaltung des Atoms, wobei ein Teil der Masse des Atoms freigesetzt wird und sich vom ursprünglichen Atom ablöst.«[8]

[6] J. J. Thomson: »Cathode Rays«, *Philosophical Magazine* 44, 295 (1897).

[7] Ebd.

[8] J. J. Thomson: »On the Masses of the Ions in Gases at Low Pressures«, *Philosophical Magazine* 48, 547 (1899).

Thomsons Schlussfolgerung aus den Ergebnissen von 1897, er habe einen »neuen Materienzustand« entdeckt und ein Atomfragment, das Elektron, identifiziert, war sicher ein bisschen gewagt. Tatsächlich beobachtet hatte er letztlich nur eine Verschiebung von Kathodenstrahlen; der Rest war vergleichsweise spekulative Herleitung. Ebenfalls 1897, wenige Monate bevor Thomson seine Untersuchungen abschloss, hatte in Berlin Walter Kaufmann (1871–1947) ganz ähnliche Versuchsergebnisse erzielt und veröffentlicht. Kaufmann hatte in Kathodenstrahlen Ablenkungen gemessen und beobachtet, dass diese unbeeinflusst vom Restgas in der Glasröhre stattfanden. Der aus dem Experiment abgeleitete niedrige Zahlenwert des Masse-zu-Ladung-Verhältnisses erschien ihm dermaßen absurd, dass er zu dem Schluss kam, die Annahme eines Teilchencharakters von Kathodenstrahlen müsse falsch sein: »Ich glaube deshalb zu dem Schlusse berechtigt zu sein, dass die Hypothese, welche annimmt, die Kathodenstrahlen seien abgeschleuderte Teilchen, zu einer befriedigenden Erklärung der von mir beobachteten Gesetzmäßigkeiten allein nicht ausreichend ist.«[9] Kurz, Kaufmann gelangte zu den gleichen Versuchsergebnissen wie Thomson, zog aber die entgegengesetzten Schlüsse.

Thomson wird die Entdeckung des Elektrons zugeschrieben, Kaufmanns Arbeiten dagegen finden in Physiklehrbüchern keine Erwähnung. Sicher stand die wissenschaftliche Atmosphäre der Universität Berlin, die sich jeder Korpuskulardeutung widersetzte, Kaufmann entgegen. In der Physik aber erwirbt sich Verdienste, wer in einem Phänomen intuitiv den Schlüssel zu den Geheimnissen der Natur erkennen kann, und Thomson besaß diese Gabe der Intuition. Der Nobelpreisträger für Physiologie Albert Szent-Györgyi hat dies elegant formuliert: »Entdecken heißt sehen, was jeder gesehen, und denken, was keiner gedacht hat.«[10]

[9] W. Kaufmann: »Die magnetische Ablenkbarkeit der Kathodenstrahlen und ihre Abhängigkeit vom Entladungspotenzial«, *Annalen der Physik und Chemie* 61, 544 (1897).

[10] A. Szent-Györgyi, zitiert in I. J. Good (Hrg.): The Scientist Speculates. Heinemann, London 1962.

IM INNERN DES ATOMS

Wenn das hier stimmt, ist es viel wichtiger als euer Krieg.
Ernest Rutherford (Nachricht an einen militärischen Forschungsausschuss während des Ersten Weltkriegs zur Begründung seines Fernbleibens wegen seiner Experimente am Atomkern)[11]

Nachdem die Existenz des Elektrons gesichert war, galt es nun noch die Substanz zu entdecken, die den Rest des Atoms ausmachte und seine elektrische Gesamtladung neutralisierte. Einige Fragmente des Atoms—die Elektronen—hatte man beobachtet, aber sie stellten nur einen winzigen Bruchteil der atomaren Gesamtmasse. Woraus bestand der Rest?

Thomson betrachtete das Atom als gleichförmige Einheit mit positiver Ladung und darin eingebetteten Elektronen. Dieses Bild vom Atom wurde »Thomson'sches Rosinenkuchenmodell« genannt, weil die Elektronen Trockenfruchtstückchen in einer klebrigen Substanz glichen. Dieser »plum pudding« aber war—ebenso wie sein sehr britisches kulinarisches Vorbild—Nichtbriten nur schwer schmackhaft zu machen. So präsentierte der japanische Physiker Hantaro Nagaoka (1865–1950) im Jahr 1903 ein Bild vom Atom als Sonnensystem mit einer »Sonne« in der Mitte, die von den Elektronen als »Planeten« umkreist wird. Auch Hermann Helmholtz und Jean Baptiste Perrin befassten sich mit einer ähnlichen Vorstellung. Doch die Hypothese eines atomaren »Sonnensystems« war unhaltbar: Man wusste bereits, dass elektrische Ladung auf einer Umlaufbahn elektromagnetische Strahlung abgibt und dabei Energie verliert, sodass die Elektronen schnell in die Mitte fallen und das Atom kollabieren würde. Die Struktur des Atoms blieb ein Rätsel.

Ernest Rutherford (1871–1937, Nobelpreis 1908) war ein brillanter Student aus Neuseeland, der dank eines Stipendiums und voller Hoffnung und Ehrgeiz an das grandiose Cavendish Laboratory in Cambridge

[11] E. Rutherford, zitiert in T. E. Murray: »More Important Than War«, *Science* 119, 3A (1954).

wechselte. Später wurde er Physikprofessor an der Universität Manchester. Dort schlug er 1909 seinem Kollegen Hans Geiger (1882–1945) und seinem Studenten Ernest Marsden (1889–1970) vor, die Streuung sogenannter *Alphateilchen* (positiv geladener Heliumionen) zu untersuchen, die von einer radioaktiven Quelle aus Radiumbromid ausgesandt werden. Zu einer Streuung kommt es, wenn die Alphateilchen auf eine dünne Gold- oder Aluminiumfolie treffen und beim Hindurchgehen von ihrer ursprünglichen Bahn abgelenkt werden. Schon zuvor war bei solchen Experimenten beobachtet worden, dass die Alphateilchen beim Durchdringen der Folie geringfügig abgelenkt werden. Neu war jedoch, dass Rutherford seine Mitarbeiter zu überprüfen bat, ob irgendwelche Alphateilchen abprallten, anstatt die Folie zu passieren.

Diese Aufgabenstellung Rutherfords klingt verdächtig nach einem Projekt, mit dem man seine Studenten beschäftigt, bis einem eine bessere Idee kommt. Wieso in aller Welt sollte eine dünne Metallfolie schwere und schnelle Geschosse wie die aus einer radioaktiven Quelle abgefeuerten Alphateilchen zurückwerfen?

Geiger und Marsden machten ihre Messungen—und kamen atemlos zu Rutherford zurückgelaufen. Sie hatten beobachtet, dass einige der Alphateilchen tatsächlich abgeprallt waren. Rutherford beschrieb dies so: »Es war bestimmt das unglaublichste Erlebnis, das mir je in meinem Leben widerfahren ist. Es war fast so unglaublich, als wenn einer eine 15-Zoll-Granate auf ein Stück Seidenpapier abfeuerte und diese zurückkommen und ihn treffen würde.«[12] Diese schnellen und schweren Alphateilchen mussten, um zurückzukommen, im Innern der Folie auf ein Hindernis und eine Kraft gestoßen sein, die ausreichte, um ihre Bewegungsrichtung vollständig umzukehren. Die Elektronen kamen als Hindernis nicht in Frage, sie sind zu leicht—wie beim Wurf einer Bowlingkugel gegen ein paar Tischtennisbälle: Auch hier kann man nicht erwarten, dass die Bowlingkugel zurückkommt. Aber auch die klebrige Substanz aus Thomsons Rosinenkuchen reichte nicht aus, um die energiereichen Alphateilchen zu reflektieren.

[12] zitiert in E. N. da Costa Andrade: Rutherford and the Nature of the Atom. Doubleday, New York 1964.

Abb. 1.2 Ernest Rutherford (*rechts*) und Hans Geiger im Schuster Laboratory der University of Manchester
Quelle: Bettmann Archive/Corbis/Specter.

Rutherford war zeitlebens ein eingefleischter und genialer Experimentalphysiker mit einiger Skepsis gegenüber den meisten theoretischen Physikern, die er für zu spekulativ und abstrakt hielt. Dieses eine Mal jedoch spielte er nach den Regeln der theoretischen Physik. Er berechnete die Wahrscheinlichkeit, mit der ein Alphateilchen in einem Winkel von über 90 Grad abgelenkt (also zurückgeworfen) würde, wenn, so die Grundannahme, die gesamte Masse und positive Ladung des Atoms in einem Punkt—einem *atomaren Kern*—konzentriert wäre. Das Ergebnis der Berechnung stimmte mit Geigers und Marsdens Messdaten ebenso perfekt überein wie mit späteren Versuchen Rutherfords in Zusammenarbeit mit Marsden.

Die Alphateilchen, die eine positive Ladung besitzen, dringen in die Metallfolie ein und werden dabei aufgrund der elektromagnetischen Kräfte, die von den unterschiedlichen Ladungen in der Folie ausgehen, im Allgemeinen nur geringfügig von ihrer Bahn abgelenkt. Dies erklärt die kleinen Abweichungen, mit denen die Mehrzahl der Teilchen gestreut werden. Es besteht jedoch eine wenn auch sehr geringe Wahrscheinlichkeit, dass die Bahn eines Alphateilchens sehr nahe an einem Kern vorbeiführt, wo die gesamte atomare Masse und positive elektrische Ladung konzentriert sind. In diesem Fall kann das Teilchen zurückgeworfen werden, weil die elektromagnetische Kraft in der Nähe des schweren Kerns sehr groß ist—wie beim Wurf einer Bowlingkugel gegen eine ruhende und große Kanonenkugel: Hier besteht die Möglichkeit, dass die Bowlingkugel zurückprallt. Dasselbe übrigens geschieht bei der Ablenkung einer Kometenbahn. Ein Komet, der durch einen Asteroidengürtel fliegt, wird kaum von seiner Bahn abgebracht; nähert er sich jedoch der Sonne, kann er durch die große Anziehungskraft in einem großen Winkel entlang einer hyperbolischen Bahn abgelenkt werden.

Rutherford hatte ins Innere des Atoms geblickt und etwas ganz Anderes gesehen, als die Physiker erwartet hatten: Ein Kern in der Mitte, viel kleiner als das eigentliche Atom, hält die gesamte positive Ladung und praktisch die vollständige atomare Masse. Der Rest ist nichts weiter als eine Wolke aus leichten Elektronen mit der gesamten negativen Ladung.

Rein interessehalber wollen wir einmal die Größen- und Gewichtsverhältnisse in unserem Sonnensystems jenen im Atom gegenüberstellen: Das Verhältnis zwischen der Größe des Sonnensystems (mit dem Neptun-Orbit als Grenze) und dem Durchmesser der Sonne liegt bei etwa 6.000:1, die Masse der Sonne steht zur Masse aller Planeten in einem Verhältnis von rund 700:1. Bei mittelgroßen Atomen ist das Größenverhältnis zwischen Atom und Kern ungefähr 20.000:1, das Masseverhältnis zwischen Kern und Elektronen knapp 4.000:1. Im Vergleich gesehen ist das Atom also sehr viel leerer als das Sonnensystem, und seine Masse ist viel stärker im Zentrum konzentriert. In einer anderen Größenordnung betrachtet ist der Kern im Innern des Atoms so groß wie »eine Fliege in einer Kathedrale«.[13]

[13] J. Rowland: Understanding the Atom. Gollancz, London 1938; B. Cathcart: The Fly in the Cathedral. Viking, London 2004.

Doch wie bereits erwähnt war die Vorstellung von Atomen als Miniaturversionen von Sonnensystemen mit den Gesetzen des Elektromagnetismus völlig unvereinbar. Dann stellte der dänische Physiker Niels Bohr (1885–1962, Nobelpreis 1922) die Hypothese auf, dass die Elektronen im Innern des Atoms auf bestimmte Bahnen beschränkt sein müssten. Im Sonnensystem werden die Abstände zwischen Sonne und Planeten von keinem Grundprinzip diktiert. Kein physikalisches Gesetz verbietet die Existenz weiterer Sonnensysteme mit anderen Abständen zwischen Zentralgestirn und umkreisenden Planeten als in unserem. Bohr zufolge gilt dies für Elektronen nicht: Nur ganz bestimmte Bahnen sind möglich; alles Andere ist ausgeschlossen.

Stellen wir uns einmal vor, ein Tourist in Ägypten möchte ein schönes Panoramafoto von der Wüste machen. Um einen besseren Blickwinkel zu bekommen, braucht er eine erhöhte Stelle, doch es gibt in der Gegend keine Hügel. Da kommt ihm der schlaue Gedanke, die Große Pyramide von Gizeh zu erklimmen, deren Seiten wir uns vollkommen glatt denken. Unser Tourist kann nun frei wählen, aus welcher Höhe er seine Aufnahme machen will, indem er ein bisschen höher hinauf- oder ein Stückchen hinabklettert. Einige Tage später besucht derselbe Tourist die berühmte Djoser-Stufenpyramide in Sakkara. Wieder verspürt er den Drang, aus erhöhtem Blickwinkel ein Foto zu machen, und beginnt seinen Aufstieg. Hier aber sind ihm nur bestimmte Höhen zugänglich, die ihm die Stufen der Pyramide vorgeben. Sämtliche Zwischenhöhen sind dem Touristen verwehrt, da er sofort auf die nächsttiefere Stufe zurückrutschen würde. Desgleichen können die Planeten in einem Sonnensystem jeden Orbit besetzen; den Elektronen dagegen sind nur bestimmte und klar definierte Ebenen im Innern des Atoms zugänglich.

Von dieser Hypothese ausgehend ersann Bohr für die Bewegung von Teilchen neue Regeln, die zur Geburt einer neuen Theorie führen sollten: der *Quantenmechanik*. Diese neue Theorie sollte bald die Newton'sche Beschreibung von Bewegung ins Wanken bringen und zahlreiche Grundlagen der Physik einschneidend verändern. In der Quantenmechanik verlieren selbst Begriffe wie »Bahn« und »Orbit« ihre Bedeutung.

Abb. 1.3 Niels Bohr (*rechts*) im Gespräch mit Werner Heisenberg
Quelle: Pauli-Archiv/CERN.

Bohrs ebenso simple wie seltsame Hypothese von den Elektronenbahnen entbehrte zunächst jeder vernünftigen physikalischen Grundlage. Dennoch ließ sich mit ihr nicht nur die Atomstruktur erklären, sondern auch das *Frequenzspektrum* des Wasserstoffatoms vorhersagen. Das Spektrum eines chemischen Elements ist die Gesamtheit der Lichtfrequenzen, die das Element aufnimmt oder abgibt. Diese Frequenzen sind das unverwechselbare Kennzeichen eines jeweiligen chemischen Elements, das sich anhand dieses Fingerabdrucks zweifelsfrei identifizieren lässt. Eine Natriumdampflampe zum Beispiel strahlt kein unbuntes oder »weißes« Licht ab—Licht also, das sich auf alle Frequenzen verteilt—, sondern nur solches von zwei bestimmten Frequenzwerten. Da wir genau diese Werte als Farben wahrnehmen, geben Natriumdampflampen für unsere Augen das charakteristische orange-gelbe Licht ab, das wir aus der Straßenbeleuchtung kennen.

Umgekehrt werden bei der Zerlegung von unbuntem Licht, das ein Gas passiert hat, durch ein Prisma schwarze Linien sichtbar, die exakt mit den charakteristischen Frequenzen, dem Fingerabdruck dieses Gases zusammenfallen. Das Element, aus dem das Gas besteht, hat die Lichtfrequenzen seines Spektrums absorbiert. Eine Analyse der Spektralverteilung von Sternenlicht brachte im 19. Jahrhundert eine fundamentale wissenschaftliche Erkenntnis zutage: Die in den Himmelskörpern vorhandenen chemischen Elemente stimmen exakt mit jenen auf der Erde überein—die Elemente der Sterne haben den gleichen Fingerabdruck wie die terrestrischen. Das Element Helium wurde kurioserweise zunächst in der Sonne und erst später auf der Erde entdeckt, woran sein Name (der sich vom griechischen Wort *helios* für Sonne ableitet) noch heute erinnert.

Bohr postulierte, dass das Frequenzspektrum eines Elements mit den Energieunterschieden zwischen den potenziellen Bahnen der Elektronen im atomaren Innern übereinstimmt. In unserer Analogie ist die Frequenz jene Energie, die aufgewendet werden muss, um von einer Stufe der Djoser-Pyramide zur nächsten zu springen. Aufgrund der begrenzten Anzahl möglicher Stufen werden die Spektrallinien eines Elements von einigen wenigen diskreten Werten bestimmt. Bohr konnte nun das Frequenzspektrum des Wasserstoffatoms berechnen, das experimentell bereits mit hoher Genauigkeit untersucht war. Die Übereinstimmung zwischen Bohrs Resultat und den Messungen war absolut verblüffend.

Mit der Entdeckung des Atomkerns war nicht nur die verborgenste Struktur der Materie enthüllt, sondern auch offenbart worden, dass die fundamentalen Naturgesetze eine Welt beschreiben, die sich stark von jener unterscheidet, die wir gemeinhin wahrnehmen. Die Absonderlichkeit der Hypothese Bohrs und ihr Erfolg bei der Erklärung der Eigenschaften des Wasserstoffatoms löste bei vielen Wissenschaftlern tiefste Verwunderung aus. Die in jenen Tagen am häufigsten gestellte Frage unter theoretischen Physikern soll gelautet haben: »Glaubst du das?« Die wohl angemessenste Antwort auf diese Frage lieferte Bohr selbst, wenn auch in einem völlig anderen Zusammenhang. Ein Besucher in Bohrs Landhaus im dänischen Tisvilde war überrascht, über der Eingangstür ein Hufeisen hängen zu sehen, und fragte Bohr, ob dieser wirklich glaube, dass ein Hufeisen Glück bringe. »Natürlich nicht«, entgegnete Bohr, »aber wie ich höre, funktioniert es auch, wenn man nicht daran glaubt.«[14] Dasselbe hätte man über die ersten Hypothesen der Quantenmechanik sagen können. Niemand wusste eine einleuchtende rationale Begründung vorzubringen, warum die merkwürdigen Regeln der Quantenmechanik funktionierten, die dennoch so meisterhaft die experimentellen Beobachtungen über Atome und ihre inneren Strukturen erklärten. Doch damit hatten die Überraschungen der Quantenmechanik erst begonnen—viel mehr noch sollte folgen.

IM INNERN DES ATOMKERNS

Atombetriebene Staubsauger werden in zehn Jahren wahrscheinlich Wirklichkeit sein.
Alex Lewyt, Präsident der Lewyt Vacuum Cleaner Company, 1955 in einem Interview[15]

Rutherfords Entdeckung des Atomkerns und Bohrs Theorie der Elektronenbahnen machten den Weg frei für die Messung der im Atom enthaltenen positiven elektrischen Ladung. Dazu wollte man einen Röntgenstrahl auf Atome abschießen, der beim Auftreffen auf Elektronen diese aus ihrer Bahn schleudern würde. Bei der anschließenden Neuordnung der verbliebenen Elektronen würden diese leere Bahnen mit niedrigerem Energieniveau besetzen und folglich messbare sekundäre Röntgenstrahlung abgeben. Die Frequenzen der Sekundärstrahlung enthielten Angaben zu den Energieniveaus der inneren Elektronenbahnen. Aus theoretischen Berechnungen und Daten zu Röntgenfrequenzwerten ließ sich die elektrische Ladung des Kerns, die sogenannte *Ordnungs-* oder *Atomzahl Z* ableiten.

Systematisch wurde die Ordnungszahl nahezu aller bekannten Elemente von Henry Moseley (1887–1915) gemessen, der in Oxford neue Methoden zur Bestimmung der Frequenzwerte von Röntgenstrahlung entwickelt hatte. Die glänzende Laufbahn dieses Physikers fand ein

[14] P. Robertson: The Early Years, the Niels Bohr Institute 1921–1930. Akademisk Forlag, Kopenhagen 1979.

[15] »Vacuum Cleaners Eyeing the Atom«, *The New York Times*, 11. Juni 1955.

frühzeitiges Ende: Bei Ausbruch des Ersten Weltkriegs meldete sich der 26-jährige Moseley freiwillig zur britischen Armee und fiel im türkischen Kugelhagel bei der Schlacht von Gallipolli. Die beiden Mitarbeiter Rutherfords, der Brite Marsden und der Deutsche Geiger, kämpften unterdessen an der Westfront, auf gegnerischen Seiten.

Mit der Messung der Atomzahlen entdeckte die Physik das Mendelejew'sche Periodensystem neu und erkannte eine neue und tiefere Bedeutung in der Ordnung der chemischen Elemente. Die Werte der Atomzahl Z (die elektrische Kernladung) erwiesen sich, zumindest innerhalb der experimentellen Abweichung, als ganzzahlig. Außerdem lag der Wert von Z umso höher, je schwerer das Element war. Das Gewicht eines Elements in Einheiten des Wasserstoffatoms wird *Atomgewicht* oder *relative Atommasse A* genannt. Auch die Werte von A für die verschiedenen Elemente waren, wie man aus der Chemie wusste, annähernd ganzzahlig.

All dies deutete sehr klar auf den Gedanken hin, dass Kerne aus einfacheren Teilen bestehen, deren Grundbaustein der Wasserstoffkern darstellt. Die positive elektrische Ladung dieses Bausteins ist der des Elektrons gleichwertig und entgegengesetzt; seine Masse jedoch liegt um ein 1.836-Faches höher. Von 1920 an trug der Wasserstoffkern—der Grundbaustein aller Kerne—die erstmals von Rutherford verwendete Bezeichnung *Proton* (vom griechischen Wort *protos*, das Erste).[16]

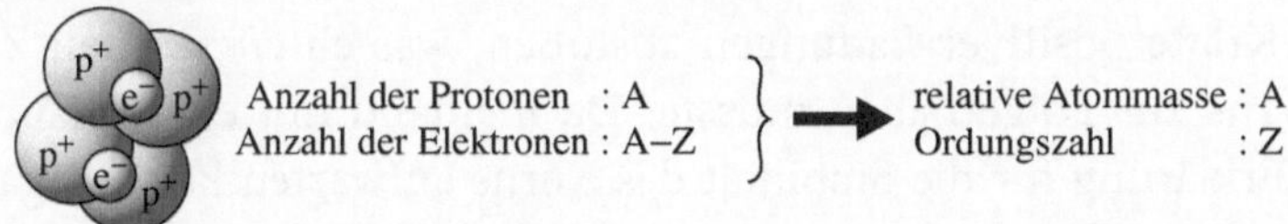

Abb. 1.4 Der Heliumkern gemäß dem Kernmodell des Atoms mit A Protonen und A–Z Elektronen. Helium hat die relative Atommasse A = 4 und die Ordnungszahl Z = 2

Es war jedoch sofort klar, dass Atomkerne nicht ausschließlich aus Protonen bestehen konnten. In diesem Fall nämlich entspräche die gesamte Masse und Ladung des Kerns der Summe der Massen und

[16] »Physics at the British Association«, *Nature* 106, 357 (1920).

Ladungen seiner einzelnen Protonen, sodass jedes chemische Element die gleichen Werte A und Z aufweisen müsste, weil A und Z Kernmasse bzw. -ladung in Protoneneinheiten zählen. Die Messungen liefen dieser Erwartung zuwider: Mit jedem neuen Element stieg der Wert von A stärker an als Z. So hatte Moseley für Titan die Werte $Z = 22$ und $A = 48$ festgestellt, für Vanadium $Z = 23$ und $A = 51$, für Chrom $Z = 24$ und $A = 52$ und so fort.

Die zur damaligen Zeit gängige Hypothese zur Erklärung dieser Beobachtungen besagte, dass der Kern Protonen und Elektronen enthalte. Da die Masse des Elektrons gegenüber dem Proton praktisch unerheblich sei, müsse die Anzahl der Protonen im Atomkern dem Wert A entsprechen. Zudem müsse (wie in Abb. 1.4 illustriert) der Kern die Anzahl von A–Z Elektronen enthalten, da die Ordnungszahl als die Anzahl der Protonen abzüglich jener der Elektronen (Elektronen sind negativ geladen) definiert war.

Heute wissen wir, dass diese Erklärung falsch ist; damals aber stellte sie fraglos die plausibelste Lösung dar. Elektronen und Protonen waren die einzigen bekannten Teilchen und damit die naturgemäßen Zutaten jedes atomaren Grundrezepts. Zudem wusste man, dass beim Betazerfall von Atomkernen Elektronen emittiert werden; die Annahme, dass es im Atomkern Elektronen gebe, war daher vollkommen einleuchtend. Hinzu kam schließlich, dass sich nicht erklären ließ, was die Protonen im Inneren des Kerns zusammenhalten könnte, da sich die elektrischen Kräfte positiver Ladungen abstoßen, was einen raschen Zerfall des Kerns zur Folge haben müsste. Da niemand mit einer glaubwürdigen Erklärung für die Stabilität des Kerns aufwarten konnte, gab die Zugabe von Elektronen immerhin insofern Anlass zur Hoffnung, als die Elektronen aufgrund ihrer negativen Ladung eine anziehende Kraft auf die Protonen ausüben würden. Rutherford formulierte dies so: »Der Kern an sich, wiewohl von winzigen Ausmaßen, ist ein sehr komplexes System aus positiv und negativ geladenen Körpern, die durch starke elektrische Kräfte eng aneinander gebunden sind.«[17]

[17] E. Rutherford: »The Structure of the Atom«, *Scientia* 16, 337 (1914).

Und dennoch: Einige theoretische Physiker brachten Einwände gegen die Vorstellung von aus Protonen und Elektronen bestehenden Atomkernen vor. Erste Erkenntnisse in der Quantenmechanik deuteten darauf hin, dass es nicht möglich ist, Elektronen auf so kleinem Raum einzuschließen, wie der Atomkern ihn bietet. Die experimentellen Physiker versuchten unterdessen Protonen mit Elektronen zu bombardieren, um die Gesamtladung zu neutralisieren und jene »sehr komplexen Systeme« herzustellen, die man in den Atomkernen vermutete. Versuche, die ein ums andere Jahr fehlschlugen.

Dann überschlugen sich die Ereignisse. Am 28. Januar 1932 gaben Irène Joliot-Curie (1897–1956, Nobelpreis 1935) und Frédéric Joliot-Curie (1900–1958, Nobelpreis 1935), Tochter und Schwiegersohn der berühmten Curies, ihre Entdeckung bekannt: Mit Alphateilchen beschossene Berylliumatome emittierten Strahlung, die aus einer Paraffinschicht Protonen herauslösen konnte. Die Joliot-Curies interpretierten diese Strahlung irrigerweise als elektromagnetische Gammastrahlung. Rätselhaft war daran jedoch, dass eine solche elektromagnetische Strahlung, um aus Paraffin Protonen herauszuschlagen, eine viel höhere Energie benötigte, als in einem Berylliumatom zur Verfügung stand. Das Ehepaar Joliot-Curie zog sogar die Möglichkeit eines Verstoßes gegen den Energieerhaltungssatz auf nuklearer Ebene in Betracht.

Als der italienische Physiker Ettore Majorana (1906–1938?), der später unter ungeklärten Umständen verscholl, von dem Versuchsergebnis hörte, rief er aus: »Oh, seht euch die Idioten an; sie haben das neutrale Proton entdeckt und erkennen es nicht einmal!«[18] Nun gelten Sizilianer, wie Majorana einer war, bekanntlich als weniger vornehm (und dabei möglicherweise ausdrucksstärker) als Engländer.

[18] Aus den Erinnerungen von Gian Carlo Wick und Emilio Segrè. Vg. A. Martin in M. Anselmino, F. Mila, und J. Soffer (Hrg.): Spin in Physics. Frontier, Turin 2002; E. Segrè in R. H. Stuewer: Nuclear Physics in Retrospect: Proceedings of a Symposium on the 1930s. University of Minnesota Press, Minneapolis 1979.

Dementsprechend kommentierte James Chadwick (1891–1974, Nobelpreis 1935) das Ereignis auch etwas zurückhaltender: »Ein elektrisierendes Resultat.«[19]

Beiden Physikern war sofort klar geworden, dass eine so durchschlagskräftige Strahlung nur von einem neutralen und schweren Teilchen ausgehen konnte. Die Veröffentlichung der Joliot-Curies hatte Cambridge Anfang Februar erreicht. Chadwick arbeitete zehn Tage hintereinander in seinem Labor, ohne dabei seine übrigen Verpflichtungen am Cavendish-Laboratorium zu vernachlässigen, und schlief nie mehr als drei Stunden pro Nacht. Am 17. Februar 1932 schickte er seinen Artikel über die Entdeckung des *Neutrons* an das Wissenschaftsmagazin *Nature.* Kurz darauf erläuterte er seine Ergebnisse gegenüber Seminarkollegen und schloss mit den Worten: »Jetzt würde ich gern chloroformiert und für zwei Wochen ins Bett gesteckt werden.«[20]

Chadwick hatte das Neutron entdeckt, ein Teilchen mit einer Ladung von null und einer Masse, die annähernd jener des Protons entspricht. Tatsächlich hielten sowohl Chadwick wie Rutherford das Neutron weiterhin für den verbundenen Zustand eines Protons und eines Elektrons. Spätere theoretische Untersuchungen jedoch machten deutlich, dass das Neutron ebenso wie das Proton in jeder Hinsicht ein Teilchen und ein Bestandteil des Atomkerns ist.

Auf diese Weise hatte sich das Bild vom Atom gewandelt. Der Kern setzt sich aus einer Anzahl Z von Protonen und einer Anzahl A–Z von Neutronen zusammen (siehe Abb. 1.5). Gesamtmasse und elektrische Ladung sind damit lückenlos erklärt. Die Elektronen sind auf Bahnen außerhalb des Atomkerns beschränkt und füllen im Atom einen Großteil des Raums aus.

[19] J. Chadwick: Proceedings of 10th International Congress on the History of Science, Ithaca, NY. Hermann, Paris 1964.

[20] C. P. Snow: The Physicists. Little Brown, Boston 1981.

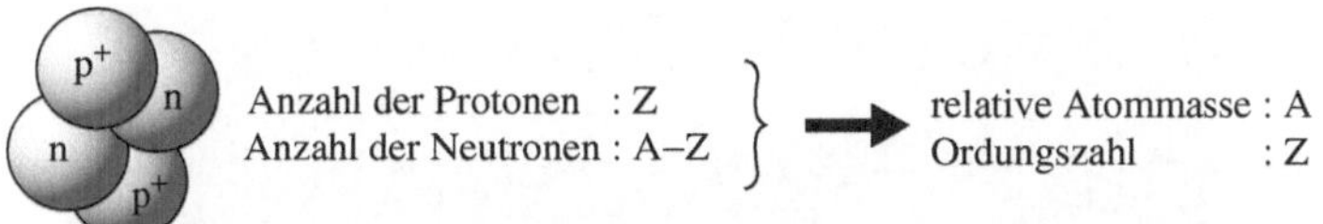

Abb. 1.5 Der Heliumkern gemäß dem Kernmodell des Atoms mit Z Protonen und A–Z Neutronen. Helium hat die relative Atommasse A = 4 und die Ordnungszahl Z = 2

Die Entdeckung des Neutrons zog unerwartete Folgen nach sich. Der ungarische Physiker Leó Szilárd (1898–1964) schrieb dazu: »Ich erinnere mich sehr deutlich, dass mir der Gedanke an eine eventuell tatsächlich mögliche Freisetzung der atomaren Energie erstmals im Oktober 1933 kam, als ich in der Londoner Southampton Row an einer Ampel auf Grün wartete. ... Mir fiel ein, dass Neutronen im Unterschied zu Alphateilchen die Substanz, die sie passieren, nicht ionisieren. Folglich brauchen Neutronen nicht anzuhalten, bis sie auf einen Kern treffen, mit dem sie reagieren können.«[21] Szilárd war klar geworden, dass die ladungslosen Neutronen von der elektromagnetischen Barriere, die den Kern schützen, nicht aufgehalten werden. Somit kann auch ein relativ langsames Neutron in einen Atomkern vordringen, ihn unter Umständen spalten und dabei einen Teil der großen dort gespeicherten Energie freisetzen. Infolge dieser Auftrennung des Kerns könnten weitere Neutronen freiwerden, die ihrerseits in einer Kettenreaktion weitere Kerne spalten würden. Mit dem Neutron hatte die Natur den Physikern einen Pfeil in die Hand gegeben, mit dem sie auf den innersten Teil der Materie zielen konnten.

Als die Ampel in der Southampton Row auf Grün schaltete, hatte ein neues Abenteuer der Menschheit seinen Anfang genommen. Ein Abenteuer, das mit Krieg und Schrecken verbunden war—doch das ist eine andere Geschichte, von der ich hier nicht erzählen werde.

[21] T. Feld und G. Weiss Szilard (Hrg.): L. Szilard: The Collected Works. MIT Press, Boston 1972.

Abb. 1.6 Paul Dirac (rechts) und Wolfgang Pauli 1938 in Oxford
Quelle: Pauli-Archiv/CERN.

ANTIMATERIE

Es entwickelt sich eine Kommunikation zwischen den Menschen hier auf der Erde und Außerirdischen in einer Galaxie aus Antimaterie. Wie sich zeigt, gibt es in jener Anti-Welt Anti-Wissenschaft, Anti-Mathematik und

Anti-Physik. Physiker auf dem Weg zur Erde erhalten eine Beschreibung eines Anti-Laboratoriums für Anti-Physik und siehe, sie stellen fest, dass es voller Anti-Semiten ist.

PETER FREUND[22]

Manchmal werden Fortschritte in der Physik durch wichtige experimentelle Entdeckungen befördert, manchmal ergeben sie sich aus neuen theoretischen Mutmaßungen; in den meisten Fällen kommt beides zusammen. Die Antimaterie ist ein Beispiel für ein Konzept, das aus purer Kopfarbeit entstand und erst später im Experiment bestätigt wurde. Der gedankliche Weg, der in die Entdeckung der Antimaterie mündete, war leidvoll und beschwerlich. Und kaum ein Mensch hätte uns diesen Weg besser bahnen können als Paul Dirac (1902–1984, Nobelpreis 1933).

Dirac kam in Bristol als Sohn eines schweizerischen Vaters zur Welt, an den er sich folgendermaßen erinnert: »Mein Vater stellte die Regel auf, dass ich ausschließlich Französisch mit ihm sprechen solle. Er fand, es wäre gut für mich, wenn ich auf diese Weise Französisch lernte. Da ich feststellte, dass ich mich auf Französisch nicht verständlich machen konnte, war es für mich besser zu schweigen, als Englisch zu sprechen. So wurde ich damals sehr still—das begann sehr früh.«[23] Diracs Schweigsamkeit war legendär. Von seinen Zusammenkünften mit Bohr sagt er im Rückblick: »Wir führten lange Gespräche miteinander, lange Gespräche, die Bohr praktisch allein bestritt.«[24] Dirac geizte mit Worten, mit Gleichungen aber konnte er sprechen.

Zu Beginn des 20. Jahrhunderts stellten die Spezielle Relativitätstheorie und die Quantenmechanik das physikalische Weltbild auf den Kopf. Die Spezielle Relativitätstheorie formulierte die Voraussetzungen neu, nach denen verschiedene, in gleichförmiger Relativbewegung befindliche Beobachter Zeitintervalle und Entfernungen im Raum wahrnehmen. Diese Theorie zeigte, dass viele Grundprinzipien der klassischen Physik für Körper mit annähernder Lichtgeschwindigkeit nicht

[22] P. Freund: A Passion for Discovery. World Scientific, Singapur 2007.

[23] A. Pais: Inward Bound. Oxford University Press, Oxford 1986.

[24] P. A. M. Dirac: History of Twentieth Century Physics. Academic, New York 1977.

mehr gültig sind. Demgegenüber hat die Quantenmechanik unser Verständnis über die Abläufe beim Energieaustausch auf niedrigem Niveau neu definiert. Beide Theorien hatten neue Realitäten aufgedeckt, arbeiteten aber weiterhin getrennt. Um die Bewegung hochenergetischer Elektronen beschreiben zu können, musste jedoch eine Kombination aus beiden formuliert werden, in der die Ergebnisse der Quantenmechanik ebenso enthalten wären wie die der Relativitätstheorie. Die Aufstellung einer solchen Theorie warf in mathematischer Hinsicht große Probleme auf. Doch Dirac liebte knifflige Probleme und war entschlossen eine Gleichung zu finden, mit der sich die Bewegung des Elektrons exakt beschreiben ließe.

1928 fand Dirac die Gleichung, nach der er gesucht hatte. Ich vermute, dass nur sehr wenigen Gleichungen die Ehre zuteil geworden ist, in einer Kathedrale ausgestellt zu werden. Die Dirac-Gleichung steht, in Stein gemeißelt, gleich neben Newtons Grab in der Westminster Abbey zu lesen (siehe Abb. 1.7). Das allein ist schon ein beeindruckender Erfolg für eine Gleichung, doch es geht noch weiter. Die Dirac-Gleichung liefert nicht nur eine vereinheitlichte Beschreibung von Spezieller Relativitätstheorie und Quantenmechanik, sie definiert darüber hinaus in vollkommener Übereinstimmung mit experimentellen Ergebnissen die magnetischen Eigenschaften des Elektrons.

Abb. 1.7 Die Gedenkplatte mit der Dirac-Gleichung auf dem Boden der Westminster Abbey *Quelle:* Westminster Abbey.

Der schweigsame Dirac hatte die gemeinsame mathematische Sprache entdeckt, in der Spezielle Relativitätstheorie und Quantenmechanik endlich miteinander kommunizieren konnten. Aber irgendetwas stimmte nicht ganz. Diracs Gleichung hatte eine zweifache Lösung: Neben dem Elektron beschrieb sie noch ein zweites, rätselhaftes Ding, möglicherweise ein weiteres Teilchen. Dieses mysteriöse Teilchen besaß dieselbe Masse wie das Elektron und eine ebenso große, aber entgegengesetzte elektrische Ladung. Schlimmer noch—es besaß negative Energie. Was hatte das alles zu bedeuten?

Die Verwirrung sollte mehr als drei Jahre andauern. Ein Teilchen mit negativer Energie galt als Katastrophe. Steuert ein Teilchen nämlich einen negativen Betrag zur Gesamtenergie des Systems bei, wird diese Energie mit jedem Anwachsen der Anzahl dieser Teilchen geringer. Da ein physikalisches System stets den Zustand des niedrigsten Energiegehalts anstrebt, müsste das Universum in einen riesigen Klumpen negativ geladener Teilchen kollabieren.

Um dieses widersinnige Resultat zu umgehen, nahm Dirac an, man müsse aus der Lösung seiner Gleichung lediglich die Teilchen mit negativer Energie herausnehmen, da sie ja nicht physikalischer Natur seien. Dieser allzu einfache Ausweg aber funktionierte nicht; schon bald war bewiesen, dass die negativ geladenen Teilchen für die Schlüssigkeit der Theorie zwingend erforderlich waren. Ohne sie war es unmöglich, durch Diracs Gleichung das bekannte quantenmechanische Ergebnis innerhalb jener Grenze wiederherzustellen, bei der die Geschwindigkeit des Elektrons so niedrig ist, dass relativistische Effekte unberücksichtigt bleiben können.

Dann versuchte Dirac es mit einer anderen Erklärung. Er postulierte diese neuen, positiv geladenen Teilchen als Protonen und hoffte dabei, der Unterschied in der Masse von Proton und Elektron würde sich durch elektromagnetische Effekte erklären lassen. So lief es noch schlimmer: In diesem Fall würden sämtliche Atome nach nur 0,1 Nanosekunden zu Gammastrahlen zerfallen.

1931 endlich unternahm Dirac den entscheidenden Schritt: Das neue Teilchen, »wenn es denn eines gäbe, wäre ein neuartiges, der experimentellen Physik unbekanntes Teilchen von gleicher Masse wie das Elektron und entgegengesetzter Ladung.«[25] Dirac nannte dieses hypothetische Teilchen Anti-Elektron. Für die negativen Energiewerte hatte Dirac zur damaligen Zeit eine Erklärung, die heute jedoch als überholt und unzureichend gilt. In ihrer Gänze verstanden wurde die physikalische Bedeutung der negativen Energie erst später, im Zuge der Entwicklungen in der Quantenfeldtheorie.

Etwa ein Jahr später entdeckte der US-amerikanische Physiker Carl Anderson (1905–1991, Nobelpreis 1936) in seinem Gerät Spuren ungewöhnlicher Teilchen: positiv geladen, aber viel leichter als Protonen. Anderson folgerte daraus, dass er ein neuartiges Teilchen gefunden hatte, dessen Ladung der des Elektrons entgegengesetzt, dessen Masse dagegen vergleichbar war. Anderson, der nicht wusste, dass das Teilchen unter Theoretikern bereits einen Namen hatte, prägte die heute gängigste Bezeichnung *Positron*. »Ja, ich wusste von der Dirac-Theorie«, erklärte Anderson in einem späteren Interview, ». . . aber ich kannte Diracs Arbeiten nicht im Detail. Ich war zu sehr damit beschäftigt, dieses Gerät zu bedienen, um Zeit zum Lesen seiner Artikel zu haben.«[26]

So hatte Dirac zu guter Letzt doch richtig gelegen, wie er selbst später einräumte: »Die Gleichung war schlauer als ich.«[27] Aus der Vermählung von Spezieller Relativitätstheorie und Quantenmechanik war die Antimaterie hervorgegangen. Anders formuliert bedeutet die logische Schlüssigkeit der beiden Theorien, dass Materie ohne ihren Gegenpart—die Antimaterie—nicht sein kann. Jedem Teilchen ist ein Antiteilchen, eine Art Spiegelbild seiner selbst zugeordnet. Beide haben die gleiche Masse, aber entgegengesetzte elektrische Ladungen.

Mit Andersons Entdeckung des Positrons war die Jagd auf die Antimaterie eröffnet. Als nächstes galt es zu beweisen, dass auch Protonen und Neutronen ihre eigenen Antiteilchen besitzen. Zur

[25] P. A. M. Dirac: »Quantized Singularities in the Electromagnetic Field«, *Proceedings of the Royal Society*, A133, 60 (1931).

[26] A. Pais: Inward Bound. Oxford University Press, Oxford 1986.

[27] G. Johnson: Strange Beauty. Knopf, New York 2000.

Herstellung von Antiprotonen und Antineutronen, die um ein fast 2.000-Faches schwerer sind als Positronen, brauchte es Hochenergie-Teilchenbeschleuniger. Physiker in Berkeley begannen mit dem Bau des Bevatron, eines Beschleunigers, mit dessen Protonenstrahl man Materie beschießen konnte. Die Energie der Protonen war für jene Zeit gigantisch, betrug jedoch letztlich weniger als ein Tausendstel der Energie eines Protons in einem einzigen Strahl des LHC. Unter der Leitung von Emilio Segrè (1905–1989, Nobelpreis 1959) und Owen Chamberlain (1920–2006, Nobelpreis 1959) wurde in Experimenten am Bevatron 1955 das Antiproton entdeckt; ein Jahr darauf war das Antineutron an der Reihe.

Gibt es Anti-Atome? Da Atome sich aus Protonen, Neutronen und Elektronen zusammensetzen, können sich aus der Kombination von Antiprotonen, Antineutronen und Positronen Anti-Atome bilden. Stabile Anti-Atome kommen in der Natur zwar nicht vor, können im Labor jedoch hergestellt werden. Die einfachste Form eines Anti-Atoms wurde erstmals 1995 am CERN produziert: Das Anti-Wasserstoffatom besteht aus einem Positron, das ein Antiproton umkreist. Durchgeführt wurde dieses Experiment am 78 Meter langen LEAR-Beschleunigerring (Low-Energy Antiproton Ring), in dem Antiprotonen vor ihrer Verbindung mit Positronen entschleunigt werden. Nach der Abschaltung dieser Maschine erfolgten weitere Experimente im Antiproton-Verzögerer (AD, *engl.* Antiproton Decelerator), einem Apparat zur Herstellung von Anti-Wasserstoff. 2002 wurden am CERN mehrere Ereignisse in Zusammenhang mit Anti-Wasserstoffproduktion und -zerfall verzeichnet. Die größte technische Herausforderung besteht weiterhin darin, die Anti-Atome mit Hilfe von Magnetfeldern lange genug festzuhalten, um ihre Struktur exakt messen zu können, bevor sie auf Materie treffen und zerfallen. Bis heute laufen Forschungsarbeiten in diese Richtung.

Obwohl die Forschung zur Herstellung künstlicher Anti-Atome die Welt der Wissenschaft bislang nur wenig beeinflusst hat, ist das Interesse in Öffentlichkeit und Medien enorm. Sogar als brauchbare Energiequelle wurde die Antimaterie gehandelt. Unglücklicherweise aber ist die Ausbeute bei der Energieproduktion aus Antimaterie verschwindend gering, »sämtliche je am CERN produzierte Antimaterie würde nicht einmal ausreichen, um eine 100-Watt-Glühbirne länger als eine Stunde am Leuchten zu halten.«[28] Dennoch bleibt die Antimaterie ein bevorzugtes Thema für Science-Fiction-Autoren.

[28] R. Landua, *Physics Reports* 403–404, 323 (2004).

2

Die Naturkräfte

Wo Kraft not tut, muß man sie kühn, entschlossen und bis zum Ende anwenden.

Leo Trotzki[1]

Einige Denker der Antike hatten den intuitiven Gedanken, jede Form der Materie könne sich letztlich auf wenige fundamentale Elemente zurückführen lassen. Die moderne Wissenschaft hat ihnen recht gegeben. Schwerlich aber wäre den antiken Philosophen in den Sinn gekommen, dass dies nicht nur für die Materie, sondern auch für die Kräfte gilt. Weniger intuitiv erschließt sich die Vorstellung, dass sämtliche Naturphänomene in all ihrer Unterschiedlichkeit und Komplexität sich auf vier Grundkräfte zurückführen lassen: Gravitation, Elektromagnetismus, schwache und starke Kraft. Sogar noch schwerer vorhersehbar ist die Erkenntnis, dass ebenso wie die Materie auch die Kräfte von Elementarteilchen hervorgebracht werden. Der gedankliche Weg zu dieser Erkenntnis war nicht einfach.

[1] Leo Trotzki: Was nun? Schicksalsfagen des deutschen Proletariats. 1932. [Die Originalübersetzung von L. Siebenzahl »Wo *Gewalt* not tut, ...« ist hier verändert worden, um die Doppeldeutigkeit des englischen »force« zu bewahren; d. Übs.]

G.F. Giudice, *Odyssee im Zeptoraum*, DOI 10.1007/978-3-642-22395-2_2,

DIE GRAVITATION

Die Gravitation ist ein mystisches Verhalten im Körper, erfunden, um die Mängel des Geistes zu verbergen.
François de La Rochefoucauld[2]

Aristoteles erklärte die Gravitation als die natürliche Tendenz jeder Bewegung. Jedes Objekt, das nicht einer Kraft oder einer Beeinflussung von außen ausgesetzt ist, folgt demnach geradlinig seiner *naturgegebenen* Bewegungsrichtung: Leichte Elemente (Luft und Feuer) strebten nach oben, schwere (Erde und Wasser) nach unten. Je schwerer ein Körper sei, desto schneller falle er. Gleichermaßen liegt es laut Aristoteles in der Natur der Erde, dem Zentrum des Universums entgegenzustreben, und in der Natur der Himmelskörper, kreisförmigen Bahnen um die Erde zu folgen.

Aristoteles vertrat einen *organizistischen* Standpunkt, der unbeseelten Dingen einen naturgegebenen Drang zu einer globalen Ordnung zuschrieb, fast so, als ahmten sie eine menschliche Gemeinschaft nach. An die Stelle dieser Lehre trat etwa im 17. Jahrhundert allmählich ein *mechanistisches* Bild, demzufolge Bewegung von physikalischen Gesetzen bestimmt wird, die in mathematischen Gleichungen formuliert sind.

Im Mittelpunkt dieses neuen wissenschaftlichen Ansatzes standen Experimente. Nicht dass Aristoteles' Weltbild aus reiner Philosophie entstanden wäre—er vertrat stets die Ansicht, dass jede Behauptung mit einer Beobachtung der Natur beginnen müsse. Zwischen Experiment und Beobachtung aber gibt es einen wichtigen Unterschied: Bei der Beobachtung werden Naturphänomene so untersucht, wie sie sich unserer Wahrnehmung darbieten. Im Experiment dagegen werden unter kontrollierten und reproduzierbaren Bedingungen besondere Situationen geschaffen, um quantitative Angaben über das Verhalten der Natur zu erhalten.

[2] F. de La Rochefoucauld: Maximes. Engl. Nachdruck in G. Powell (Hrg.): La Rochefoucauld, The Moral Maxims and Reflections (1665–1678). Stokes Company, New York 1930.

Zu verdanken haben wir diesen Wandel in der wissenschaftlichen Haltung in erster Linie Galileo Galilei (1564–1642). Galilei zog aus seinen Studien den Schluss, dass die Schwerkraft alle Körper unabhängig von deren Masse auf die gleiche Weise beschleunigt. Dieses Resultat bedeutete eine klare Abwendung von der aristotelischen Lehre. Galileos Behauptung stützte sich auf Experimente, aber er musste seine Daten durch Extrapolation auf eine Situation übertragen, in der die Wirkung des Luftwiderstands keine Rolle spielte. Die reine Beobachtung, welche die Auswirkungen von Gravitation und Reibung nicht voneinander trennt, kann zu falschen Ergebnissen führen.

Voller Ehrfurcht stellen wir uns Galileo vor, wie er in seiner legendären Arroganz und Eitelkeit rasch die Wendeltreppe des Schiefen Turms von Pisa hinaufsteigt. Oben angekommen, lässt er auf der überhängenden Seite mit einem selbstsicheren und herablassenden Lächeln auf den Lippen eine schwere Kanonenkugel und eine leichte Gewehrkugel fallen. Beide Objekte treffen, begleitet vom Jubel der Menge und einigen ohnmächtig darniedersinkenden greisen Universitätsgelehrten, mit perfekter Gleichzeitigkeit auf den Wiesenboden auf.

Leider ist diese Geschichte ganz sicher falsch. Anhand des heutigen Kenntnisstands wurde nachgewiesen, dass Galilei eine solche öffentliche Demonstration nicht hätte gelingen können.[3] Der Luftwiderstand stand dem entgegen. Zudem hätte Galilei aufgrund der Reaktionszeit des Menschen die Kugeln unmöglich mit der gebotenen absoluten Gleichzeitigkeit fallen lassen können. Tatsächlich wird diese Demonstration in keinem von Galileis Werken erwähnt. Die Geschichte entstammt einer Biographie von Vincenzo Viviani (1622–1703), dem letzten Assistenten Galileis, der das gefeierte Leben seines Meisters wohl mit zusätzlichem Glanz versehen wollte. In Wahrheit wurde das Gesetz der Schwerkraftbeschleunigung im stillen Kämmerlein eines Labors durch sorgfältige und präzise Experimente auf schiefen Ebenen erkannt. Und das ist auch gut so.

[3] G. Feinberg: »Fall of Bodies Near the Earth«, *American Journal of Physics* 33, 501 (1965); B. M. Casper: »Galileo and the Fall of Aristotle. A Case of Historical Injustice?.«, *American Journal of Physics* 45, 325 (1977); C. G. Adler und B. L. Coulter: »Galileo and the Tower of Pisa Experiment«, *American Journal of Physics* 46, 199 (1987).

Isaac Newton (1643–1727)[4] entdeckte das allgemeine Gesetz der Schwerkraft, und ein herabfallender Apfel allein reichte nicht aus, um diesem Problem beizukommen. Newton berechnete die Beschleunigung, die erforderlich war, um den Mond auf einer stabilen Erdumlaufbahn zu halten. Daraufhin stellte er fest, dass der errechnete Wert die Gravitationsbeschleunigung auf der Erde um einen Betrag unterschreitet, der dem Quadrat des Verhältnisses des Abstands zwischen Erde und Mond zum Erddurchmesser entspricht. Den eigentlichen Durchbruch bildete der Nachweis, dass sich aus einer Gravitation, die um das Quadrat des Abstands abnimmt, elliptische Umlaufbahnen der Planeten mit der Sonne als einem der Brennpunkte ergeben. Genau darin besteht das Ergebnis des ersten Kepler'schen Gesetzes. Das empirische Gesetz, das Kepler auf der Grundlage astronomischer Beobachtungen aufgestellt hatte, ergab sich sich somit aus der Gravitationstheorie Newtons.

Der entscheidende gedankliche Schritt bestand darin, dass Newton die Universalität der Gravitation erkannte: Dieselbe Kraft, die Äpfel von Bäumen fallen lässt, lenkt auch die Bewegung von Planeten. Eine und dieselbe mathematische Gleichung bestimmt über völlig unterschiedliche Phänomene und ermöglicht uns, die Bewegung von Objekten an jedem beliebigen Ort im Universum zu berechnen.

Mehr als zwei Jahrhunderte später stolperte Albert Einstein (1879–1955, Nobelpreis 1921) über einen Aspekt der Newton'schen Gravitationstheorie. Woher weiß die Erde, dass in 150 Millionen Kilometern Entfernung die Sonne existiert, und bewegt sich entsprechend? Newtons Theorie gibt auf diese Frage keine Antwort. Die Kraft der Gravitation wirkt selbst über kosmische Distanzen ohne Verzögerung. An keiner Stelle jedoch erklärt die Theorie, wie ein Körper über eine Entfernung

[4] Newtons Geburtstag fällt nach dem im damaligen England noch geltenden Julianischen Kalender auf den 25. Dezember 1642, nach dem Gregorianischen Kalender jedoch, den das restliche Europa zu jener Zeit bereits eingeführt hatte, auf den 4. Januar 1643. Es wird häufig behauptet, Newton habe das Licht der Welt im Todesjahr Galileis erblickt. Das trifft jedoch nicht zu, wenn man beide Ereignisse nach einer Zeitrechung datiert. Galilei starb am 8. Januar 1642 (Gregorianischer Kalender), was nach der englischen Zeitrechnung, in der der 25. März als Jahresanfang galt, ins Jahr 1641 fällt.

hinweg wirkt oder wie die Kraft im Raum übermittelt wird. Newton selbst war sich dieser Lücke in seiner Theorie wohl bewusst, als er schrieb: »... dass ein Körper über eine Entfernung hinweg durch ein Vakuum hindurch auf einen anderen Körper wirken soll, ohne dass dies durch etwas Anderes vermittelt würde, durch und über welches ihr Handeln und ihre Kraft vom einen auf den anderen übertragen werden kann, ist für mich eine so große Absurdität, dass, glaube ich, kein Mensch, der ein in philosophischen Dingen geschultes Denkvermögen besitzt, dem jemals aufsitzen könnte.«[5]

Einstein besaß in der Tat ein »in philosophischen Dingen geschultes Denkvermögen« und hatte nicht vor, »dem aufzusitzen«. Besonders dringlich war das Problem nach 1905 geworden, als Einstein entdeckte, dass der Speziellen Relativitätstheorie zufolge keine Information schneller als mit Lichtgeschwindigkeit übertragen werden konnte. Das Konzept unverzögert über Entfernungen hinweg agierender Kräfte war mit der Speziellen Relativitätstheorie unvereinbar.

Von diesen Erwägungen ausgehend und auf einem Weg, der sich als ebenso lang (1907–1915) wie steinig erwies (aufgrund der logischen und mathematischen Hindernisse), gelangte Einstein zu einer Neuformulierung der Gravitationstheorie in der *Allgemeinen Relativitätstheorie.* Die Allgemeine Relativitätstheorie besagt, dass Masse eine Verformung von Raum und Zeit verursacht. Sie »krümmt« Raum und Zeit und verändert die fundamentalen geometrischen Eigenschaften, die uns aus dem »flachen« Raum vertraut sind. Im gekrümmten Raum verläuft die Bewegung eines kräftefreien Körpers—auf den keinerlei äußere Kräfte einwirken—nicht linear, sondern entlang den Hügellandschaften dieses verformten Raums. Laut Einstein tritt die Geometrie an die Stelle der Gravitationskraft: Die Bahn eines kräftefreien Körpers im gekrümmten Raum fällt exakt mit dem zusammen, was wir als die Bahn eines Körpers wahrnehmen, der im flachen Raum der Gravitation ausgesetzt ist. Die Gravitation, die wir als Kraft interpretieren, ist somit lediglich die

[5] I. Newton in: Four Letters from Sir Isaac Newton to Doctor Bentley Containing Some Arguments in Proof of a Deity. R. and J. Dodsley, London 1756.

Konsequenz aus den intrinsischen Eigenschaften des Raums. Sie ist keine von außen wirkende Kraft, sondern Ergebnis einer wechselseitigen Reaktion zwischen Materie und Raumgeometrie. Die Materie verändert den Raum, sie verursacht seine Krümmung; im Gegenzug verändert die Krümmung des Raums die Bewegung der Materie. Eine einzige fundamentale Gleichung—die Einstein'sche Gleichung—beschreibt die dynamische Relation zwischen Materie und Geometrie.

Einsteins Allgemeine Relativitätstheorie bedeutet eine tiefgreifende Neubewertung von Grundkonzepten wie Raum, Zeit, Kraft und Gravitation. Für mich ist sie die eleganteste und packendste wissenschaftliche Theorie, die je aufgestellt wurde. Die Allgemeine Relativitätstheorie ist auch mehr als eine Neufassung der Newton'schen Theorie. Sie sagte neue Effekte voraus—etwa die Periheldrehung des Merkur oder die Ablenkung des Lichts durch Masse—, die durch Beobachtungen ihre spektakuläre Bestätigung fanden. Die Allgemeine Relativitätstheorie ist, zumindest bis zur nächsten konzeptuellen Revolution, die gültige Theorie zur Erklärung der Gravitation.

DIE ELEKTROMAGNETISCHE KRAFT

Talent ist wie Elektrizität. Wir begreifen die Elektrizität nicht. Wir nutzen sie.

MAYA ANGELOU[6]

Von den elektrischen Eigenschaften von Bernstein, der an Pelz gerieben wird, und den magnetischen Eigenschaften einiger eisenhaltiger Mineralien weiß man seit der Antike. Erstmals systematisch untersucht wurden diese Wirkungen jedoch erst von William Gilbert (1544–1603), dem Hofarzt von Königin Elizabeth I. und König James (VI. von Schottland und I. von England). Im Jahr 1600 prägte Gilbert das Wort *electricus* (vom lateinischen *electrum*, Bernstein); das Wort *magneticus* leitet sich von *magnitis lithos* ab, einem in der griechischen Gegend Magnesia gewonnenen Mineral, das heute Magnetit genannt wird.

[6] Maya Angelou in C. Tate (Hrg.): Black Women Writers at Work. Continuum, New York 1983.

Die Ergründung der elektrischen und magnetischen Eigenschaften kam zunächst recht langsam voran. Im 18. Jahrhundert baute man wunderliche Maschinen, um in eleganten Salons und öffentlichen Ausstellungen die Wunder der Elektrizität vorzuführen. Später faszinierte die geheimnisvolle Aura elektrischer Phänomene die romantische Seele mit der Vorstellung von einer ungezähmten Natur, die ihre Kraft entfesselt. Der Dichter Percy Shelley verschlang während seiner Studienzeit an der Oxforder Universität »Abhandlungen über Magie und Hexerei wie auch jene modernen, welche die Mirakel der Elektrizität und des Galvanismus beschreiben«. Er versammelte seine Freunde um sich und »führte mit wachsender Leidenschaftlichkeit Diskurse über die wundersamen Kräfte der Elektrizität, von Donner und Blitz, beschrieb einen elektrischen Drachen, den er bei sich zu Hause gefertigt hatte, und plante einen weiteren sowie einen riesigen, vielmehr eine Verbindung aus vielen Drachen, die ein immenses Ausmaß an Energie aus dem Himmel herabziehen würde, die gesamte Munition eines gewaltigen Gewitters; und dieses, auf einen Punkt gelenkt, werde dort die erstaunlichsten Resultate hervorbringen.«[7]

Die erstaunlichen Resultate der Elektrizität konnten jedoch leicht tragisch enden. Während einer Versammlung der Sankt Petersburger Akademie der Wissenschaften im Jahr 1753 hörte der Physiker Georg Wilhelm Richmann (1711–1753), wie Donnergrollen ein heraufziehendes Gewitter ankündigte. Er eilte nach Hause, um mithilfe eines mit einem Metallstab verbundenen Instruments die Intensität der Elektrizität in Blitzschlägen zu messen. Der Blitz fuhr herab und versetzte Richmann einen sofort tödlichen Stromschlag, ohne den unglückseligen Forscher seine Messungen beenden zu lassen.

Mit der Zeit brachte die Wissenschaft etwas Ordnung in diese nur unzureichend geklärte Frage, und der Erkenntnisstand zu elektrischen und magnetischen Phänomenen kulminierte in den berühmten Maxwell'schen Gleichungen. James Clerk Maxwell (1831–1879) schrieb sich mit 16 Jahren an der University of Edinburgh ein und wechselte drei Jahre später nach Cambridge. Es heißt, Maxwell sei bei seiner Ankunft

[7] T. J. Hogg: The Life of Shelley. Moxton, London 1858.

in Cambridge mitgeteilt worden, dass um 6 Uhr morgens ein Gottesdienst mit Anwesenheitspflicht stattfinde. »Aye«, soll Maxwell in seinem starken schottischen Akzent erwidert haben, »so lange könnte ich wohl aufbleiben.« In dieser Hinsicht glich er vielen modernen Physikern. Noch heute erinnere ich mich an den Anfang der Definition in meinem Physikbuch: »Physik ist das, womit Physiker sich spät nachts beschäftigen.«[8] In seinem Tagesrhythmus mag Maxwell sich von zahlreichen Physikern nicht unterschieden haben; in vielen anderen Dingen jedoch war er einzigartig.

Maxwell nahm sich des Problems der elektrischen und magnetischen Erscheinungen an, indem er einen Analogieschluss zog zwischen den Grundsätzen der Hydrodynamik, die sich mit dem Strömungsverhalten von Flüssigkeiten befasst, und den Gesetzen von Elektrizität und Magnetismus, die den Fluss der Ladungen in elektrischen Strömen beschreiben. Als Hauptvariablen für seine Gleichungen wählte er anschließend die elektrische und die magnetische Feldstärke.

Der von Michael Faraday eingeführte Begriff des *Felds* gehört zu den Grundlagen der modernen Physik. Ein Feld ordnet jedem Punkt im Raum eine physikalische Größe zu, die mit einem Zahlenwert oder mit einem System von Zahlenwerten darstellbar ist. Eine Wanderkarte, auf der die Höhenlinien verzeichnet sind, kann als Feld gelten: Jedem Punkt auf der Karte ist ein Höhenwert zugeordnet. Auch ein rotglühendes Stück Metall lässt sich als Feld interpretieren: Punkt für Punkt zeigen die unterschiedlichen Farbschattierungen auf der Oberfläche die Temperaturwerte an.

Das elektrische und das magnetische Feld beschreiben an jedem Punkt im Raum die elektrischen und die magnetischen Kräfte, die auf ein hypothetisches Teilchen an diesem Punkt wirken. So definiert, mag das Feld nur als ein verworrenes und unnötiges Konzept erscheinen, das an die Stelle des intuitiv leichter zugänglichen Begriffs der Kraft gesetzt wird. Aber es steckt mehr dahinter. Durch die Einführung des Felds werden zwei unterschiedliche physikalische Effekte voneinander getrennt:

[8] J. Orear: Fundamental Physics. Wiley, New York 1967.

jener, der eine Kraft hervorbringt, und jener, auf den diese Kraft wirkt. Mit anderen Worten: Im elektrischen und im magnetischen Feld sind die Informationen über alle im System vorliegenden Ladungen und Ströme sowie über deren Position und zeitliche Variation zusammengefasst, ohne dass diese Informationen vom Körper abhängig wären, auf den die Kraft wirkt.

Sich stark auf die Ergebnisse seiner Vorgänger stützend fand Maxwell vier Gleichungen, mit denen sich für jede beliebige Konfiguration elektrischer Ladungen und Ströme und in jedem Punkt im Raum ebenso die Werte des elektrischen und des magnetischen Felds bestimmen lassen wie ihre Veränderung in der Zeit. Die Gleichungen zeigten eine so tiefgreifende Parallelität zwischen Elektrizität und Magnetismus auf, dass beide Konzepte zu einer Größe zusammengeführt werden konnten. Aus diesem Grund sprechen wir heute einfach von der *elektromagnetischen Kraft.*

»Im langfristigen Rückblick auf die Geschichte der Menschheit—sagen wir, in zehntausend Jahren von heute an gesehen—kann es kaum Zweifel daran geben, dass das bedeutendste Ereignis des 19. Jahrhunderts in Maxwells Entdeckung der Gesetze der Elektrodynamik gesehen werden wird«, meint Richard Feynman.[9] Der von einem Sturm entfesselte Blitz, die Ausrichtung einer Kompassnadel, der elektrische Strom in einem Mikrochip—alles unterschiedliche Phänomene, die durch dieselben physikalischen Gesetze zur Beschreibung der elektromagnetischen Kraft erklärbar werden.

Maxwells Entdeckung brachte ein unvermutetes und wirklich erstaunliches Resultat ans Licht. Seine Gleichungen sagten die Existenz von Wellen voraus, hervorgerufen durch wechselseitige Schwingungen elektrischer und magnetischer Felder. Maxwell konnte die Ausbreitungsgeschwindigkeit dieser Wellen berechnen—das Ergebnis war eine veritable Überraschung: Die errechnete Geschwindigkeit entsprach mit experimenteller Genauigkeit der Lichtgeschwindigkeit, die man von Messungen im Labor und den Methoden der Astronomie her kannte.

[9] R. P. Feynman: The Feynman Lectures on Physics. Addison-Wesley, Reading 1964.

1865 veröffentlichte Maxwell einen Aufsatz, in dem er schrieb: »Diese Geschwindigkeit liegt so nahe bei der Lichtgeschwindigkeit, dass wir aus guten Gründen scheinen schlussfolgern zu können, dass das Licht selbst (einschließlich der Wärmestrahlung und anderer Strahlung, sofern vorhanden) eine elektromagnetische Verwirbelung in Form von Wellen ist, die sich im elektromagnetischen Feld gemäß den elektromagnetischen Gesetzen fortpflanzen.«[10]

Die Zusammenführung von Elektrizität und Magnetismus hatte also die Erkenntnis der Natur des Lichts zur Folge. Maxwells Theorie gemäß ist Licht eine elektromagnetische Welle und damit von gleicher Art wie die Wellen, die heute vom Radio empfangen oder im Mikrowellenherd erzeugt oder als Röntgenstrahlen für die medizinische Diagnose eingesetzt werden. Diese unterschiedlichen Phänomene haben denselben physikalischen Ursprung und lassen sich sämtlich und lückenlos mit den Gesetzen zur Beschreibung der elektromagnetischen Kraft erklären.

Die Maxwell'schen Gleichungen lieferten den Schlüssel zur Lösung einer alten Kontroverse, die seit den Anfängen der Optik angedauert hatte: Besteht Licht aus Teilchen oder aus Wellen? Newton sprach sich für die korpuskulare Interpretation aus, da ein Hindernis Lichtstrahlen aufhalte, Wellen jedoch an ihm vorbeikämen. Huygens wählte die Wellen, da er Interferenzmuster im Licht beobachtete. Sieben Jahre nach Maxwells Tod erzeugte Heinrich Hertz (1857–1894) im Labor elektromagnetische Wellen und fand Maxwells Deutung lückenlos bestätigt. Damit waren sämtliche berechtigten Zweifel zerstreut: Licht ist eine Welle.

Ein paradoxer Aspekt in Hertz' Experimenten beweist einmal mehr, wie unvorhersehbar und zufällig die Wissenschaft voranschreitet. In Hertz' Beweis, dass Licht eine Welle ist, war die These angelegt, dass Licht aus Teilchen bestehe. Tatsächlich nämlich war Hertz im Rahmen seiner Experimente zu elektromagnetischen Wellen auf das Phänomen

[10] J. C. Maxwell: »A Dynamical Theory of the Electromagnetic Field«, *Philosophical Transactions of the Royal Society of London* 155, 459–512 (1865).

gestoßen, dass wir als *fotoelektrischen Effekt* kennen. Diverse unerklärliche Eigenschaften in diesem Phänomen waren mit der klassischen Theorie des Elektromagnetismus unvereinbar. Rund zwei Jahrzehnte später fand Einstein eine befriedigende Erklärung für das Versuchsergebnis, allerdings um den Preis einer überraschenden Prämisse: Licht setzt sich aus Teilchen zusammen.

Dieses Ergebnis war ein wahrer Schock, lief es doch sämtlichen Daten zuwider, die die Welleninterpretation bestätigten. Einstein selbst wusste diesen Widerspruch nicht aufzulösen und gestand: »Ich bestehe auf dem provisorischen Charakter dieses Konzepts, das mit den experimentell verifizierten Auswirkungen der Wellentheorie nicht vereinbar scheint.«[11] Dennoch hatte Einstein recht, und in späteren Experimenten bestätigte sich, dass Licht in der Tat aus Teilchen besteht, die wir heute *Photonen* nennen. Ein Resultat von fundamentaler Bedeutung; Einstein erhielt den Nobelpreis nicht für die Relativitätstheorie—den bekanntesten seiner Erfolge—, sondern für seine Erklärung des fotoelektrischen Effekts.

In den verwirrenden Ergebnissen des fotoelektrischen Effekts offenbarte die Quantenmechanik ihr ureigenstes Wesen als eine Theorie, die jedem intuitiven Verständnis zuwiderläuft. Ein Physiker musste sich mit dem Gedanken abfinden, dass die vertrauten Bilder von Teilchen und Welle in der Quantenmechanik ihrem Wesen nach uneindeutig sind und einander nicht ausschließen. So wie bei Dr. Jekyll und Mr Hyde in einem Menschen gleichermaßen Gut wie Böse stecken und sich mal das eine und mal das andere Gesicht zeigt, kann Licht gleichzeitig Teilchen und Welle sein. Newton und Huygens hatten gewissermaßen beide recht und unrecht.

Die Erkenntnis, dass elektromagnetische Wellen aus Photonen bestehen, führte zu einer neuen Auslegung des elektromagnetischen Felds und somit auch der elektromagnetischen Kraft. Eine Analogie kann dies veranschaulichen helfen: Ein multinationales Unternehmen hat Niederlassungen in aller Welt. Keine davon jedoch arbeitet unabhängig,

[11] A. Einstein in P. Langevin und M. de Broglie (Hrg.): First Solvay Congress. Gauthier-Villars, Paris 1912.

vielmehr wird durch den Austausch von Informationen zur Firmenpolitik jede von allen anderen beeinflusst. Um die Verständigung zwischen den Filialen zu erleichtern, hat man ein Computernetzwerk eingerichtet. Dieses Netzwerksystem ist ein globales Gebilde, das die gesamte Welt umspannt. Die eigentliche Kommunikation jedoch findet über einzelne E-Mails statt, die von einer Filiale zur andern gesendet werden. Über das Netzwerksystem werden pausenlos zahlreiche E-Mails hin- und hergeschickt. Die globale Aktivität des Unternehmens wird also letztlich von einzelnen, wenn auch zahlreichen E-Mails bestimmt.

Die Unternehmensvertretungen in unserem Vergleich sind die verschiedenen, im Raum verteilten elektrischen Ladungen, und dem Computernetzwerk entspricht das elektromagnetische Feld, welches das System überwacht und die Kraft überträgt. Die E-Mails sind wie Photonen: kleine Happen ausgetauschter Information. Obwohl das elektromagnetische Feld ein globales Gebilde ist, das den gesamten Raum ausfüllt, besteht es dennoch aus Teilchen—den Photonen. Die elektromagnetische Kraft wird daher durch einen kontinuierlichen Photonenaustausch zwischen elektrischen Ladungen verursacht. Ein wirklich sensationelles Resultat: Nicht nur Materie besteht aus Teilchen, auch die Kraft ist ein Ergebnis von Teilchen.

DIE SCHWACHE KRAFT

Der Schwache schlägt den Starken auch, hilft ihm das Recht.

SOPHOKLES[12]

Die Geschichte der Entdeckung der schwachen Kraft beginnt in Paris, an einem wolkenverhangenen Tag im Februar 1896. Henri Becquerel (1852–1908, Nobelpreis 1903) ist mit Experimenten zur Fluoreszenz beschäftigt. Er schlägt eine Fotoplatte in eine dicke Schicht schwarzen Papiers und legt einen metallischen Gegenstand auf dieses Paket—einen

[12] Sophokles: Ödipus Coloneus. Dt. v. E. Buschor (1954).

Orden von der Form eines Malteserkreuzes. Abschließend bedeckt er beides mit Uran-Kaliumsulfat, einer kristallinen Uranverbindung, die er selbst hergestellt hat. Der nächste Schritt soll darin bestehen, die Probe dem Sonnenlicht auszusetzen, um nach der anschließenden Entwicklung der Fotoplatte die Umrisse des fluoreszierenden Körpers beobachten zu können. Wie die von Röntgen entdeckten »X-Strahlen« hätte die Strahlung wohl das Papier, nicht aber den Metallgegenstand durchdrungen, sodass eine Negativaufnahme des Kreuzes zu sehen sein würde.

Doch der Himmel über Paris blieb über mehrere Tage verhangen, und in Ermangelung des nötigen Sonnenlichts musste Becquerel sein Experiment verschieben. Seinen Versuchsaufbau verstaute er in einem dunklen Schrank. Von einer seherischen Eingebung heimgesucht oder auch einfach des Wartens überdrüssig beschloss er irgendwann, die Fotoplatte zu entwickeln, ohne den fluoreszierenden Gegenstand je der Bestrahlung mit Sonnenlicht ausgesetzt zu haben. Zu seiner Überraschung fand er auf der Fotoplatte ein Abbild des Malteserkreuzes vor (siehe Abb. 2.1).

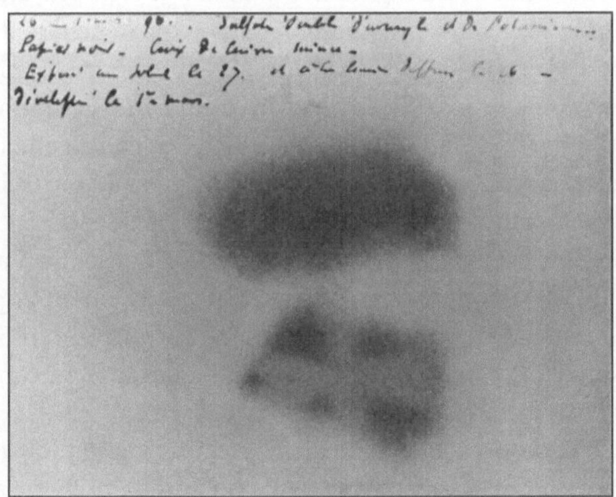

Abb. 2.1 Das fotografische Abbild des Malteserkreuzes mit Becquerels handschriftlichen Notizen
Quelle: AIP Emilio Segrè Visual Archives/William G. Myers Collection.

Das Uransalz hatte also ohne die Einwirkung einer Lichtquelle unsichtbare Strahlen abgegeben, die das Papier durchdringen konnten. Becquerel führte diesen Effekt auf eine »unsichtbare fluoreszierende Strahlung« zurück, eine Strahlung »von einer Beharrlichkeit, die unendlich größer ist als die Beharrlichkeit der Lichtstrahlung«.[13] Becquerel hatte die *Radioaktivität* entdeckt.

Kurioserweise im selben Monat desselben Jahres erzielte Silvanus Thompson (1851–1916) identische Resultate, begünstigt durch das englische Winterwetter und die Smogschicht über dem viktorianischen London. Wie bei Becquerel war bei Thompsons Versuchsanordnung ohne jegliche Sonnenbestrahlung ein Abbild entstanden. Doch Thompson zögerte mit der Veröffentlichung seiner Beobachtungen und irrte sich in der Interpretation der Ergebnisse, die er auf Fluoreszenz zurückführte. Er hatte den Beweis für eine neue Form der Strahlung nicht erkannt und versäumte so seine Verabredung mit der Geschichte.

Aus späteren Untersuchungen wissen wir, dass Atomkerne drei Arten von Strahlung emittieren: *Alpha-*, *Beta-* und *Gamma-Radioaktivität*. Die Alphastrahlung entsteht beim Austritt von Kernfragmenten aus instabilen Kernen. Bei den Fragmenten handelt es sich um die aus zwei Protonen und zwei Neutronen bestehenden Alphateilchen, die wir aus Rutherfords Experimenten bereits kennen. Um nach der Emission von Alphateilchen wieder ein Gleichgewicht zwischen Masse und elektrischer Ladung herzustellen, durchlaufen die Atomkerne einen Prozess, der als Betastrahlung bezeichnet wird. Bei der Beta-Radioaktivität wird ein Neutron in ein Proton umgewandelt, wobei ein Elektron austritt. Die Gamma-Radioaktivität schließlich ist eine elektromagnetische Strahlung, durch die ein Kern, im Regelfall nach einem Alpha- oder Betazerfall, einen Teil seiner Energie freisetzt. In unserer Geschichte geht es ausschließlich um die Betastrahlung—sie hatte zu dem Bild des Malteserkreuzes geführt, das Bequerel beobachtete.

Die Beta-Radioaktivität stellte die Forschung vor ein Rätsel. In allen anderen Formen der Radioaktivität entsprach die durch die Strahlung

[13] H. Becquerel: *Comptes Rendus* 122, 501 (1896).

freigesetzte Energie dem Energieverlust im Kern. Das leuchtet ein—das Geld, das wir beim Einkaufen ausgeben, (die bei der Strahlung freigesetzte Energie) muss dem Betrag entsprechen, der aus unserer Brieftasche verschwunden ist (der im Kern fehlenden Energie). Anders kann es nicht sein.

Bei der Beta-Radioaktivität aber war es anders. In zahlreichen Experimenten, die 1927 in den Messungen von Charles Ellis (1895–1980) und William Wooster (1903–1984) am Cavendish-Laboratorium kulminierten, wurde gezeigt, dass die vom Atomkern ausgehende Betastrahlung unterschiedliche Energiewerte aufweist. Die Betastrahlung zeigte sich als ein Strom von Elektronen, an denen für jedes einzelne ein anderer Energiewert gemessen wurde. Als würde man aus demselben Gewehr viele Kugeln abschießen, die alle völlig unterschiedlich schnell flögen: Einige verlassen den Lauf langsam, andere sausen wie Raketen durch die Luft. Wie ist das möglich?

Diese Frage landete auf den Schreibtischen der Theoretiker und entfachte insbesondere zwischen Niels Bohr und Wolfgang Pauli (1900–1958, Nobelpreis 1945) eine heftige Diskussion. Bohrs Antwort war ein umstürzlerischer Gedanke: Auf atomarer Ebene bleibe die Energie lediglich im Durchschnitt erhalten, nicht aber in jedem einzelnen Schritt. Bei der Beta-Radioaktivität kämen die Elektronen daher mit zufälligen Energiewerten aus dem Kern geschossen. Zur damaligen Zeit, als Relativitätstheorie und Quantenmechanik sämtliche bekannten Grundsätze über den Haufen warfen, schien der Physik nichts mehr heilig. Selbst der geliebte Energieerhaltungssatz—ein Grundpfeiler der klassischen Physik—durfte nach Meinung Bohrs demontiert werden. Pauli jedoch widersprach dem: »Bohr [ist] mit seinen diesbezüglichen Betrachtungen über eine Verletzung des Energiesatzes auf *vollkommen falscher* Fährte!«[14] Bohr verfolgte seine Idee weiter und hielt sogar für möglich, dass sich mit einer Verletzung des Energieerhaltungssatzes in der Beta-Radioaktivität die anscheinend unendliche Energieproduktion

[14] W. Pauli an O. Klein, 18. Februar 1929; in A. Herrmann, K. von Meyenn, V. Weisskopf (Hrg.): Wolfgang Pauli—Wissenschaftlicher Briefwechsel; Bd. 1: 1919–1929. Springer, New York 1979.

in Sternen erklären ließe. Worauf Pauli erwiderte: »[. . .] und lasse die Sterne in Frieden strahlen!«[15]

Abb. 2.2 Niels Bohr (links) und Wolfgang Pauli auf der Solvay-Konferenz 1948
Quelle: Pauli Archive/CERN.

Pauli war bekannt für seinen scharfen Verstand, seinen spöttischen Sarkasmus und sein lautes Lachen. Gleichzeitig genoss er höchstes Ansehen und die Bewunderung seiner Kollegen für seine außergewöhnliche Begabung und sein enzyklopädisches Wissen. Seinen ersten wissenschaftlichen Artikel—über die Allgemeine Relativitätstheorie—veröffentlichte Pauli im Alter von 18 Jahren, wenige Monate nach seiner Matura in Wien. Den Großteil seiner Laufbahn als Wissenschaftler verbrachte er in Zürich, reiste jedoch viel—wohin er nur konnte, um über

[15] W. Pauli an N. Bohr, 17. Juli 1929; ebd.

Physik zu diskutieren. Wenn er vor Publikum sprach, lief er unaufhörlich vor der Tafel hin und her, und in physikalischen Diskussionen pflegte er mit dem Körper vor- und zurückzuschwingen, als spräche er ein chassidisches Gebet.

Theoretische Physiker werden gern wegen ihres Mangels an Sinn fürs Praktische und an Geschicklichkeit im Umgang mit Laborinstrumenten aufgezogen. Auch auf diesem Gebiet brillierte Pauli als Vertreter seiner Berufsgruppe. Eigens wurde sogar der Begriff des »Pauli-Effekts« geprägt, für das rätselhafte Phänomen, dass, sobald Pauli über die Schwelle eines Labors trat, Instrumente zerbrachen oder aus unerfindlichen Gründen funktionsuntüchtig wurden. Als dem Physiker James Franck in seinem Göttinger Labor einmal unerklärlicherweise ein kompliziertes Teil seiner Ausstattung explodierte, beschrieb er Pauli den Vorfall in einem Brief und gestand, die Ursache nie begriffen zu haben. Wäre Pauli zugegen gewesen, fügte er hinzu, hätte er die Sache wenigstens dessen metaphysischer Wirkung zuschreiben können. Pauli überprüfte seine Tagebuchaufzeichnungen und stellte höchst amüsiert fest, dass er tatsächlich genau zum fraglichen Zeitpunkt, von Zürich kommend, am Göttinger Bahnhof auf einen Anschlusszug nach Kopenhagen gewartet hatte.

Einmal beschlossen mehrere Physiker, Pauli einen Streich zu spielen. Während einer Konferenz verbanden sie den Leuchter im Versammlungsraum mit einem Gerät, welches so konstruiert war, dass Pauli beim Betreten des Raums unwissentlich den Mechanismus auslösen und den Leuchter zu Fall bringen würde. Daraufhin wollten alle überrascht aufschreien und als einzig mögliche Erklärung für den unglaublichen Zwischenfall den rätselhaften Pauli-Effekt anführen. Pauli betrat nichts ahnend den Raum, doch der Leuchter fiel nicht herab, da das Gerät nicht funktionierte. Wieder einmal hatte der Pauli-Effekt zugeschlagen.

Zur Lösung des Problems der Beta-Radioaktivität wählte Pauli eine andere Strategie als Bohr. Er stellte die Hypothese auf, dass die Gesamtenergie bei der Beta-Strahlung stets unverändert bleibe. Das Elektron enthalte dabei jedoch nur einen Teil der Energie, der Rest befinde sich in einem neuen Teilchen—dem *Neutrino*—ohne elektrische Ladung und ohne Masse (oder zumindest mit einer sehr viel geringeren als der Protonenmasse). Dieses Teilchen sei für Detektoren vollkommen unsichtbar, da es gegenüber der elektromagnetischen Kraft nahezu unempfindlich sei. Aus diesem Grund werde, so Pauli, in Versuchen lediglich ein Teil der bei der Beta-Radioaktivität tatsächlich produzierten Energie gemessen. Dies erkläre, warum bei der Beta-Strahlung für die Elektronen so merkwürdige Energiewerte gemessen würden.

Abb. 2.3 Wolfgang Pauli 1929 bei einer Vorlesung in Kopenhagen
Quelle: Pauli Archive/CERN.

Paulis Erklärung lässt sich mithilfe eines der oben angeführten Analogien anders formulieren. Jeder Schuss aus einem Gewehr besitzt dieselbe Energie. Wir wollen jedoch einmal annehmen, dass das Gewehr bei jedem Schuss nicht nur eine, sondern zwei Kugeln gleichzeitig abfeuert. Eine dieser Kugeln ist »sichtbar« (das Elektron), weil sie Veränderungen an ihrem Ziel bewirkt; die andere dagegen ist »unsichtbar«

(das Neutrino), weil sie ihr Ziel durchdringt, ohne Spuren zu hinterlassen. Die Energie des Schusses verteilt sich willkürlich auf beide Projektile; da wir jedoch nur eines sehen können, entsteht der irrige Eindruck, ein Teil der Energie sei verloren gegangen.

Heutzutage sind Physiker besser daran gewöhnt, neue Teilchen zu erfinden; zur damaligen Zeit jedoch klang Paulis Hypothese sehr radikal. Tatsächlich fehlte Pauli der Mut, seinen Gedanken in einem wissenschaftlichen Artikel zu veröffentlichen; er erläuterte ihn lediglich in einem Brief an die Teilnehmer einer Physikertagung zur Radioaktivität in Tübingen, an der er nicht teilnehmen konnte, weil er zu einem Ball der italienischen Studenten in einem Züricher Hotel eingeladen war. Seinen Brief überschrieb Pauli mit »Liebe Radioaktiven Damen und Herren« und nannte seine Hypothese einen »verzweifelten Ausweg«[16] aus dem Problem um die Betastrahlung.

Sogar Pauli selbst empfand seinen Gedanken als Schuss ins Blaue. Im Oktober 1931 nahm er an einer Konferenz in Rom teil, von der ihm, wie er später berichtete, zwei schreckliche Ereignisse im Gedächtnis blieben. Zum einen hatte er Mussolini die Hand schütteln müssen. Zum andern musste er der Hartnäckigkeit seiner Kollegen nachgeben und seine Neutrino-Hypothese erläutern.

Im Rückblick beschrieb er seine Hypothese als »dieses närrische Kind meiner Lebenskrise (1930/1931)—das sich auch weiter recht närrisch aufgeführt hat«.[17] Es war keine leichte Zeit für Pauli: Nach dem Freitod seiner Mutter und der Scheidung von seiner ersten Frau, der deutschen Tänzerin Käthe Deppner, geriet er in einen Zustand der Depression. Er suchte den Psychoanalytiker Carl G. Jung auf und war fast vier Jahre lang in Therapie. Jung hielt die Analyse von mehreren Hundert Träumen Paulis in seinem Buch *Psychologie und Alchemie* fest.

[16] W. Pauli an die Tagungsteilnehmer in Tübingen, 4. Dezember 1930; Abbildung der Originalabschrift: http://www.library.ethz.ch/exhibit/pauli/neutrino.html. [Mai 2011]

[17] W. Pauli an M. Delbrück, 6. Oktober 1958; in K. v. Meyenn (Hrg.): Wolfgang Pauli: Wissenschaftlicher Briefwechsel mit Bohr, Einstein, Heisenberg u. a. Bd. IV, Teil IV, B: 1958. Springer, Berlin/Heidelberg 2005. [Originalwortlaut: »Die Geschichte dieses närrischen Kindes . . .«]

In seinem Brief an die Tagungsteilnehmer in Tübingen bezeichnete Pauli das neue Teilchen als »Neutron«. Chadwicks Neutron war zum damaligen Zeitpunkt noch nicht entdeckt. Die Bezeichnung »Neutrino« war ein nicht ernst gemeinter Vorschlag von Enrico Fermi (1901–1954, Nobelpreis 1938), der während eines Seminars in Rom gefragt wurde, ob die beiden Teilchen identisch seien. »Nein«, antwortete Fermi, »Chadwicks Neutronen sind groß und schwer. Paulis Neutronen sind klein und leicht; sie müssen Neutrinos heißen.«[18] Das Wortspiel wird natürlich nur im Italienischen offenbar, wo »Neutrino« das Diminutivum von »Neutron« ist und so viel wie »kleines Neutron« bedeutet.

Die Verwirrung galt jedoch nicht nur der Benennung, sondern auch der Rolle dieser Teilchen. Wenn Atomkerne bei der Beta-Radioaktivität Elektronen und Neutrinos abgeben, gehören diese dann ebenso zum Kern wie Protonen und Neutronen? Wo halten sich Elektronen und Neutrinos auf, bevor sie emittiert werden? Pauli war zunächst der Meinung, Neutrinos würden wie kleine Magnete von elektromagnetischen Kräften im Innern des Atomkerns festgehalten; dieser Gedanke jedoch war falsch.

Die letztgültige Erklärung kam schließlich von Fermi, der sich von den neu entstehenden Ideen der Quantenfeldtheorie inspirieren ließ, die zur Beschreibung der Emission von Photonen und der Absorption durch Atome postuliert worden war. Wie wir in Kap. 3 noch genauer sehen werden, setzt man in einer Quantenfeldtheorie anstelle des Konzepts der Kraft die Wechselwirkungen zwischen Teilchen: Teilchen entstehen und vergehen an unterschiedlichen Punkten im Raum als Folge ihrer Interaktionen. Kraft ist das Ergebnis eines Teilchenaustauschs und somit letztlich von Wechselwirkungen zwischen Teilchen. Photonen beispielsweise können aufgrund der elektromagnetischen Wechselwirkung emittiert oder von Atomen absorbiert werden; dennoch sind sie keine »Bestandteile« des Atoms.

Fermi argumentierte, die Beta-Strahlung lasse sich auf ganz ähnliche Weise erklären wie die elektromagnetische Strahlung. Er postulierte

[18] G. Gamow: Thirty Years That Shook Physics. Anchor Books, New York 1966.

eine neue Wechselwirkung, an der Neutronen, Protonen, Elektronen und Neutrinos beteiligt seien. Infolge dieser Wechselwirkung werde ein Neutron in ein Proton umgewandelt, wobei ein Elektron und ein Neutrino freigesetzt würden. Damit hatte Fermi eine neue, für die Beta-Radioaktivität verantwortliche Kraft erfunden, die später *schwache Kraft* genannt wurde.

Abb. 2.4 »*I ragazzi di Via Panisperna*«—die Gruppe junger Physiker der Universität Rom um Fermi; von links nach rechts: Oscar D'Agostino, Emilio Segrè, Edoardo Amaldi, Franco Rasetti und Enrico Fermi
Quelle: Archivio Amaldi/Dipartimento di Fisica/Sapienza, Università di Roma.

Fermi war hochzufrieden mit seiner Theorie. Während eines Skiurlaubs in den Alpen bat er seine Freunde und Kollegen Emilio Segrè, Edoardo Amaldi und Franco Rasetti in sein Hotelzimmer. Auf seinem Bett sitzend las er ihnen den Artikel vor, den er geschrieben hatte, und nahm ihre begeisterten Anmerkungen entgegen. Voller Selbstvertrauen reichte er sein Manuskript beim Wissenschaftsmagazin *Nature* ein. Der Artikel aber wurde mit der Begründung abgelehnt, »er enthält Spekulationen, die zu weit von der Realität entfernt sind, um für den Leser von Interesse zu sein«.[19] Fermis Artikel erschien schließlich in einer anderen Zeitschrift, und seine Theorie war bald allgemein anerkannt. Tatsächlich wurde der Artikel sogar in zwei Zeitschriften abgedruckt (in einer italienischen und einer deutschen Fassung). Die faschistische Gesetzgebung nämlich verlangte von italienischen Wissenschaftlern, dass sie in italienischer Sprache publizierten. Da ein auf Italienisch verfasster Artikel in der internationalen Wissenschaftlergemeinschaft jedoch garantiert vollkommen unbeachtet bleiben würde, nahm Fermi eine Doppelveröffentlichung vor.

Neben der Verbindung, die Fermi gefunden hatte, gibt es zwischen der elektromagnetischen und der schwachen Kraft aber auch wichtige Unterschiede. Die elektromagnetische Kraft verändert das Wesen des Teilchens nicht, auf das sie einwirkt. Anders ausgedrückt: Ein Elektron übt eine elektromagnetische Kraft auf andere Ladungen aus, indem es Photonen austauscht, ohne dass sich durch die Emission von Photonen die Identität des Elektrons verändern würde. Demgegenüber hat die schwache Kraft die Eigenschaft, Teilchen zu transformieren. Während es eine schwache Kraft ausübt, wird das Teilchen selbst verändert. Insbesondere wechselt bei der Beta-Radioaktivität ein Neutron, das ein Elektron-Neutrino-Paar abgibt, seine Identität und wird zu einem neuen Teilchen—einem Proton.

Der zweite Unterschied zwischen den Kräften besteht in ihrer Reichweite. Eine elektrische Ladung ist auch über sehr weite Entfernungen noch wirksam; aus diesem Grund kann der Elektromagnetismus in unserer Welt makroskopische Phänomene bewirken. Die schwache Kraft dagegen wirkt nur über sehr geringe Distanzen. Um die Auswirkungen dieser Kraft spüren zu können, dürfen zwei Teilchen höchstens etwa 10^{-18} Meter voneinander entfernt sein. Diese Entfernung ist

[19] F. Rasetti in E. Fermi: Note e Memoire (Collected Papers) Vol. I, Italia 1921–1938. Accademia Nazionale dei Lincei u. The University of Chicago Press, Rom u. Chicago 1962.

eindeutig zu gering, als dass wir die schwache Kraft mit bloßem Auge wahrnehmen könnten.

Dennoch ist die schwache Kraft mehr als ein Zeitvertreib für Elementarteilchen. Sie hinterlässt durchaus sichtbare Spuren in unserer Welt—so sichtbar wie die Sonne nämlich. In gewissem Sinne lag Bohr richtig mit seiner Vermutung, der Ursprung der Sterne liege in der Beta-Radioaktivität begründet, auch wenn eine Verletzung der Energieerhaltung nicht im Spiel war. Ebenso wie alle übrigen Sterne scheint die Sonne aufgrund thermonuklearer Prozesse, die von der schwachen Kraft angetrieben werden.

Der dritte Unterschied zwischen schwacher und elektromagnetischer Kraft liegt in ihrer Intensität. Entgegen Paulis erster Vermutung tritt das Neutrino mit Materie ausschließlich über die schwache Kraft in Wechselwirkung und ist deshalb unglaublich schwer zu fassen und mit unseren Detektoren kaum auszumachen. Dem Neutrino ist die ganze Welt ein nahezu vollkommen durchlässiges Medium. Zuverlässig aufhalten kann ein durch Beta-Radioaktivität freigesetztes Neutrino nur ein Eisenklotz von der Dicke der Distanz zwischen Erde und Alpha Centauri. Dass diese Kraft schwach genannt wird, hat gute Gründe.

Dennoch lassen sich Neutrinos experimentell beobachten. Um die verschwindend geringe Chance zu kompensieren, ein einzelnes Neutrino zu erfassen, setzen Experimentatoren Neutrinoströme von hoher Intensität ein, da mit zunehmender Teilchenzahl die Detektionswahrscheinlichkeit insgesamt steigt. Im Jahr 1956 erbrachten Clyde Cowan (1919–1974) und Frederick Reines (1918–1998, Nobelpreis 1995) am Kernreaktor von Savannah River im US-Bundesstaat South Carolina den ersten experimentellen Nachweis für die Existenz von Neutrinos. Gleich nach ihrer Entdeckung schickten die beiden amerikanischen Wissenschaftler ein Telegramm an Pauli. Der leerte zur Feier des Ereignisses mit seinen Freunden eine Kiste Champagner und antwortete dann mit einem kurzen Brief: »Danke für Mitteilung. Alles kommt zu dem, der warten kann. Pauli.«[20]

[20] F. Reines: »The Detection of Pauli's Neutrino«, in H. B. Newman und T. Ypsilantis (Hrg.): History of Original Ideas and Basic Discoveries in Particle Physics. Plenum Press, New York 1996.

DIE STARKE KRAFT

Die Geschichte wird nur von starken Persönlichkeiten ertragen, die schwachen löscht sie vollends aus.

FRIEDRICH NIETZSCHE[21]

Nachdem nun feststand, dass der Atomkern aus Protonen und Neutronen, nicht aber aus Elektronen besteht, galt es herauszufinden, was diese Teilchen im Kern zusammenhält. Die Gravitation kam hierfür nicht in Frage: Sie ist für Kernpartikel viel zu schwach. Die elektromagnetische Kraft hat die falsche Wirkung: Sie stößt Protonen ab und trägt so zum Zerfall des Kerns und daher sicher nicht zu dessen Zusammenhalt bei. Nach Fermis Entdeckung der schwachen Kraft versuchten Werner Heisenberg und andere Physiker diese für die Erklärung der Stabilität von Atomkernen einzuspannen, doch sämtliche Versuche scheiterten.

Als nächstes war die Annahme einer neuartigen Kraft geboten. Diese hypothetische neue Wechselwirkung wurde die *starke Kernkraft* genannt, da ihre Intensität im Atomkern alle bekannten Kräfte übersteigen musste. Viel wusste man nicht über die starke Kraft, nur dass sie eine merkwürdige Eigenschaft besaß: Messungen der Streuung von Protonen und Neutronen hatten gezeigt, dass die starke Kraft in etwa dieselbe Wirkung auf beide Teilchen hatte. Für diese Eigenschaft wurde der Begriff *Ladungsunabhängigkeit* geprägt. Woher aber die starke Kraft kam, blieb ein vollkommenes Rätsel.

Im Jahr 1934 kam der japanische theoretische Physiker Hideki Yukawa (1907–1981, Nobelpreis 1949) auf einen Gedanken, der ihm einen Platz in der Wissenschaftsgeschichte sicherte: »Die Kernkraft wirkt auf extrem kleinen Distanzen. Meine neue Erkenntnis war, dass diese Distanz und die Masse des neuen Teilchens in einem umgekehrt proportionalen Verhältnis zueinander stehen.«[22] Um die Bedeutung der Worte Yukawas besser zu verstehen, wollen wir einen einfachen Vergleich bemühen.

[21] F. W. Nietzsche: Unzeitgemäße Betrachtungen II (1874).

[22] H. Yukawa: Tabibito (The Traveler). World Scientific, Singapur 1982.

Zwei sich zankende Brüder gehen an einem Wintertag zum Spielen nach draußen. Es kommt zum Streit und die beiden Jungs beginnen eine Schneeballschlacht. Die Schneebälle üben auf die Kinder eine Abstoßungskraft aus, die sie auseinandertreibt. Da die Brüder weit werfen können, bleibt diese Kraft auch über große Distanzen erhalten. Die Wogen glätten sich, allerdings nicht lange. Neue Anschuldigungen werden laut und münden in Beleidigungen, bis das Spiel härter wird. Schneebälle reichen nun nicht mehr aus; die Brüder schleudern jetzt Sandsäcke aufeinander, die sie in der Nähe gefunden haben. Sandsäcke sind deutlich schwerer als Schneebälle und lassen sich nicht sehr weit werfen. Die Abstoßungskraft, welche die Sandsäcke beim Auftreffen auf die beiden Rabauken freisetzen, ist sehr effektiv, aber sie wirkt nur über relativ geringe Distanzen.

Je schwerer das ausgetauschte Objekt, desto kürzer die Reichweite der Kraft. Dasselbe gilt für Teilchen: Die elektromagnetische Kraft—so Yukawas Argumentation—kann über jede beliebige Entfernung wirken und hat eine unendliche Reichweite, aus dem einfachen Grund, dass das Photon keine Masse besitzt. Besäße das Photon, der Vermittler der elektromagnetischen Kraft, eine Masse, wäre diese Kraft nur über kurze Entfernungen wirksam. Demnach—so Yukawas Schlussfolgerung—muss das Teilchen, das die starke Kraft vermittelt, schwer sein, was seinerseits erklärt, warum die Wechselwirkung zwischen Protonen und Neutronen nur über Distanzen innerhalb des Atomkerns funktioniert.

Ein Schneeball, der durch die Luft fliegt, vermittelt eine abstoßende Kraft zwischen den beiden Jungen. Photonen, die durch elektrische Ladungen ausgetauscht werden, vermitteln elektromagnetische Kräfte, die abstoßend (bei gleichnamigen Ladungen) oder anziehend (bei ungleichnamigen Ladungen) sein können. Ganz ähnlich üben Yukawas Teilchen, die zwischen Protonen und Neutronen ausgetauscht werden, eine anziehende Kraft aus, die den Kern zusammenhält. Anders als die massenlosen Photonen aber sind Yukawas Teilchen schwer, sodass sich ihre Wirkung wie bei den schweren Sandsäcken nur über relativ kurze Entfernungen überträgt. Die starke Kraft ist sehr intensiv, aber nur über Entfernungen innerhalb des Kerns wirksam und nicht darüber hinaus.

Mithilfe experimenteller Daten zu den Wechselwirkungen im Kern konnte Yukawa nun die Masse des hypothetischen Teilchens berechnen, das für die starke Kraft verantwortlich zeichnet. Diesen Berechnungen zufolge musste die Masse des neuen Teilchens um etwa das 200-Fache über der Elektronenmasse liegen. Das Teilchen erhielt später die Bezeichnung *Meson* (vom griechischen Wort *mésos*, in der Mitte), da seine Masse zwischen der des Elektrons und jener des Protons liegt (das über 1.800 mal so schwer ist wie das Elektron). Als nächstes galt es herauszufinden, ob Yukawas Meson tatsächlich existierte.

Der leistungsstärkste Teilchenbeschleuniger des Universums ist das Universum selbst. Angetrieben von unterschiedlichen astronomischen Quellen erreichen die überwiegend aus Protonen und Atomkernen bestehenden kosmischen Strahlen enorme Energien und halten unsere Atmosphäre unablässig unter Beschuss, wobei sie bis zur Erdoberfläche vordringen. Die kosmischen Strahlen bildeten die erste Quelle, welche die Physiker für die Suche nach neuen Teilchen nutzten, zu deren Herstellung hochenergetische Kollisionen erforderlich sind.

Zur Detektion von Teilchen aus dem Aufprall kosmischer Strahlung auf die Atmosphäre setzten die Physiker *Nebelkammern* ein. Dieses Instrument wurde von Charles Wilson (1869–1959) in Cambridge bei meteorologischen Untersuchungen zu Wolkenformationen erfunden. Eine Nebelkammer ist ein mit Gas gefüllter Behälter, wobei die Bedingungen so definiert sind, dass ein geladenes Teilchen beim Durchqueren des Behälters die Kondensation des Gases zu winzigen Tröpfchen verursacht. Diese Tröpfchen bilden eine Spur und machen so die Bahn des Teilchens sichtbar, wie ein Kondensstreifen, den ein Flugzeug am Himmel hinterlässt. Die Masse des Teilchens lässt sich aus der Breite der Spur ableiten. Seine Ladung wird gemessen, indem man die Spur über ein Magnetfeld ablenkt.

Im Jahr 1936 arbeiteten Carl Anderson, der Entdecker des Positrons, und sein Student Seth Neddermeyer (1907–1988) am California Institute of Technology an der Analyse kosmischer Strahlen mithilfe von Nebelkammern. In den Spuren entdeckten sie ein neues Teilchen: Es hatte dieselbe Ladung wie ein Elektron, und seine Masse lag im Bereich des 100- bis 400-Fachen der Elektronenmasse, mit einer maximalen Wahrscheinlichkeit des Faktors 200. Eine sensationelle Entdeckung: Yukawas hypothetisches Meson existiert tatsächlich.

»Raffiniert ist der Herrgott, aber boshaft ist er nicht.«[23] Mit diesen berühmten Worten kommentierte Einstein 1921 bei seinem ersten Besuch in Princeton Gerüchte über eine neue experimentelle Messung, die die Spezielle Relativitätstheorie zu widerlegen schien. Das Zitat wurde später in der Fine Hall, der alten Abteilung für Mathematik der Princeton University, über dem Kamin eingemeißelt. Weniger bekannt ist dagegen, dass Einstein in einem jener Momente der Frustration, die im Leben eines theoretischen Physikers durchaus vorkommen, einem Kollegen gegenüber gestand: »Ich bin mir nicht mehr so sicher. Vielleicht ist Er doch boshaft.«[24] Wie wir bald sehen werden, findet sich in der Geschichte um die Entdeckung des Mesons die zweite Sichtweise bestätigt.

Schon früh wurde der Verdacht laut, dass an der Entdeckung des Mesons irgendetwas faul war. Doch dann kam der Krieg und die Menschen hatten Wichtigeres zu tun. Der definitive Beweis für ein Problem in Andersons Messergebnissen ergab sich aus Experimenten, die Marcello Conversi (1917–1988), Ettore Pancini (1915–1981) und Oreste Piccioni (1915–2002) im Jahr 1946 abschlossen. Begonnen hatten diese Experimente während des Krieges, im Keller einer römischen Oberschule, die man aufgrund ihrer geografischen Nähe zum Vatikan ausgewählt hatte, um das Risiko einer Bombardierung gering zu halten. (Im modernen Sprachgebrauch bezeichnet man das als Reduzierung des Hintergrundrauschens.) Die elektronischen Bauteile ihres Versuchsaufbaus erstanden die Physiker während der nationalsozialistischen Besatzung Roms auf dem Schwarzmarkt. Pancini stieß erst am Ende des Krieges zu seinen beiden Kollegen, da er zuvor Brigaden des norditalienischen Widerstands befehligt hatte. Die Experimente der drei Italiener zeigten, dass das von Anderson entdeckte Teilchen nur sehr

[23] A. Pais: Raffiniert ist der Herrgott . . .. (Subtle is the Lord, 1982). Dt. v. R. U. Sexl, H. Kühnelt u. E. Streeruwitz, Spektrum, Heidelberg 2000.

[24] J. Sayen: Einstein in America. Crown Publishers, New York 1985.

schwach mit dem Kern interagierte und daher nicht Yukawas Meson sein konnte, das die starke Kernkraft vermittelt.

Auf der Shelter-Island-Konferenz von 1947—einer der ereignisreichsten und berühmtesten Konferenzen in der Geschichte der Physik—schlug Robert Marshak (1916–1992) (später auch in einer gemeinsamen Veröffentlichung mit Hans Bethe) eine mögliche Erklärung für den Widerspruch vor. Es gebe, so Marshak, zwei Mesonen: ein *Myon*, welches Anderson entdeckt habe, und das *Pion*, was lediglich ein neuer Name für das von Yukawa vermutete Teilchen sei. Das Myon und das Pion hätten nichts miteinander zu tun und besäßen nur deshalb zufällig ungefähr die gleiche Masse, weil die Natur aus einer boshaften Laune heraus die Physiker habe konfus machen wollen. Beide Teilchen könnten durch kosmische Strahlen hervorgebracht werden, das Pion jedoch zerfalle so rasch, dass es sich nur in großen Höhen beobachten lasse. Das Myon dagegen könne auf die Erdoberfläche gelangen.

Dass bereits 1942 einige japanische Physiker denselben Gedanken geäußert hatten, war Marshak nicht bewusst, da der wissenschaftliche Austausch zwischen Japan und den USA zu jener Zeit aus erkennbaren Gründen ziemlich angespannt war. Hinzu kam, dass keiner der Wissenschaftler auf Shelter Island von einem sehr interessanten Ergebnis wusste, das man in der Alten Welt erzielt hatte.

Insbesondere an der Bristol University waren erfolgreich neue fotografische Methoden zur Detektion von Teilchen entwickelt worden. Die Methode fußt auf Fotoplatten (sogenannten Kernemulsionsplatten), die auf schnelle geladene Teilchen reagieren. Auf der entwickelten Platte sind als dunkle Spuren die Teilchenbahnen zu sehen. Die Herstellung dieser faktischen Fotografien von Teilchen ist methodisch so einfach, »sogar ein Theoretiker könnte dazu in der Lage sein«,[25] wie der theoretische Physiker Walter Heitler bemerkte, der zur Entwicklung dieser Methode beigetragen hat.

Bald nach Ende des Krieges brachten Giuseppe Occhialini (1907–1993) und Cecil Powell (1903–1969, Nobelpreis 1950) von der Bristol

[25] O. Lock: »The Discovery of the Pion«, *CERN Courier*, Juni 1997.

University mehrere Kernemulsionsplatten auf den 2.877 Meter hohen Pic du Midi in den französischen Pyrenäen. Heute befindet sich dort ein Observatorium; damals jedoch war der Gipfel nur schwer zugänglich. Durch einen glücklichen Umstand allerdings stellte dies für das Experiment kein Hindernis dar. Occhialini hatte nach der Bekanntschaft mit den Reizen des faschistischen Regimes 1937 Italien verlassen und war nach Brasilien gezogen. Mit dem Kriegseintritt Brasiliens jedoch war er zum feindlichen Ausländer geworden und hatte sich in den Bergen von Itatiaia versteckt gehalten und dort als Bergführer gearbeitet. Seine Fachkenntnisse in der Physik, aber auch in der Seilarbeit erwiesen sich bei den Aufbauarbeiten am Pic du Midi als äußerst nützlich.

Bei ihrem Experiment entdeckten Occhialini und Powell das Pion, ein Teilchen, das nur in großer Höhe sichtbar wird, weil es rasch zu Myonen zerfällt. César Lattes (1924–2005), ein brasilianischer Student, der Occhialini nach Bristol gefolgt war, transportierte die Platten zu einer meteorologischen Messstation auf dem 5.600 Meter hohen Chacaltaya in Bolivien. Die Entdeckung des Pions war damit endgültig bestätigt. Die Gruppe aus Bristol veröffentlichte ihre Ergebnisse im Oktober 1947, wenige Monate nach der Konferenz auf Shelter Island. Yukawas Eingebung hatte sich bestätigt: Die tatsächliche Existenz seines Mesons—des Pions—war bewiesen.

Aber die wechselvolle Geschichte der starken Kraft mit all ihren großartigen Entdeckungen und irrigen Interpretationen war damit noch nicht zu Ende. Das Pion hatte seinen Platz als Vermittler der starken Kraft zwar eingenommen, doch was hatte das Myon mit der Natur zu tun? Manche Teilchen (Protonen, Neutronen und Elektronen) sind dazu da, Materie hervorzubringen. Andere (Photonen und Pionen) sind dazu da, Kräfte hervorzubringen. Das Myon hingegen schien im Bauplan der Natur keinen Zweck zu erfüllen. »Wer hat das bestellt?«, fragte Isidor Isaac Rabi, als man das Myon identifiziert hatte.

Das war eine wirklich gute Frage, aber Rabi hatte auch gelernt Fragen zu stellen, ein Verdienst, das er allein seiner Mutter verdankte. »Meine Mutter hat aus mir einen Wissenschaftler gemacht, ohne das je zu wollen«, erinnert sich Rabi. »Alle anderen jüdischen Mütter in Brooklyn fragten ihre Kinder nach der Schule: ‚Und, hast du heute etwas gelernt?' Aber nicht meine Mutter. ,Izzy', pflegte sie zu sagen, ,hast du heute eine gute Frage gestellt?' Durch diesen Unterschied—gute Fragen zu stellen—wurde ich zum Wissenschaftler.«[26]

Statt einer Antwort auf Rabis Frage fanden die Physiker allerdings immer neue Teilchen. Von den 1950er Jahren an wurden, zunächst in der kosmischen Strahlung, später in Beschleunigern, zahlreiche neue Teilchen entdeckt—Teilchen, die ganze 10^{-24} Sekunden nach ihrer Entstehung zerfallen, Teilchen, die mit gewöhnlicher Materie oder Kräften nichts zu tun hatten. Die Liste der »Elementar«-Teilchen wurde so lang, dass dem griechischen Alphabet die Buchstaben zu ihrer Benennung ausgingen. Als Fermi einmal bemerkte, wie einer seiner Studenten überrascht schien, weil seinem Professor der Name eines Teilchens nicht gleich einfiel, meinte er nur: »Junger Mann, wenn ich die Namen all dieser Teilchen behalten könnte, wäre ich Botaniker geworden.«[27]

Die Lage erschien vollkommen unübersichtlich. Es wurde offenbar, dass Yukawas Erklärung der starken Kraft unvollständig oder sogar falsch war. »Sparsam ist die Natur ... nicht mit Teilchen oder Kräften, sondern mit Prinzipien«,[28] wird der theoretische Physiker Abdus Salam zitiert. Nur hatte zum damaligen Zeitpunkt keiner auch nur den leisesten Schimmer, worin diese Grundsätze bestanden.

[26] Zitiert in »Great Minds Start With Questions«, *Parents Magazine*, September 1993.

[27] Der Student war Leon Lederman, der später den Nobelpreis für seine Entdeckung des Myon-Neutrinos erhielt. Die Begebenheit wird geschildert in L. Lederman und D. Teresi: The God Particle. Dell Publishing, New York 1993.

[28] S. Weinberg: Der Traum von der Einheit des Universums (Dreams of a Final Theory, 1993). Dt. v. F. Griese, Bertelsmann, München 1993.

3

Das Erhabene Wunder

Vom Erhabenen zum Lächerlichen ist es nur ein Schritt.
Napoléon Bonaparte[1]

Der höchste Lohn eines Physikers ist die Entdeckung, dass verschiedenartige Phänomene eine gemeinsame Erklärung haben, die sich aus einem einzelnen Grundsatz ergibt. Das wohl erfolgreichste Beispiel einer solchen Synthese in der Physik ist die moderne Theorie der Teilchenphysik. Sie ist ein wahres Erhabenes Wunder, das sämtliche bekannten Phänomene in der Teilchenphysik auf Grundlage eines einzigen Prinzips erklärt. Die Ereignisse, die zur Entdeckung dieser Theorie führten, sollen in diesem Kapitel kurz dargestellt werden.

Für den Bau des Erhabenen Wunders musste vor allem zunächst die Sprache gefunden werden, mit der sich die Teilchenwelt beschreiben lässt. Diese Sprache ist die *Quantenfeldtheorie*. Dann galt es die elektromagnetischen Phänomene im Gebiet der Teilchenphysik zu verstehen. Schließlich ergab sich die Entstehung des Erhabenen Wunders aus drei untrennbar miteinander verwobenen Geschichten: aus der Entdeckung

[1] N. Bonaparte im Dezember 1812 auf dem Rückweg vom Russlandfeldzug zum französischen Botschafter in Polen, Abbé De Pradt. Zitiert in D. De Pradt: Histoire de l'Ambassade dans le Grand-Duché de Varsovie en 1812. Pillet, Paris 1815.

G.F. Giudice, *Odyssee im Zeptoraum*, DOI 10.1007/978-3-642-22395-2_3,

der Quarks, der Vereinheitlichung von Elektromagnetismus und schwacher Kraft und aus dem Verständnis der starken Kraft. Die Synthese dieser drei Geschichten zu einer einzigen Theorie war ein triumphaler Weg, der brillante theoretische Ideen und eindrucksvolle Experimente zusammenführte und gesäumt war von einer nicht unerheblichen Anzahl von Sackgassen und groben Schnitzern. Das Erhabene Wunder war nicht, wie etwa der Großteil der Einstein'schen Relativitätstheorie, die geistige Schöpfung eines einzelnen Menschen. Es war vielmehr die gemeinschaftliche Leistung der Fantasie, der Kreativität und des Genies einer ganzen Generation von Physikern, denen eine großartige Synthese der Gesetze gelang, welchen die Teilchenwelt unterworfen ist.

DIE QUANTENFELDTHEORIE

Ich mag die Relativitätstheorie und die Quantentheorie, weil ich sie nicht verstehe.

David Herbert Lawrence[2]

Die von Dirac eingeleitete Aussöhnung der Speziellen Relativitätstheorie mit der Quantenmechanik fand ihren Höhepunkt in der Aufstellung der *Quantenfeldtheorie*, jener Sprache, in der man heute die Teilchenwelt beschreibt und die uns ein neues und tiefer reichendes Verständnis von der eigentlichen Bedeutung des Begriffs *Teilchen* vermittelt.

In der klassischen Physik sind die als Felder bezeichneten Gebilde, die den Raum ausfüllen, lediglich eine zweckdienliche Beschreibung von Kräften; wirklichen Vorteil aber bringen sie erst bei der Betrachtung der Speziellen Relativitätstheorie. Dies liegt in erster Linie darin begründet, dass in der Speziellen Relativitätstheorie der Begriff der Gleichzeitigkeit seine absolute Bedeutung verliert. Ein einfaches Beispiel macht diesen Umstand nachvollziehbar: Ein Mann in einem fahrenden Zug schlägt die Zeitung auf, liest einen Artikel und faltet die Zeitung anschließend wieder zusammen. In seinen Augen fanden das Aufschlagen und das

[2] D. H. Lawrence: Pansies: Poems. Martin Secker, London 1929.

Zusammenfalten der Zeitung am selben Ort (auf seinem Sitzplatz im Zug), aber zu zwei verschiedenen Zeitpunkten statt. Ein anderer Mann dagegen, der am Bahnhof steht, sieht dieselben zwei Ereignisse an verschiedenen Orten, da sich der Zug von ihm wegbewegt. Merke: *Zwei Ereignisse, die sich für den einen Beobachter am selben Ort im Raum, aber zu verschiedenen Zeitpunkten abspielen, sind aus der Perspektive eines anderen Beobachters in relativer Bewegung durch ein Rauminterval voneinander getrennt.* Eine Aussage, die sich lückenlos und störungsfrei mit unserer normalen intuitiven Wahrnehmung deckt.

Die Spezielle Relativitätstheorie hat eine vollständige Parallelität der Begriffe Raum und Zeit enthüllt, sodass wir die Wörter »Raum« und »Zeit« im oben genannten Merksatz vertauschen dürfen und eine neue Behauptung erhalten: Zwei Ereignisse, die sich für den einen Beobachter zum selben Zeitpunkt, aber an verschiedenen Orten abspielen, sind aus der Perspektive eines anderen Beobachters in relativer Bewegung zeitlich voneinander getrennt. Mit anderen Worten: Zwei identische Ereignisse können von dem einen Beobachter als gleichzeitig und für den anderen als zeitlich voneinander getrennt wahrgenommen werden.

Während die erste Behauptung absolut einleuchtend und intuitiv nachvollziehbar ist, erscheint die zweite Behauptung beinahe paradox, ist aber dennoch wahr. Unsere fehlbare intuitive Wahrnehmung tendiert dazu, dem Zeitfluss eine absolute Bedeutung zu verleihen, und Behauptungen, die auf den Raum bezogen offensichtlich erscheinen, klingen fast absurd, wenn es um die Zeit geht. Dennoch sind solche Aussagen richtig, weil Raum und Zeit in der Speziellen Relativitätstheorie zu einem einzigen Konzept vereint werden, woraus unter anderem folgt, dass der Begriff der Gleichzeitigkeit keine absolute Bedeutung hat.

Durch die Wende im Begriff der Gleichzeitigkeit wurde das Konzept von über Entfernungen hinweg wirkenden Prozessen unhaltbar. Kräfte können nicht an verschiedenen Orten gleichzeitig wirken, es muss eine physikalische Entität geben, vermittels welcher die Kraft durch den Raum transportiert wird. Im Konzept des Felds wird durch die mathematische Umsetzung eines Grundbegriffs der Physik jede Bezugnahme auf eine Fernwirkung unmöglich: Dieser Grundbegriff ist die *Lokalität*.

Lokalität bedeutet, dass das Verhalten eines Systems ausschließlich von Eigenschaften bestimmt wird, die in seiner (räumlichen und zeitlichen) Nähe definiert sind. Die Marsmenschen können das Ergebnis der Kollisionen am Large Hadron Collider nicht beeinflussen, ohne einen Mittelsmann in die Nähe des Beschleunigers zu entsenden. Obwohl keine logische Notwendigkeit der Natur, ist die Lokalität dennoch eine etablierte empirische und in den physikalischen Gesetzen (mit Ausnahme einiger merkwürdiger Phänomene in der Quantenmechanik) beobachtete Tatsache. Zudem eine der Wissenschaft sehr dienliche Tatsache. Gälte die Lokalität nicht, müssten wir bei der Deutung eines jeden Laborexperiments—der Schwingungen eines Pendels beispielsweise oder des radioaktiven Zerfalls—die Position der Planeten oder die Geschwindigkeit entfernter Galaxien berücksichtigen, und die Physik wäre ein unentwirrbares Durcheinander. Glücklicherweise aber ist dies nicht der Fall.

Werfen wir einen Stein in die Mitte eines Sees, so können wir beobachten, wie sich die durch den Stein verursachte Störung auf der Wasseroberfläche als kreisförmige Wellen fortpflanzt. Erreichen diese Wellen eine entfernte Boje, wird diese in Auf- und Abbewegung versetzt. Die Wirkung des Steins auf die Boje kam nicht über eine Fernwirkung zustande, vielmehr wurde sie durch die sich fortpflanzende Welle verursacht. Ebenso transportieren Felder unter strenger Beibehaltung der Eigenschaft der Lokalität die Information von Kräften durch den Raum. Ein System reagiert ausschließlich auf die Wirkung der Felder in seiner Nähe.

Nachdem man die Regeln der Quantenmechanik erfolgreich auf das Elektron angewendet hatte, schien der logische nächste Schritt ihre Erweiterung auf einen alten Bekannten aus Maxwells Zeiten—das elektromagnetische Feld. Das mathematische Verfahren hierfür, die *Feldquantisierung*, war durch Max Born (1882–1970, Nobelpreis 1954), Werner Heisenberg (1901–1976, Nobelpreis 1932) und Pascual Jordan (1902–1980) bereits seit 1926 in Verwendung und hatte einige Überraschungen zutage gefördert. Das Quantenfeld—das elektromagnetische Feld nach der Quantisierung—erwies sich nicht als kontinuierliches Medium wie die von Maxwell erdachten Felder, sondern es zerfiel in eine Reihe einzelner Energieportionen.

In einem Vergleichsbild können wir uns das Quantenfeld als ein riesiges, den gesamten Raum bedeckendes Meer vorstellen. An verschiedenen Stellen in diesem Meer türmen sich Wellen auf, Wogen und Dünungen, die sich entlang der Oberfläche fortpflanzen. Einzeln betrachtet erscheint jede einzelne von ihnen wie eine isolierte Einheit; tatsächlich aber sind alle Teil derselben Substanz—des Meeres. Ebenso enthält das Quantenfeld Energieportionen, die sich im Raum fortpflanzen. Diese einzelnen Energieportionen entsprechen dem, was wir als Teilchen bezeichnen. Tatsächlich aber sind Teilchen nur eine Manifestation der Grundsubstanz, die den Raum ausfüllt—des Quantenfelds. Teilchen sind nichts weiter als eine Lokalisierung der Feldenergie, ebenso wie Wellenkämme lokalisierte Anstiege des Wasserspiegels sind.

Anhand dieser neuen Auslegung des Teilchenbegriffs lassen sich einige Rätsel der Quantenmechanik entwirren. Die Dualität von Teilchen und Welle, für die Pioniere der Quantenmechanik noch so unerklärlich, wird vor dem Hintergrund der Feldquantisierung deutlicher. Ein elektromagnetisches Feld verhält sich wie eine Welle, die der Maxwell'schen Gleichung folgt. Unter der Lupe der Quantenmechanik betrachtet aber erscheint es nicht mehr wie ein kontinuierliches Medium, sondern wie eine Vielzahl einzelner Gebilde, deren jedes eine festgelegte Energiemenge transportiert. Diese Energieportionen sind die Photonen, die sich wie Teilchen verhalten. Die Existenz von Photonen ergibt sich somit zwingend aus der Anwendung der Quantenmechanik auf den Maxwell'schen Elektromagnetismus.

Im Grunde gilt das Verfahren der Feldquantisierung nicht nur für Photonen, sondern auch für jedes andere Teilchen. Nehmen wir zum Beispiel das Elektron. Elektronen wurden für diskrete Teilchen gehalten; tatsächlich aber sind sie Energieportionen eines Quantenfelds, das sich über den gesamten Raum erstreckt. Jedem Elementarteilchen (Elektron, Photon und so weiter) ist ein anderes Quantenfeld zugeordnet. Quantenfelder sind die Legosteine, aus denen die Natur im Spiel ihre herrlichen Werke zusammenbaut. Quantenfelder und nicht Teilchen bilden die ursprüngliche Realität.

In einer menschlichen Population ist jedes Individuum anders und einzigartig. Manche Menschen haben braune, andere blaue Augen;

manche blondes, andere schwarzes Haar; die einen sind größer, die anderen intelligenter. Demgegenüber sind alle Elektronen vollkommen identisch, wie eine Population außerirdischer Klone. Dasselbe gilt für Photonen und alle übrigen Teilchen: Jedes ist ein exaktes Abbild aller seiner Artgenossen. Vor dem Hintergrund der Teilchenauslegung durch die Quantenfeldtheorie überrascht das nicht. Ein einziges Gebilde beschreibt alle Elektronen: das Elektronenfeld. Dieses Quantenfeld ist gepulst und konzentriert seine Energie an bestimmten Punkten des Raums. Wir nehmen diese Energieportionen als einzelne Elektronen wahr, doch eigentlich sind sie Manifestationen einer einzigen physikalischen Substanz.

In einer stürmischen See entstehen zahlreiche Wogen und Wellen, manche riesig, andere winzig—doch sie alle bestehen aus derselben Substanz: Wasser. Ebenso können Elektronen unterschiedliche Geschwindigkeiten haben; manche sind sehr schnell, andere langsam—doch ihnen allen wohnen dieselben Eigenschaften inne (wie Masse und Ladung), denn sie alle sind Manifestationen desselben Quantenfelds. Ein einziges Feld beschreibt sämtliche Elektronen im Universum.

Aus der Sicht der Quantenfeldtheorie ist die elektromagnetische Kraft das Ergebnis der Wechselwirkung zwischen dem Elektronen- und dem Photonenfeld. Es ist, als wäre das Meer in unserer Metapher mit unterschiedlichen Flüssigkeiten gefüllt: einer Flüssigkeit—einem Quantenfeld—für jede Sorte von Elementarteilchen. Jede Flüssigkeit bringt eigene Wellen hervor, die sich auf der Meeresoberfläche fortpflanzen. Treffen Wellen unterschiedlicher Flüssigkeiten aufeinander, sind die Auswirkungen wechselseitig: Manche der Wellen verlieren sich und manche nehmen die Energie anderer Wellen auf und schwellen an, neue Wellen entstehen. Dasselbe geschieht bei den Teilchen: Photonen können von Elektronen absorbiert oder emittiert werden; Teilchen können vergehen, indem sie ihre Energie in andere Teilchen umwandeln. Stets jedoch sind die Wechselwirkungen streng lokal: Teilchen wirken ausschließlich am selben Ort in Raum und Zeit aufeinander.

Die Teilchenwelt ist einem unablässigen Wandel unterworfen, in dem Energie zu Masse wird und Masse zu Energie, in dem ständig neue Teilchen entstehen und vergehen, wie Wellen einer stürmischen See. Der Large Hadron Collider ist wie ein Sturm von gewaltiger Kraft, bei dem zwei gigantische Riesenwellen an einem Punkt aufeinanderkrachen. Dieser mächtige Sturm wird neue und möglicherweise sogar bislang nicht gekannte Wellen hervorbringen.

Eine bedeutende Konsequenz der Quantenfeldtheorie war die begriffliche Vereinigung von Materie und Kraft, die in unserem alltäglichen Erleben so unterschiedlich erscheinen. Die Unterscheidung zwischen dem Teilchen, das die Kraft ausübt (das Elektron), und jenem, das sie überträgt (das Photon), ist dabei nur eine Frage der Zuordnung. Materie und Kraft sind gleichermaßen Ergebnis von Quantenfeldern und deren Wechselwirkungen. Damit ist ein zentraler Schritt in Richtung Synthese und Vereinheitlichung getan, auf dem Weg zur Entdeckung der fundamentalen Naturgesetze.

DIE QUANTENELEKTRODYNAMIK

Die Natur, wie sie die Quantenelektrodynamik beschreibt, erscheint dem gesunden Menschenverstand absurd. Dennoch decken sich Theorie und Experiment. Und so hoffe ich, dass Sie die Natur akzeptieren können, wie sie ist—absurd.

RICHARD FEYNMAN[3]

Ihre erste erfolgreiche Anwendung erfuhr die Quantenfeldtheorie in einer Theorie, die man heute *Quantenelektrodynamik* nennt. Die geläufige Abkürzung QED für diese Theorie spielt mit der gleichlautenden Abkürzung für die lateinische Formulierung *quod erat demonstrandum*, die den Abschluss einer mathematischen Beweisführung markiert. Und die QED ist tatsächlich das letzte Wort in der Beschreibung von Elektronen, Photonen und ihren Wechselwirkungen, in der die Maxwell'schen Gesetze des Elektromagnetismus auf die Teilchenwelt mit ihren zentralen Elementen Spezielle Relativitätstheorie und Quantenmechanik übertragen werden.

[3] R. P. Feynman: QED—Die seltsame Theorie des Lichts und der Materie (QED: The Strange Theory of Light and Matter, 1985). Dt. v. S. Summerer u. G. Kurz, 1988.

Leider sorgte die Theorie schon bald nach ihrer Geburt für Ärger. Anstatt die selige Zufriedenheit eines Säuglings an den Tag zu legen, begann sie sich sogleich mit der launischen Reizbarkeit einer Pubertierenden aufzuführen. In manchen Fällen stimmten die Berechnungen perfekt mit den experimentellen Daten überein; manchmal aber ergaben sie den Wert unendlich und damit eine Zahl, die größer ist als jede vorstellbare Zahl. Vollkommen absurd und gegen jede Logik.

Die Haltung vieler Physiker bestand zunächst darin, die erfolgreichen Resultate beizubehalten und die absurden einfach zu ignorieren, getreu der Annahme, dass was nicht sein kann, was also in eine Unendlichkeit mündete, nicht sein darf. Selbstverständlich wurde diese Haltung nicht allzu lange ernst genommen. »Nur weil etwas unendlich ist«, witzelten manche theoretische Physiker, »muss es nicht gleich null sein.«[4]

Die Wende kam auf der Konferenz auf Shelter Island, die wir von der Entdeckung des Pions her bereits kennen. Diese Konferenz, die vom 2.–4. Juni 1947 im Ram's Head Inn auf Shelter Island im Staat New York abgehalten wurde, markiert vor allem aus drei Gründen einen Wendepunkt in der Geschichte der Physik. Zum einen war sie die Geburtsstunde der modernen Sicht einer auf der Feldtheorie aufbauenden Teilchenwelt. Richard Feynman erklärte später: »Es hat seitdem viele Konferenzen auf der Welt gegeben, aber ich habe keine von ihnen als so wichtig empfunden wie diese.«[5] Robert Oppenheimer und John Wheeler äußerten sich ähnlich. Der zweite Grund bestand darin, dass sich die Physiker ungeachtet der strengen Sicherheitsmaßnahmen auf Shelter Island zusammenfinden und über Wissenschaft diskutieren konnten—ohne Angst vor dem Krieg und ohne die militärische Fessel des Manhattan-Projekts. Julian Schwinger sagte: »Zum ersten Mal konnten Menschen, in denen sich seit fünf Jahren so viel Physik angestaut hatte, miteinander reden, ohne dass ihnen jemand

[4] S. Weinberg: The Quantum Theory of Fields, vol. I. Cambridge University Press, Cambridge 1995.

[5] R. P. Feynman im Gespräch mit C. Weiner, 1966; Archives for the History of Quantum Physics, Niels Bohr Library, American Institute of Physics, College Park, Maryland.

über die Schulter guckte und sagte: ‚Ist das freigegeben?'«[6] Der dritte Aspekt ist geografischer Natur. Mit der Shelter-Island-Konferenz verschob sich das Zentrum des physikalischen Geschehens von Europa in Richtung USA. Diese Veränderung lag teilweise in den Rassengesetzen begründet, die zahlreiche europäische Protagonisten in die Emigration getrieben hatten, teilweise aber auch darin, dass es dem vom Krieg zerstörten Europa an den Ressourcen mangelte, die Grundlagenforschung angemessen zu fördern.

Auf die hier erzählte Geschichte bezogen wurden auf der Konferenz zwei wichtige experimentelle Ergebnisse bekannt gegeben. Willis Lamb (1913–2008, Nobelpreis 1955), ein junger amerikanischer Experimentalphysiker, der anfangs als Theoretiker unter Robert Oppenheimer studiert hatte, beschrieb das erste Resultat. Mithilfe des zu Kriegszeiten entwickelten Mikrowellenradars war es ihm gelungen, eine Aufspaltung zweier Spektrallinien des Wasserstoffatoms zu messen, die der Dirac-Gleichung zufolge zusammenfallen müssten. Für diese Aufspaltung von Spektrallinien wurde später der Begriff *Lamb-Verschiebung* geprägt.

Das zweite für unsere Geschichte wichtige Ergebnis präsentierte Isidor Isaac Rabi (1898–1988, Nobelpreis 1944). Er hatte die Intensität des magnetischen Moments in Verknüpfung mit dem Eigendrehimpuls des Elektrons, dem sogenannten Spin, gemessen und einen Wert festgestellt, der nur 0,1% über dem durch die Dirac-Gleichung vorhergesagten lag. Diese Korrektur nach oben, der sogenannte »anomale g-Faktor« des Elektrons, auch anomales magnetisches Moment genannt, wird allgemein durch g–2 dargestellt.

Lambs Ergebnisse zwangen die Theoretiker sich den Unendlichkeiten im offenen Kampf zu stellen; ein feiger Rückzug war nun nicht mehr möglich. Denn die QED sagte tatsächlich eine Auswirkung in der Lamb-Verschiebung vorher, aber der Beitrag erwies sich als unendlich groß. Mit dem auf Shelter Island präsentierten Experiment war endgültig bewiesen, dass etwas Unendliches nicht null sein muss!

[6] S. S. Schweber: QED and the Men Who Made It: Dyson, Feynman, Schwinger, and Tomonaga. Princeton University Press, Princeton 1994.

Die Theoretiker verloren nicht den Mut. Auf Shelter Island entspann sich sofort eine Diskussion unter der Leitung von Robert Oppenheimer (1904–1967), Hans Kramers (1894–1952) und Victor Weisskopf (1908–2002). Schon bald wurden die ersten Vorschläge zur Lösung der Unendlichkeiten unterbreitet. Auf der Rückfahrt von der Konferenz vollendete Hans Bethe (1906–2005, Nobelpreis 1967) im Zug die Berechnungen der Lamb-Verschiebung. Bald darauf errechnete Julian Schwinger (1918–1994, Nobelpreis 1965) den *g*–2-Wert und erhielt ein Ergebnis, das auf spektakuläre Weise mit Rabis Messwert übereinstimmte. Ende der 1940er Jahre vervollständigten Richard Feynman (1918–1988, Nobelpreis 1965), Julian Schwinger und Sin-Itiro Tomonaga (1906–1979, Nobelpreis 1965) den Beweis, dass sich jeder physikalische Vorgang in der QED berechnen lässt und das Ergebnis endlich ist. Die Schlacht gegen die Unendlichkeiten war gewonnen. Wie war dies gelungen?

Abb. 3.1 Diskutierende Physiker auf der Shelter-Island-Konferenz 1947. Von links nach rechts: (*stehend*) Willis Lamb und John Wheeler; (*sitzend*) Abraham Pais, Richard Feynman, Herman Feshbach, Julian Schwinger
Quelle: AIP Emilio Segrè Visual Archives.

Stellen wir uns vor, morgen sei Valentinstag. Gemeinsam mit unserem Freund David Beckham gehen wir für unsere jeweiligen Angetrauten Geschenke kaufen. Wir betreten ein Geschäft, in dem David für Victoria 30 Diamanthalsbänder, 50 Smaragdarmbänder, 60 Pelzmäntel und noch ein paar teure Dinge mehr aussucht. Seine Ausgaben, die sich insgesamt auf ein paar Megamilliarden Zilliarden Euro belaufen, behält David genauestens im Blick. Wir selbst entscheiden uns für einen kleinen Blumenstrauß, dessen Preis nicht angegeben ist. Im Durcheinander an der Kasse werden alle Einkäufe zusammen abgerechnet, und der Gesamtbetrag beläuft sich auf ein paar Megamilliarden Zilliarden Euro. Müssen wir für unseren Blumenstrauß nun tatsächlich ein paar Megamilliarden Zilliarden Euro berappen? Natürlich nicht—wir müssen lediglich die Differenz zwischen dem Gesamtbetrag und Davids Anteil ermitteln und stellen fest, dass wir ganze 19,99 Euro schuldig sind.

Etwas Ähnliches geschieht bei den Berechnungen der QED. In den meisten Fällen ergeben sich daraus gigantische Zahlen (nämlich unendlich große). Diese Resultate entsprechen jedoch ebenso wenig irgendwelchen messbaren physikalischen Größen, wie der Gesamtbetrag im Beispiel oben mit dem Betrag zu tun hat, den wir letztlich bezahlen müssen. Sobald der Wert einer physikalischen Größe in Relation zu anderen physikalischen Größen in geeigneter Weise formuliert ist, werden die gigantischen Zahlen voneinander abgezogen, und man erhält eine ganz normale Zahl. Dieses Verfahren wird im wissenschaftlichen Fachjargon als *Renormierung* bezeichnet. Beispielsweise ergeben sich aus der QED gigantische (nämlich unendlich große) Korrekturen der Elektronenmasse, der Elektronenladung und der Lamb-Verschiebung. Sobald nun aber die Lamb-Verschiebung in Relation zur Elektronenmasse formuliert ist, werden die Riesenzahlen von den Riesenzahlen abgezogen, und übrig bleibt eine vollkommen vernünftige Zahl.

Mithilfe der Quantenelektrodynamik können theoretische Physiker erstaunlich präzise Vorhersagen über elektromagnetische Prozesse in der Teilchenwelt machen. Auch bei den Experimenten hat es gewaltige Fortschritte gegeben. So wurden die magnetischen Eigenschaften in Zusammenhang mit den Bewegungen von Myon und Elektron mit einer relativen Präzision von 6×10^{-10} beziehungsweise 3×10^{-13} gemessen.

Das ist, um diesen fantastischen Genauigkeitsgrad einmal anschaulich zu machen, als mäße man den Erdumfang mit einer Fehlertoleranz von zehn Mikrometern. Die experimentellen Messungen der Magnetkräfte von Myon und Elektron stimmen auf beeindruckende Weise mit den theoretischen Berechnungen nach der QED überein.

Trotz des glänzenden Erfolgs der Quantenelektrodynamik misstrauten viele Physiker in der Nachkriegszeit dem Renormierungsverfahren, das ihnen als mathematische Trickserei zur Vertuschung eines verborgenen und noch unerkannten konzeptuellen Problems erschien. Dass es Unendlichkeiten gab, galt als Hinweis auf eine krankheitsbedingte Schwäche der Quantenfeldtheorien, die bald das Zeitliche segnen und neuen Theorien Platz machen würden, die ihrerseits dem exquisiten Geschmack der mathematischen Physiker besser behagten. Vom praktischen Standpunkt aus betrachtet lag die eigentliche Begrenztheit der Quantenfeldtheorien jedoch vielmehr in der Schwierigkeit, sie außerhalb der elektromagnetischen Kraft anzuwenden. Für die schwache Kraft ließ sich keine Theorie formulieren, in der sich sämtliche Unendlichkeiten würden eliminieren lassen. Für die starke Kraft war dies zwar möglich, aber eine solche Theorie brächte keinerlei praktischen Nutzen mit sich, weil niemand wusste, wie mit ihren Gleichungen mathematisch umzugehen sei.

Aus diesen Gründen fielen die Aktien der Quantenfeldtheorie an der Theorienbörse in den 1950er und bis in die 1960er Jahre auf ein vergleichsweise niedriges Niveau. In der theoretischen Physik zog man es vor, sich auf die Suche nach Alternativen zu konzentrieren. Schwinger formulierte dies später so: »Die Sorge der meisten beteiligten Physiker bestand nicht darin, die bekannte relativistische Theorie der verknüpften Elektronen- und elektromagnetischen Felder zu analysieren und sorgfältig anzuwenden, sondern darin, sie zu ändern.«[7] In der modernen Beschreibung der Elementarteilchen spielen die neuen Theorieentwürfe (S-Matrix, Bootstrap, Nichtlokalität oder Fundamentallänge, um nur einige zu nennen) kaum eine Rolle, damals jedoch

[7] J. Schwinger in L. Brown und L. Hoddeson (Hrg.): The Birth of Particle Physics. Cambridge University Press, Cambridge 1983.

lagen sie voll im Trend. Wie sich zeigen sollte, war die Entzauberung der Quantenfeldtheorie verfrüht erfolgt; bis jedoch die großen Potenziale dieser Theorie voll erschlossen werden konnten, waren noch zahlreiche Dinge zu ergründen.

DIE ENTDECKUNG DER QUARKS

Verstört nicht Eu'r Gemüt durch Grübeln über
Der Seltsamkeit des Handels.

WILLIAM SHAKESPEARE[8]

Während das Problem des Elektromagnetismus mit der Quantenelektrodynamik vollständig gelöst worden war, wurde die Lage bei den anderen Kräften immer komplizierter. Die Schwierigkeiten rührten sicher nicht von einem Mangel an experimentellen Entdeckungen her, im Gegenteil: Die Natur bot den Physikern einen beschämenden Reichtum dar. Seit den 1950er Jahren wurden immer mehr Teilchen entdeckt— in den 1960ern gab es mehr als einhundert davon. Jede Hoffnung, auf mikroskopischer Ebene könnte die Natur einfach gestaltet sein, schien vergebens.

Um Ordnung in die Sache zu bringen, wurden die Teilchen in zwei Familien eingeteilt. *Leptonen* (vom griechischen *leptós*, dünn) sind Teilchen, die *nicht* der starken Kraft, sondern ausschließlich der schwachen und, in Einzelfällen, der elektromagnetischen Kraft unterworfen sind. Zur damaligen Zeit kannte man nur drei Leptonen: das Elektron, das Myon und das Neutrino. Ein weiteres Lepton, das *Tauon* (oder *τ-Lepton*, nach dem Anfangsbuchstaben Tau des griechischen Worts *tríton*, Drittes), wurde erst Mitte der 1970er Jahre entdeckt. Spätere Forschungsarbeiten haben gezeigt, dass es tatsächlich insgesamt drei Neutrinos gibt, die jeweils mit Elektron, Myon und Tauon assoziiert sind.

[8] W. Shakespeare: Der Sturm (The Tempest). 5. Aufzug, 1. Szene. Dt. v. A. W. v. Schlegel u. L. Tieck.

Die wirklich komplizierte und sich stetig vergrößernde Teilchenfamilie firmierte unter der Sammelbezeichnung *Hadronen* (vom griechischen *hadrós*, dick). Hadronen unterliegen—ebenso wie Protonen, Neutronen, Pionen und viele weitere Teilchen—der starken Kraft. Das »H« in »LHC« übrigens nimmt auf die Tatsache Bezug, dass Protonen Hadronen sind.

Die Hadronen waren ein wahres Rätsel. Manche hatten, wie man feststellte, die überraschende Eigenschaft, relativ langsam zu zerfallen, obwohl sie aufgrund starker Wechselwirkungen schnell entstanden. Wenn die starke Kraft für eine rasche Entstehung sorgte, warum führte sie dann nicht auch einen raschen Zerfall herbei? Als würfe man eine Münze in die Luft und müsste jahrtausendelang warten, bis sie einem wieder in der Hand landete. Da sich die Physiker auf dieses seltsame Phänomen nicht wirklich einen Reim machen konnten, fiel ihnen nichts Besseres ein, als diesen Teilchen eine neue Eigenschaft zuzuschreiben, die sie *Strangeness*, »Seltsamkeit« nannten.

Tatsächlich hatte die Einführung der »Seltsamkeit« eine nützliche Klärung zur Folge. Wie Briefmarken in einem Album ließen sich die Hadronen nun nach ihrer »Seltsamkeit« und ihrer elektrischen Ladung klassifizieren. Und siehe da, die verschiedenen Hadronen-Gruppen präsentierten sich in definierte geometrische Figuren angeordnet. Blieb eine Ecke der Figur leer, fehlte also eine Marke im Album, so suchte man in Experimenten intensiv nach einem neuen Teilchen mit den passenden Eigenschaften, das heißt den passenden Zahlen für »Seltsamkeit« und Ladung. Und nach und nach fand man sie alle.

Unabhängig voneinander entdeckten 1961 Murray Gell-Mann (Nobelpreis 1969) und Yuval Ne'eman (1925–2006)—ein Physiker, der als Ingenieur begonnen hatte und Offizier der israelischen Armee sowie später Wissenschaftsminister wurde—die Symmetrieeigenschaften der Hadronstrukturen. Für dieses Schema prägte Gell-Mann, der ein ungewöhnliches Talent zur Erfindung origineller und mitunter auch merkwürdiger Namen besaß, die Bezeichnung *Achtfacher Weg*: »Das neue System wurde als ‚Achtfacher Weg' bezeichnet, weil es den Umgang mit acht Quantenzahlen mit sich bringt und weil es an einen Aphorismus erinnert, der Buddha zugeschrieben wird: ‚Nun, dies, ihr

Mönche, in edler Wahrheit, die zum Ende der Schmerzen führt, dies ist der edle Achtfache Weg: nämlich rechte Geisteshaltung, rechte Absicht, rechte Rede, rechtes Handeln, rechtes Leben, rechtes Bemühen, rechte Besinnung, rechte Konzentration.'«[9]

Der Achtfache Weg ist für die Hadronen, was das Mendelejew'sche Periodensystem für die Atome darstellt. Eine Klassifizierung ist oft der erste Schritt in Richtung einer tiefer reichenden Erkenntnis der inneren Struktur. Die Anordnung der Atome im Periodensystem ergab sich aus ihrer Zusammengesetztheit aus Protonen, Neutronen und Elektronen. Nach demselben Prinzip argumentierten sowohl Murray Gell-Mann als auch George Zweig, dass sich in der Struktur des Achtfachen Wegs auf wundersame Weise die Hypothese wiederfand, Hadronen seien aus neuen Gebilden zusammengesetzt—den *Quarks*.

Zweig, der damals am CERN arbeitete, später jedoch erst zur Neurobiologie und anschließend in die Investmentbranche überwechselte, hatte für die hypothetischen Bestandteile der Hadronen eigentlich die Bezeichnung *aces*, Asse geprägt. Doch jeder Versuch, auf der Suche nach bizarren Teilchennamen mit Gell-Mann zu konkurrieren, war zwecklos. Gell-Mann führte in physikalischen Diskussionen den Begriff »Quark« ein, offensichtlich nur als scherzhaften Reim auf »pork«. »[...] mir [war] zunächst der Klang des Wortes in den Sinn gekommen, den ich nicht mit einer bestimmten Buchstabenfolge assoziierte, die beispielsweise auch ‚kwork' hätte lauten können«, erläutert Gell-Mann. »Bei einem meiner gelegentlichen Streifzüge durch *Finnegans Wake* von James Joyce stieß ich dann auf das Wort *quark*, und zwar in dem Satz ‚Three quarks for Muster Mark'. Da Joyce *quark* (das unter anderem als lautmalendes Wort den Schrei einer Möwe nachahmt), wie *bark* und ähnliche Wörter, eindeutig als Reimwort zu ‚Mark' verwendete, brauchte ich einen Vorwand, um die Aussprache ‚kwork' zu rechtfertigen.«[10] Die Rechtfertigung war ziemlich unhaltbar, die Bezeichnung »Quark« aber setzte sich trotzdem durch.

[9] G. F. Chew, M. Gell-Mann, und A. H. Rosenfeld, *Scientific American*, Februar 1964, 74.

[10] M. Gell-Mann: Das Quark und der Jaguar (The Quark and the Jaguar, 1994). Dt. v. I. Leipold u. Th. Schmid, Piper, München 1994.

Die Hypothese, dass Hadronen aus Quarks bestünden, funktionierte wunderbar bis auf einen Haken—in keinem Experiment hatte man je ein Quark beobachtet. Immerhin: Als Bestandteile von Protonen müssten Quarks leichter sein als diese und eine nicht ganzzahlige Ladung besitzen. Trotz experimenteller Suchaktionen aber wurde nie ein Teilchen mit nicht ganzzahliger Ladung entdeckt. Absolut nichts deutete auf die Existenz von Quarks hin. Für die Mehrheit der Physiker war das Grund genug, die physikalische Realität von Quarks in Zweifel zu ziehen und in ihnen lediglich eine praktische Merkhilfe für die Eigenschaften der Hadronen zu sehen.

Der allgemeine Unglaube, mit dem man einer tatsächlichen Existenz von Quarks begegnete, wird in einer Szene anschaulich, die sich 1963 abspielte, als Gell-Mann von Kalifornien aus bei seinem ehemaligen Doktorvater Victor Weisskopf anrief, um mit ihm über Physik zu diskutieren. »Gesprochen habe ich mit Viki Weisskopf, der damals Generaldirektor des CERN war«, erinnert sich Gell-Mann, »im Frühherbst, in einem Telefongespräch zwischen Pasadena und Genf, aber als ich ihm von Quarks zu erzählen begann, sagte er: Dies ist ein transatlantisches Gespräch, da sollten wir mit solchen Dingen keine Zeit vergeuden.«[11]

Gell-Mann war zur damaligen Zeit ein höchst einflussreicher Wissenschaftler. Bereits als Kind hochbegabt, ist er ein versierter Sprachgelehrter mit einem Kulturwissen von beeindruckener Breite. Er pflegt zahlreiche Interessen; unter anderem ist er ein hervorragender Ornithologe. Mir wurde einmal erzählt, wie er im Rahmen eines Besuchs in Israel im Jeep einen Ausflug in die Wüste Negev machte. Plötzlich rief Gell-Mann seinen Begleitern aufgeregt zu, er habe den Schrei eines äußerst seltenen Vogels gehört. Der Fahrer lenkte den Jeep, den Anweisungen Gell-Manns folgend, der mit der Hand am Ohr konzentriert auf das Geräusch lauschte, das nur für sein geschultes Gehör wahrnehmbar war. Nach langem Umherfahren in der einsamen Wüste hielt der Fahrer schließlich an, weil ihm klar geworden war, was Gell-Mann da gehört hatte: Auf den steinigen Wüstenstraßen hatte der Keilriemen des

[11] M. Gell-Mann in L. Hoddeson, L. Brown. M. Riordan, und M. Dresden (Hrg.): The Rise of the Standard Model. Cambridge University Press, Cambridge 1997.

alten Jeeps gequietscht. Die Geschichte zeigt, dass selbst Gell-Mann nicht unfehlbar ist—bei den Quarks jedoch hatte er sich nicht geirrt.

Das Blatt wendete sich im Jahr 1968. In Experimenten am amerikanischen SLAC-Linearbeschleuniger unter der Leitung von Jerome Friedman (Nobelpreis 1990), Henry Kendall (1926–1999, Nobelpreis 1990) und Richard Taylor (Nobelpreis 1990) wurde mit Hilfe von Elektronenstrahlen die Protonenstruktur untersucht. Die Logik des Experiments glich in vielem der Untersuchung der Atomstruktur durch Geiger, Marsden und Rutherford über fünf Jahrzehnte zuvor. Aus den Messwerten der Ablenkung der auftreffenden Elektronen konnten die Wissenschaftler des SLAC-Experiments die Ladungsverteilung innerhalb des Protons herleiten.

Die theoretischen Physiker James Bjorken und Richard Feynman werteten die Versuchsdaten aus und brachten eine echte Überraschung ans Licht. Die Ergebnisse belegten, dass die elektrische Ladung des Protons nicht gleichmäßig verteilt ist, sondern sich in punktartigen Partikeln im Innern konzentriert. Das bedeutete: Protonen sind zusammengesetzte Teilchen, die aus Quarks bestehen. »Ich war immer hoch erfreut, wenn es gelang, etwas Geheimnisvolles so einfach aussehen zu lassen«,[12] erklärte Feynman.

Das Überraschendste an der theoretischen Interpretation war jedoch, dass die Quarks im Innern der Protonen keine starke wechselseitige Kraft zu spüren schienen. Wären die Quarks tatsächlich die Bausteine des Protons, würde man eindeutig eine hohe Bindungskraft erwarten, die imstande wäre sie im Innern festzuhalten. Stattdessen verhielten sich die Quarks wie freie, nicht miteinander interagierende Teilchen. Es schien, als wären die Quarks hinter unsichtbaren Mauern eingeschlossen: Im Innern des Protons konnten sie sich vollkommen frei bewegen, die Grenzlinien des Protons aber konnten sie nicht überschreiten. Wenn die Quarks nun aber keinen starken Bindungskräften unterliegen—warum ließen sie sich dann nicht isoliert und außerhalb des Protons beobachten?

[12] R. P. Feynman, zitiert in M. Riordan: The Hunting of the Quark. Simon & Schuster, New York 1987.

DIE ELEKTROSCHWACHE THEORIE

Unser Fehler ist nicht, dass wir unsere Theorien zu ernst nehmen, sondern dass wir sie nicht ernst genug nehmen.
STEVEN WEINBERG[13]

Als die gängige Beschreibung der schwachen Kraft galt zu Beginn der 1960er Jahre immer noch Fermis Theorie, allerdings in deutlich verbesserter Form. Dieser Verbesserungsprozess hatte ganz eigene Überraschungen mit sich gebracht, denn man fand heraus, dass die schwache Kraft unerwartete Eigenschaften an den Tag legte, wenn man die Rollen von Materie und Antimaterie vertauschte, beziehungsweise die Raumkoordinaten spiegelte.

Doch Fermis Theorie konnte nicht das letzte Wort zur schwachen Kraft sein. Nachdem Photonen die elektromagnetische Kraft übermitteln und Pionen für die Träger der starken Kraft gehalten wurden, erschien es nur logisch, als Übermittler der schwachen Kraft ein neues Teilchen zu vermuten. Dieses hypothetische Teilchen wurde mit der Bezeichnung *W-Teilchen* belegt. Die Entwicklung der Theorie der W-Teilchen und der schwachen Kraft stellte die Wissenschaftler vor ernsthafte Schwierigkeiten; die Lösung des Problems fand sich letztlich jedoch im Kontext der *Eichtheorien*. Die Eichtheorien und das Problem der schwachen Kraft sind für das Forschungsprogramm des LHC von zentraler Bedeutung, daher werden diese Konzepte in Kap. 7 nach der Einführung der erforderlichen Elemente gesondert behandelt. Einstweilen genügt die Information, dass es sich bei Eichtheorien um Verallgemeinerungen der QED handelt, welche das Verhalten einer durch den Austausch von Teilchen übermittelten Kraft beschreiben. Während in der Quantenelektrodynamik die elektromagnetische Kraft durch einen einzigen Teilchentyp (das Photon) vermittelt wird, enthält eine allgemeine Eichtheorie mehrere verschiedene Arten von »Photonen«, das heißt mehrere verschiedenartige Trägerteilchen zur Übermittlung der Kraft.

[13] S. Weinberg: Die ersten drei Minuten (The First Three Minutes, 1977). Dt. v. F. Griese, Piper, München 1977.

1967 identifizierten Steven Weinberg (Nobelpreis 1979) und Abdus Salam (1926–1996, Nobelpreis 1979) die zutreffende Theorie der schwachen Kraft, indem sie auf ein erstmals von Sheldon Glashow (Nobelpreis 1979) vorgelegtes Modell neue Ideen zu den Eichtheorien anwendeten. Eigentlich war Weinbergs Ziel, die Anwendbarkeit dieser Ideen zur Beschreibung der starken Kraft zu untersuchen. Doch bald hatte er die richtige Eingebung: »Dann kam mir plötzlich der Gedanke, dass dies eine vollkommen brauchbare Theorie war, ich sie jedoch auf die falsche Wechselwirkung anwendete. Der richtige Ort für die Anwendung dieser Ideen waren nicht die starken Wechselwirkungen, sondern die schwachen und die elektromagnetischen Wechselwirkungen.«[14] Bei Quarks und Hadronen war die Lage zu verworren, daher beschloss Weinberg sich auf Leptonen zu konzentrieren, die von der starken Kraft nicht betroffen sind. Er erhielt eine Theorie, die wunderbar die Wechselwirkungen zwischen Leptonen und W-Teilchen beschreibt und sämtliche bekannten Eigenschaften der schwachen Kraft berücksichtigt.

Der niederländische Physiker Martin Veltman (Nobelpreis 1999) glaubte fest an die Quantenfeldtheorie, obwohl sie schon nicht mehr im Trend lag. Er hatte neue Methoden zum Umgang mit Unendlichkeiten in der Eichtheorie entwickelt und beauftragte seinen Studenten Gerardus ’t Hooft (Nobelpreis 1999) damit, die Renormierbarkeit der neuen Theorie zur schwachen Kraft zu überprüfen. Unter Veltmans Leitung konnte ’t Hooft 1971 zeigen, dass alle Unendlichkeiten vollständig verschwinden. Nach der Bekanntgabe dieses Resultats war die neue Theorie der schwachen Kraft in den Augen der Theoretiker rundum akzeptabel.

Ein entscheidender Aspekt der neuen Theorie der schwachen Wechselwirkungen bestand darin, dass Photon und W-Teilchen als zwei gesonderte Vermittler derselben Kraft auftreten. In einer vereinheitlichten Theorie wurden hier gleichzeitig die elektromagnetische und die schwache Kraft beschrieben. Über 100 Jahre nach Maxwell war die Vereinheitlichung der Kräfte um einen neuen Schritt vorangekommen, sodass wir heute von einer einzigen *elektroschwachen Kraft* sprechen.

[14] S. Weinberg: »The Making of the Standard Model«, *The European Physical Journal*, C 34, 5 (2004).

Wie können elektromagnetische und schwache Kraft eins sein und doch so unterschiedlich aussehen? Ausschlaggebend ist hier, dass die schwache Kraft allein durch ihre sehr begrenzte Reichweite so schwach erscheint, nicht jedoch durch ihre intrinsische Stärke. Als die Physiker in der Lage waren, sich—erst gedanklich, dann experimentell—in die Teilchenwelt der sehr kurzen Distanzen hinabzubegeben, machten sie die überraschende Entdeckung, dass sich schwache und elektromagnetische Kraft gleich verhalten und in einem einzigen Konzept vereinigen. Die Bezeichnung »schwache Kraft« ist insofern irreführend, als ihre intrinsische Stärke tatsächlich mit jener des Elektromagnetismus vergleichbar ist. Wir werden uns jedoch bis Kap. 7 gedulden müssen, um in Gänze nachzuvollziehen, wie die Vereinheitlichung funktioniert.

Mit der Hypothese der elektroschwachen Vereinheitlichung war nicht nur konzeptuell ein Fortschritt vollzogen worden. Die Hypothese enthielt zudem eine klare Vorhersage, die sich experimentell überprüfen ließ. Aus der Theorie ergab sich die Notwendigkeit eines neuen Kraftübermittlers neben Photon und W-Teilchen, das man *Z-Teilchen* nannte. Anders als das elektrisch geladene W-Teilchen wurde dieses als ladungsfrei vorhergesagt. Das Z-Teilchen würde somit eine neue Art schwacher Kraft vermitteln. Von Neutrinos wusste man, dass sie mit Materie interagieren, indem sie sich in Elektronen verwandeln—in einem durch das W-Teilchen vermittelten Prozess, der als *Geladener-Strom-Wechselwirkung* bezeichnet wird. Sollte das Z-Teilchen tatsächlich existieren, würden Neutrinos mit Materie jedoch auch interagieren, ohne ihre Identität zu verändern—in der sogenannten *Neutraler-Strom*-Wechselwirkung.

Die Entdeckung des neutralen schwachen Stroms wurde zu einem Hauptziel der experimentellen Bemühungen, denn damit wäre ein greifbarer Beleg für die elektroschwache Vereinheitlichung gefunden. Leider war dies jedoch eine sehr schwierige Aufgabe, da Neutrinos nur äußerst schwer zu fassen sind und es zudem nicht allein um ihre Identifikation ging, sondern auch der Fußabdruck vermessen werden sollte, den sie beim Abprallen von Materie hinterlassen.

Im Jahr 1963 erarbeiteten André Lagarrigue (1924–1975), Paul Musset (1933–1985) und André Rousset (1930–2001) einen Entwurf zu einem Neutrino-Experiment, bei dem als Teilchendetektor eine *Blasenkammer* zum Einsatz kommen sollte. Die Blasenkammer geht auf die Nebelkammern zurück, die zur Entdeckung des Positrons und des Myons verwendet wurden. Während in der Nebelkammer Teilchenbahnen mithilfe von Kondensationsspuren sichtbar wurden, hinterlassen die Teilchen beim Durchqueren einer Blasenkammer in einem mit überhitzter, in einem instabilen Zustand knapp unterhalb des Siedepunkts gehaltener Flüssigkeit gefüllten Behälter kleine Blasen. Die Idee zu dieser Art Teilchendetektor soll dem Erfinder der Blasenkammer Donald Glaser (Nobelpreis 1960) übrigens gekommen sein, als er auf die aufsteigenden Bläschen in seinem Bierglas starrte.

Die von der französischen Forschergruppe geplante Blasenkammer hatte für die damalige Zeit riesige Ausmaße: ein 4,80 Meter langer Zylinder mit einem Durchmesser von 1,90 Metern, gefüllt mit dem flüssigen Halogenkohlenwasserstoff Freon (siehe Abb. 3.2). Neben den LHC-Detektoren von heute mag sich die Kammer wie ein Kinderspielzeug

Abb. 3.2 Die Blasenkammer Gargamelle am CERN im Jahr 1970
Quelle: CERN/Gargamelle Collaboration.

ausmachen, damals jedoch erschien der Apparat so gigantisch, dass der Direktor der École Polytechnique ihn beim Betrachten einer Projektzeichnung *Gargamelle* taufte, nach der Mutter des Riesen Gargantua in Rabelais' Roman aus dem 16. Jahrhundert. Wenn ich aus meinem Bürofenster schaue, kann ich die Blasenkammer der Gargamelle noch heute bewundern—sie ist auf einer Wiese des CERN-Geländes ausgestellt.

Die experimentelle Kollaboration weitete sich während der Bauphase des Geräts aus und umfasste 1971, als alles für die erste Messung bereit war, 60 Physiker aus sieben europäischen Laboratorien. Verglichen mit den LHC-Experimenten sind das nicht sonderlich beeindruckende Zahlen, doch Gargamelle war sicherlich die erste wissenschaftliche Zusammenarbeit von einem solchen Umfang. Im Dezember 1972 identifizierten die mit der Auswertung der Gargamelle-Daten betrauten Physiker die erste deutliche Aufnahme eines »Neutraler-Strom-Ereignisses«—der Streuung eines Neutrinos aus dem Zusammenprall mit einem atomaren Elektron (siehe Abb. 3.3). Diese Entdeckung sorgte für große Aufregung.

Gargamelle war nicht das einzige Experiment, mit dem man nach neutralen Strömen suchte. Das Gemeinschaftsprojekt HPWF (Harvard Pennsylvania Wisconsin Fermilab) im Teilchenphysiklabor Fermilab bei Chicago bestätigte die Belege aus den Messungen von Gargamelle. Später jedoch, nach einer Aufrüstung ihres Messgeräts, gaben die Forscher für das Verhältnis zwischen neutralen und geladenen Strömen ein neues Ergebnis bekannt, das deutlich niedriger ausfiel als zuvor und sich mit einer vollkommenen Abwesenheit jeglicher neutraler Ströme vereinbaren ließ. Nun war man in Zugzwang: Die Widersprüchlichkeit der Ergebnisse beider Experimente musste gelöst werden.

Donald Perkins von der Gargamelle-Kollaboration erinnert sich: »Die Amerikaner hatten enorm viel mehr Erfahrung und Know-how. ... Man muss dieses Erbe der Minderwertigkeit verstehen, wenn man sich anschaut, wie die Leute am CERN das Gargamelle-Experiment damals sahen. Als Ende 1973 die nicht veröffentlichten (aber weithin verbreiteten) negativen Resultate des HPWF-Experiments bekannt zu werden begannen, geriet die Gargamelle-Gruppe unter intensiven

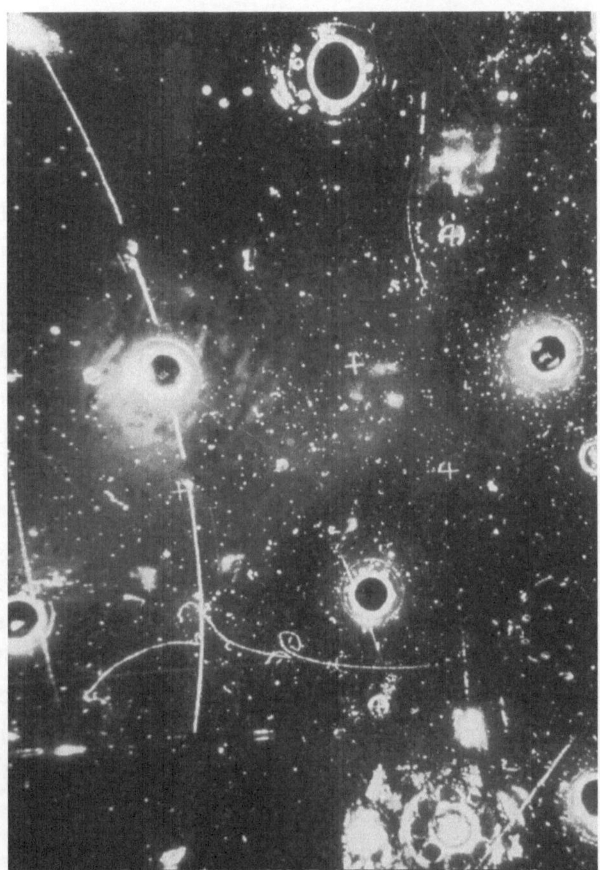

Abb. 3.3 Aufnahme einer Neutraler-Strom-Wechselwirkung, aufgezeichnet 1973 von Gargamelle. Die Spur zeigt ein Elektron, das von einem eintreffenden Neutrino aus seiner atomaren Bahn katapultiert wurde
Quelle: CERN/Gargamelle Collaboration.

Druck und in die Kritik seitens einer großen Mehrheit der CERN-Physiker. Teilweise war das wohl nur eine Vorverurteilung der Methode: Man konnte nicht glauben, dass eine so fundamentale Entdeckung von einem so plumpen Gerät wie einer Schwerflüssigkeitsblasenkammer kommen konnte ... Ebenso wichtig war jedoch, dass viele glaubten, das amerikanische Experiment müsse wieder einmal recht behalten. Ein älterer CERN-Physiker wettete mit hohem Einsatz gegen Gargamelle, er setzte (und verlor am Ende) den größten Teil seines Weinkellers!«[15]

Die Gargamelle-Physiker beharrten auf ihren Behauptungen, und schließlich löste sich auch der Widerspruch zum Experiment der Amerikaner: Nach der Aufrüstung hatte eine ungenaue Kenntnis des Geräts dazu geführt, dass die HPWF-Physiker einige Neutraler-Strom-Ereignisse fälschlicherweise auf geladene Ströme zurückführten. Nachdem die Funktionsweise des Detektors lückenlos verstanden war, bestätigte das HPWF-Experiment die Ergebnisse von Gargamelle. Nun waren auch die letzten Zweifel beseitigt: Die Neutraler-Strom-Wechselwirkung war entdeckt. Einige europäische Physiker konnten der Versuchung nicht widerstehen, die oszillierenden Ergebnisse der HPWF-Kollaboration mit der scherzhaften Bemerkung zu kommentieren, die Amerikaner hätten »neutrale Wechselströme« entdeckt.

Die Entdeckung der neutralen Ströme war ein unwiderlegbarer Beweis für die Vereinheitlichung von elektromagnetischer und schwacher Kraft. Noch dazu ließ sich unmittelbar aus der Messung des Verhältnisses von neutralen zu geladenen Strömen eine erste Schätzung der Massewerte der hypothetischen W- und Z-Teilchen vornehmen. Die experimentelle Jagd auf diese Teilchen, von deren Existenz die Theoretiker zwar fest überzeugt waren, die man aber noch nicht direkt erfasst hatte, war damit eröffnet.

Das CERN plante zu jener Zeit den Bau eines großen Beschleunigers zur Kollision von Elektronen- und Positronenstrahlen. Dieser Beschleuniger, LEP (Large Electron-Positron collider) genannt, war zur Entdeckung des W- und des Z-Teilchens gut geeignet, doch das Warten auf seine Inbetriebnahme erschien den Physikern, die darauf brannten, die Existenz dieser Teilchen vorzuführen, allzu lang. Entwürfe für neue Protonenkollisionsbeschleuniger wurden vorgelegt—und von der CERN-Leitung abgelehnt, die befürchtete, solche Projekte könnten den Bau des LEP-Beschleunigers verzögern. In dieser schwierigen Situation äußerte Carlo Rubbia (Nobelpreis 1984) einen gewagten und radikal neuen Gedanken.

[15] D. Perkins in L. Hoddeson, L. Brown, M. Riordan, und M. Dresden (Hrg.): The Rise of the Standard Model. Cambridge University Press, Cambridge 1997.

Im Jahr 1977 reichte Rubbia bei CERN und Fermilab ein Vorhaben ein, vorhandene Protonengeräte zu Beschleunigern umzurüsten, in denen ein Protonenstrahl mit einem Antiprotonenstrahl zur Kollision gebracht werden sollte. Rubbia war überzeugter Anhänger einer von Simon van der Meer (1925–2011, Nobelpreis 1984) entwickelten Methode zur Speicherung und Beschleunigung intensiver Protonenstrahlen. Doch niemand konnte mit Sicherheit sagen, dass sich diese Technologie tatsächlich würde umsetzen lassen, und es herrschte große Skepsis gegenüber einer Umwidmung brandneuer und betriebsbereiter Maschinen wie des SPS-Synchrotrons am CERN zu einem Kollisionsbeschleuniger, der wenig Chancen auf Erfolg versprach. »Ein Großteil des Verdiensts von Carlo Rubbia besteht darin, dass er seine Ideen mit einer so unermüdlichen Entschlossenheit und in einem so widrigen Umfeld vorangetrieben hat. Nicht nur mit Entschlossenheit, auch mit einer klaren Vision dessen, wohin sie letztendlich führen würden, und mit einem tiefgreifenden Verständnis für die anstehenden Probleme der Gerätephysik«,[16] erinnert sich der Physiker Pierre Darriulat, der bei der Entdeckung von W- und Z-Teilchen eine wichtige Rolle spielte.

Der Grundgedanke bestand darin, einen Protonenstrahl auf ein Target abzufeuern und so Antiprotonen zu erzeugen, wobei aus je einer Million Protonen-Ereignisse nur ein einziges Antiproton hervorgehen würde. In der Folge sollten täglich 100 Milliarden Antiprotonen abgekühlt und in einem Ring gespeichert werden. Den Antiprotonenstrahl schließlich wollte man frontal auf einen Protonenstrahl abfeuern. Anhand eines Prototyp-Experiments, dem »Initial Cooling Experiment« (ICE) konnte Rubbia die Technologie erfolgreich vorführen. In einem mutigen Schritt genehmigten die beiden Generaldirektoren des CERN, John Adams und Léon Van Hove, 1978 das Proton-Antiproton-Projekt. »Es ist sehr schwer, die Geschichte umzuschreiben, aber ich bin fest davon überzeugt, dass es ohne Carlo eine Proton-Antiproton-Collider-Physik auf lange Zeit nicht, vielleicht auch nie gegeben hätte«,[17] meint Darriulat.

[16] P. Darriulat: »The Discovery of the W & Z, a Personal Recollection«, *The European Physical Journal*, C 34, 33 (2004).

[17] P. Darriulat: Ebd.

Zwei große Detektoren, UA1 und UA2, wurden gebaut, um die aus dem Zusammenprall von Protonen und Antiprotonen hervorbrechenden Teilchen zu beobachten. Nach einem aufreibenden Kraftakt kam es am 9. Juli 1981, ganze drei Jahre nach der Genehmigung des Projekts, zur ersten Teilchenkollision. Bereits wenige Stunden später hatte man Teilchenkollisionen aufgezeichnet und öffentlich vorgeführt. Nur sehr wenige Menschen hätten all dies für möglich gehalten, schon gar nicht in so kurzer Zeit.

1983 wurde in den experimentellen Kollaborationen UA1 und UA2 zunächst das W- und dann das Z-Teilchen entdeckt und ihre Massewerte in perfekter Übereinstimmung mit den theoretischen Voraussagen auf ein etwa 85- beziehungsweise 95-Faches der Protonenmasse bestimmt (siehe Abb. 3.4). Aus diesen Resultaten leitete man eine Reichweite der schwachen Kraft ab, die ungefähr um ein 500-Faches geringer ist als beim Proton. Hierin besteht die grundlegende

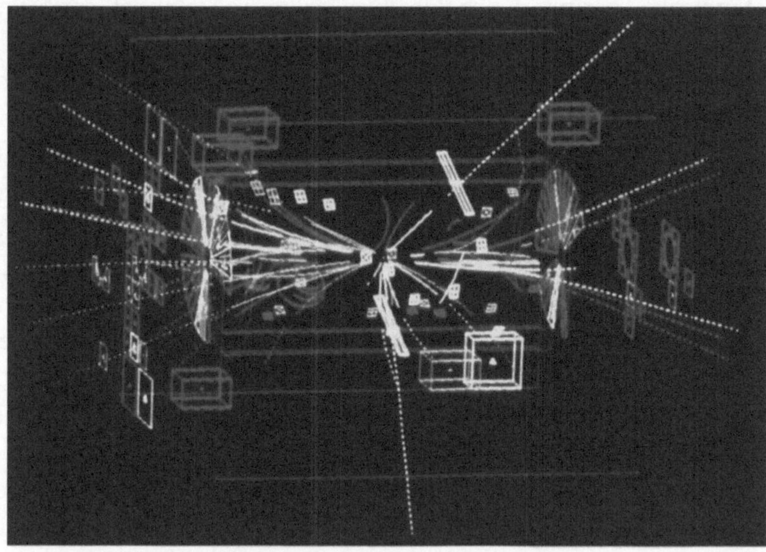

Abb. 3.4 Das erste vom UA1-Detektor am 30. April 1983 aufgezeichnete Z-Teilchen. Ein Z-Teilchen zerfällt zu schnell, als dass man es sehen könnte; identifiziert werden konnte es über die Spuren, die das beim Zerfallsprozess erzeugte Elektron-Positron-Paar hinterließ
Quelle: CERN/UA1 Collaboration.

Ursache für die beobachtete Schwäche der schwachen Kraft. Nun besagt die elektroschwache Vereinheitlichung aber, dass es auf Entfernungen, die um ein 500-Faches unterhalb der Größe des Protons liegen, zwischen der Stärke von elektromagnetischer und schwacher Kraft keinen intrinsischen Unterschied gibt. Die Entdeckung von W- und Z-Teilchen hatte somit die endgültige Bestätigung der Elektroschwachen Theorie geliefert.

DIE QUANTENCHROMODYNAMIK

Bildlich gesprochen verhält sich die QCD zur QED wie ein Ikosaeder zu einem Dreieck.

Frank Wilczek[18]

Bis zur Entdeckung der Quarks befand sich die starke Kraft in einer ziemlich verzweifelten Lage, die der russische theoretische Physiker Lev Landau 1960 folgendermaßen umschrieb: »Es ist bekannt, dass die theoretische Physik dem Problem der starken Wechselwirkungen derzeit fast hilflos gegenübersteht ... Selbst theoretische Physiker, die sie zu bestreiten vorgeben, akzeptieren die Annullierung der Theorie mittlerweile stillschweigend. Dies zeigt sich deutlich ... besonders in Dysons Behauptung, dass die korrekte Theorie in den kommenden einhundert Jahren nicht gefunden wird.«[19] Tatsächlich jedoch ließ die korrekte Theorie nur 13 Jahre auf sich warten.

Die Entdeckung der Quarks hatte Ordnung in die wirre Welt der Hadronen gebracht, aber auch neue Probleme aufgeworfen. Wie bereits erwähnt hatten die Experimente von Friedman, Kendall und Taylor am SCAC ein ziemlich verblüffendes Bild von den zwischen Quarks waltenden Kräften zutage gefördert. Die Situation ließe sich anhand einer Analogie beschreiben: Stellen wir uns vor, Quarks wären durch Gummibänder von der Länge des Protonendurchmessers, das sind rund

[18] F. Wilczek: Fantastic Realities. World Scientific, Singapur 2006.

[19] L. D. Landau: Theoretical Physics in the Twentieth Century; a Memorial Volume to Wolfgang Pauli. Interscience, New York 1960.

10^{-15} Meter, miteinander verbunden. Versuchen wir nun ein Quark aus dem Proton zu ziehen, wird es vom Gummiband zurückgehalten. Je weiter das Quark entfernt ist, desto größer wird die Kraft, die es an seine Position im Innern des Protons zurückzieht. Damit erklärt sich, warum in keiner experimentellen Suche einzelne Quarks auszumachen waren: Die Gummibänder halten die Quarks im Innern des Protons fest zusammen. Solange die Quarks aber friedlich im Protoneninnern umherwandern, liegen Entfernungen zwischen ihnen, die sich unterhalb des Protonendurchmessers bewegen. Die Gummibänder hängen daher locker und üben keine Kraft auf die Quarks aus. Damit erklärt sich, warum in Experimenten beobachtet wurde, dass sich Quarks in der Bewegung im Protoneninnern wie freie Teilchen verhalten. Im wissenschaftlichen Fachjargon wird dies *asymptotische Freiheit* genannt, da Quarks in großer Nähe zueinander nahezu frei von jeder Bindungskraft sind.

Die asymptotische Freiheit war das genaue Gegenteil dessen, was man über die Fundamentalkräfte der Natur wusste. Man ging davon aus, dass sie alle, wie bei der Gravitation, der elektrischen, der magnetischen und der schwachen Kraft der Fall ist, mit zunehmender Entfernung schwächer würden. Zudem hielt man es für nachgerade selbstverständlich, dass jede Quantenfeldtheorie ausschließlich Kräfte beschrieb, die in größeren Entfernungen abnehmen.

Auch David Gross (Nobelpreis 2004) von der Princeton University war davon fest überzeugt und unternahm eine systematische Analyse des Problems mit dem Ziel, einen rigorosen Beweis zu führen, dass die asymptotische Freiheit mit jeglicher Quantenfeldtheorie unvereinbar sei. Mit anderen Worten: Er wollte zeigen, dass sämtliche Kräfte in der Quantenfeldtheorie in dem Maße schwächer werden, wie die Entfernung zwischen zwei Teilchen zunimmt. Er kam zügig voran und beendete das Programm mit einer einzigen Lücke: der Eichtheorie. Die Eichtheorie aber hatte nach der erfolgreichen Erklärung der elektroschwachen Kräfte in den Augen der Physiker an Ansehen gewonnen, sodass ein Weitermachen zur Lösung dieses letzten Falls unbedingt angezeigt war. Ende 1972 wendete sich Gross gemeinsam mit seinem Studenten Frank Wilczek (Nobelpreis 2004) dem Problem der Eichtheorie zu. Später sollten die beiden Physiker erfahren, dass Sidney Coleman in Harvard seinem Studenten David Politzer (Nobelpreis 2004) ein fast identisches Problem gestellt hatte.

Die Untersuchungen führten zu einem verblüffenden Ergebnis. Die Berechnungen zeigten, dass die Eichtheorien in bestimmten Fällen exakt das Phänomen der asymptotischen Freiheit voraussagten. »Die Entdeckung der asymptotischen Freiheit traf mich völlig unerwartet«, erklärte Gross. »Wie ein Atheist, der soeben eine Botschaft aus einem brennenden Dornbusch erhalten hatte, wurde ich sofort zum treuen Gläubigen.«[20]

Wieder einmal hatte sich die Eichtheorie als die richtige Antwort erwiesen. Ebenso wie die elektromagnetische und die schwachen Kraft wird auch die starke Kraft mit der Eichtheorie korrekt beschrieben. Die Übermittler der Kraft (deren Rolle in der Elektroschwachen Theorie Photon, W- und Z-Teilchen übernehmen) werden *Gluonen* genannt. Wie eine Art »glue«, wie Klebstoff also, halten Gluonen die Quarks im Innern der Hadronen fest, besitzen jedoch die Eigenheit, dass sie eine Kraft übermitteln, die im krassen Gegensatz zu den übrigen bekannten Fundamentalkräften mit wachsender Entfernung größer wird. Die Theorie aber, mit der die starke Kraft beschrieben wird, ist konzeptuell dieselbe wie die Elektroschwache Theorie, auch wenn die jeweiligen physikalischen Phänomene gewaltige Unterschiede aufweisen.

Der Elektromagnetismus wird durch den Austausch eines Teilchens verursacht: des Photons. Die schwache Kraft geht auf W- und Z-Teilchen zurück. Die starke Kraft wird durch Gluonen vermittelt, von denen es acht verschiedenen Arten oder *Farbladungen* gibt. Auch Quarks kommen in drei verschiedenen »Farben« vor, wobei man nicht erwarten sollte, dass die Detektoren am LHC blaue, rote und grüne Quarks oder bunte Gluonen erfassen. Farbladung ist hier lediglich ein fiktiver Begriff, mit dem die Physiker ein Merkmal von Quarks und Gluonen beschreiben, das der elektrischen Ladung gleicht. Die »Farbe« ist sozusagen die Ladung der starken Kraft. Mit ihren vielen bunten Strichen für die Bahnen einzelner Teilchen erinnern manche Bilder des LHC zur Rekonstruktion von Ereignissen an die Gemälde von Jackson

[20] D. Gross in L. Hoddeson, L. Brown, M. Riordan, und M. Dresden (Hrg.): The Rise of the Standard Model. Cambridge University Press, Cambridge 1997.

Pollock. Doch dürfen wir uns nicht täuschen lassen: Was wir sehen, ist lediglich eine Farbcodierung des digitalen Rekonstruktionsprogramms und hat mit der »Farbe« von Quarks und Gluonen nichts zu tun.

Physiker haben ein Faible für fantasievolle Namen. Während einer Sommertagung 1973 in Aspen taufte Gell-Mann die neue Theorie der starken Kraft *Quantenchromodynamik* (abgekürzt: QCD). Diese Bezeichnung nimmt Bezug auf die Farbladung von Quarks und Gluonen (vom griechischen *chróma*, Farbe), die Abkürzung QCD wiederum greift die konzeptuelle Ähnlichkeit der Theorie mit der QED auf.

Einige Jahre zuvor waren Sheldon Glashow, John Iliopoulos und Luciano Maiani in harter Arbeit mit dem Versuch beschäftigt, eine unvermutete Eigenschaft in der Wechselwirkung von Z-Teilchen mit Quarks zu ergründen. »Unsere Zusammenarbeit folgte bald einem festen Muster«, erinnert sich Iliopoulos. »Jeden Tag hatte einer von uns eine neue Idee, und unweigerlich taten die anderen beiden sich zusammen, um ihm zu beweisen, dass sie dumm war.«[21] Irgendwann jedoch stolperten die Wissenschaftler über eine Idee, die alles andere als dumm war. Der Achtfache Weg erklärte die Struktur der Hadronen über drei Quarks namens *Up*, *Down* und *Strange*. Glashow, Iliopoulos und Maiani wurde klar, dass es zur Erklärung der Wechselwirkung des Hadrons mit dem Z-Teilchen ein viertes Quark geben musste, und gaben diesem hypothetischen Quark den Namen *Charm*. »Wir nannten unser Konstrukt ‚charmed quark' [verzaubertes Quark], weil wir fasziniert und angetan waren von der Symmetrie, die es in die subatomare Welt brachte«,[22] erklärte Glashow.

»Zehn Tage im November 1974 veränderten die Welt der Physik. Etwas Wunderbares und beinahe Ungeahntes sollte das Licht der Welt erblicken: ein sehr diskret verzaubertes Teilchen, ein Hadron, das so neuartig war, dass es kaum wie eines aussah«,[23] berichtet Alvaro De

[21] J. Iliopoulos: What a Forth Quark Can Do; in L. Hoddeson, L. Brown, M. Riordan, und M. Dresden (Hrg.): The Rise of the Standard Model. Cambridge University Press, Cambridge 1997.

[22] S. Glashow: »The Hunting of the Quark«, *The New York Times Magazine*, 18. Juli 1976.

[23] A. De Rújula in G. 't Hooft (Hrg.): Fifty Years of Yang-Mills Theory. World Scientific, Singapur 2005.

Rújula. Zwei Experimentalgruppen in den USA, eine davon am SLAC unter der Leitung von Burton Richter (Nobelpreis 1976), die andere am Brookhaven National Laboratory unter Samuel Ting (Nobelpreis 1976), entdeckten gleichzeitig ein Teilchen, das den ungelenken Namen J/ψ erhielt (in Verbindung der Namen, welche die beiden Gruppen geprägt hatten). Als man die Tragweite dieser Entdeckung erkannte, zog sie eine zweifache Wirkung nach sich: Sie bewies die Existenz des Charm-Quarks und bestätigte die Quantenchromodynamik, denn die Eigenschaften des J/ψ-Teilchens ließen sich nur über die asymptotische Freiheit erklären.

Die theoretische Ausdeutung, die auf die Entdeckung des J/ψ-Teilchens folgte, lieferte die endgültige Bestätigung der Hypothese, dass die starke Kraft durch Quarks und QCD beschrieben wird. Im Rückblick wurden die damaligen Ereignisse stolz als »Novemberrevolution« bezeichnet. De Rújula, der die Schlacht in jenen glorreichen Tagen mitgeschlagen hatte, formulierte es so: »Kurz gesagt, das Standardmodell erhob sich aus der Asche der Novemberrevolution, während seine Gegner auf dem Schlachtfeld eines ehrenvollen Todes starben.«[24]

Zwei weitere Quarks sollten folgen. Bereits 1973 hatten Makoto Kobayashi (Nobelpreis 2008) und Toshihide Maskawa (Nobelpreis 2008) in Erweiterung einer erstmals von Nicola Cabibbo vorgelegten Theorie die Existenz des *Bottom-* (manchmal auch *Beauty-Quark* genannt) und des *Top-Quarks* vorausgesagt. Beide Teilchen fanden sich experimentell bestätigt, im Fall des Top-Quarks allerdings erst 1995 am Tevatron, einem am Fermilab gebauten Proton-Antiproton-Collider.

DAS STANDARDMODELL

Alle Modelle sind falsch, einige aber sind nützlich.
George Box und Norman Draper[25]

[24] A. De Rújula: Ebd.

[25] G. E. P. Box und N. R. Draper: Empirical Model-Building and Response Surfaces. Wiley, New York 1987.

So fügen sich endlich alle Teile des Puzzles zusammen—zu einem wahrhaft Erhabenen Wunder des wissenschaftlichen Erfolgs. Dieses Erhabene Wunder beschreibt die elektromagnetische, die schwache und die starke Kraft sowie alle bekannten Formen der Materie in einem einzigen Grundsatz—dem der Eichtheorien. Dass die Komplexität der Natur sich als Resultat eines einzigen Prinzips erweist, ist schlichtweg verblüffend, ebenso verblüffend wie die Tatsache, dass der menschliche Geist dieses Prinzip zu erkennen vermochte.

Das Erhabene Wunder lässt sich in einer einzigen Gleichung oder, deutlich weniger exakt, in wenigen Sätzen zusammenfassen. Materie wird aus Quarks und Leptonen gebildet, die einer repetitiven Struktur folgen, wie Abb. 3.5 zeigt. Elektromagnetische, schwache und starke Kraft—sie alle werden durch denselben theoretischen Rahmen beschrieben, in dem Kräfte durch Teilchen vermittelt werden: Photonen, W- und Z-Teilchen und Gluonen. Für das Erhabene Wunder, im Englischen »Sublime Marvel«, wird heute die Abkürzung SM verwendet, die eigentlich für seinen tatsächlichen, wenngleich höchst schlichten Namen steht: das *Standardmodell*.

	1. Generation	2. Generation	3. Generation	Elektrische Ladung
Quarks	Up (0,003 GeV)	Charm (1,3 GeV)	Top (173 GeV)	2/3
	Down (0,005 GeV)	Strange (0,1 GeV)	Bottom (4,2 GeV)	−1/3
Leptonen	Elektron-Neutrino ($< 10^{-9}$ GeV)	Myon-Neutrino ($< 10^{-9}$ GeV)	Tau-Neutrino ($< 10^{-9}$ GeV)	0
	Elektron (0,0005 GeV)	Myon (0,1 GeV)	Tau (1,8 GeV)	−1
Eichteilchen (Trägerteilchen)	Starke Kraft		Gluonen (Masse null)	0
	Schwache Kraft		W-Teilchen (80 GeV)	1
			Z-Teilchen (91 GeV)	0
	Elektromagnetische Kraft		Photon (Masse null)	0

Abb. 3.5 Die Teilchen des Standardmodells. Die Zahlen in Klammern geben die Teilchenmassen in GeV an, einer in der Teilchenphysik gängigen Masseeinheit

Zahlreiche Hochenergiebeschleuniger haben zur Überprüfung des Standardmodells beigetragen, allen voran das Tevatron am Fermilab, der LEP-Beschleuniger am CERN, der HERA-Speicherring im Deutschen Synchrotron DESY und der Stanford Linear Collider SLC am SLAC. Auch in Experimenten an Niederenergieanlagen wurden maßgebliche Tests durchgeführt. In allen Fällen haben sich die theoretischen Voraussagen aus dem Standardmodell vollständig und mit erstaunlicher Genauigkeit bestätigt. Nur selten findet sich in der Wissenschaft eine Theorie, die gleichzeitig so einfach in ihrem Konzept und so breit in ihrem Anwendungsspektrum, so fundamental und gleichzeitig experimentell so gut überprüft ist wie das Standardmodell.

Ist die Geschichte mit dem Standardmodell zu Ende? Trotz seines experimentellen Erfolgs und seiner theoretischen Eleganz ist die Antwort ein klares Nein. Zu viele Fragen sind bis heute unbeantwortet. Sind Quarks und Leptonen die fundamentalen Bausteine der Natur oder gibt es eine weitere Schicht in der Struktur der Materie? Wie lässt sich die dreifache periodische Wiederholung von Quarks und Leptonen erklären? Dies sind sehr verwirrende Fragen, denn jede Form von Materie und jedes Phänomen, das wir gemeinhin beobachten, lässt sich durch die Fundamentalkräfte sowie durch Up- und Down-Quarks, das Elektron und ein Neutrino beschreiben. Diese Teilchen werden Quarks und Leptonen der *ersten Generation* genannt. Alle übrigen Quarks und Leptonen scheinen in unserer Welt vollkommen überflüssig zu sein; sie tauchen allein in ein paar teilchenphysikalischen Experimenten und in Wechselwirkungen der kosmischen Strahlung auf. Trotzdem aber wiederholt das Standardmodell die einfachste Struktur der Quarks und Leptonen der ersten Generation drei Mal. Diese Wiederholungen, die man als *drei Generationen* bezeichnet, enthalten Teilchen, die über alle Generationen hinweg bis auf eine Eigenschaft absolut identisch sind: ihre Masse. Up-, Charm- und Top-Quarks sind in nichts voneinander zu unterscheiden, außer in ihrer Masse. Dasselbe gilt für Down-, Strange- und Bottom-Quarks; für Elektron, Myon und Tauon; für die drei Neutrinos. Das Problem der Ergründung des Ursprungs dieser Struktur ist nichts weiter als eine erweiterte Fassung der Frage, die Rabi angesichts des Myons gestellt hatte: »Wer hat das bestellt?« Die Antwort darauf haben wir noch nicht gefunden.

Und wie fügt sich die Schwerkraft in dieses Schema ein? Tatsächlich wird die Gravitation, die bekannteste aller Kräfte, vom Standardmodell links liegen gelassen. In praktischer Hinsicht ist das kein Problem. Die Gravitation, die zwischen Elektronen wirkt, ist um ein 10^{43}-Faches schwächer als die entsprechende elektrostatische Kraft. Es ist daher absolut vertretbar, die Gravitation bezüglich des Elektromagnetismus in der Wechselwirkung zwischen zwei Elektronen zu vernachlässigen. Diese Vereinfachung ist ebenso genau, als würden wir bei der Vermessung des beobachtbaren Universums die Länge eines einfachen Atomkerns außer Acht lassen.

Dass die Wirkung der Gravitation in der Teilchenwelt so gering ist, mag überraschen, sind wir doch daran gewöhnt, die Schwerkraft für eine Kraft von großer Wirkung zu halten. Doch die Gravitation ist in der makroskopischen Welt nur deshalb so stark, weil sich in der Kraft ihrer Anziehung die Wirkung einer gigantischen Anzahl von Materiebausteinen summiert. Gleichzeitig wird die elektrostatische Kraft durch die Ladungsneutralität der materiebildenden Atome weitgehend abgeschirmt und wird damit über große Entfernungen gewöhnlich weniger wichtig als die Gravitation. Dennoch: Obwohl die Gravitation in teilchenphysikalischen Experimenten im Wesentlichen irrelevant ist, bildet ihre Einbindung in ein vollständiges Bild der Fundamentalkräfte ein zentrales ungelöstes Problem der theoretischen Physik.

All dies sind fundamentale Fragen, denen wir uns stellen müssen. Es gibt jedoch noch ein noch drängenderes Problem. Das Standardmodell—definiert über die einfache Verbindung von Quarks, Leptonen und Trägerteilchen—ist im Grunde nämlich unvollständig. Noch fehlt ein Element, denn wie kommen die Elementarteilchen zu ihrer Masse? Um zu erkennen, wie die Natur dieses gewaltige Problem löst, brauchen wir einen gewaltigen Teilchenbeschleuniger: Wir brauchen den Large Hadron Collider.

Teil II

Das Raumschiff des Zeptoraums

4

Eine Leiter zum Himmel

'Cause you know sometimes words have two meanings . . .
when all are one and one is all.

Led Zeppelin[1]

Die Vereinheitlichung der Wissenschaft

Wie sagte der Kabbalist zum Hotdog-Verkäufer: »Mach' mir eins mit allem!«

Rabbi Lawrence Kushner[2]

Um die Wende zum 20. Jahrhundert herrschte in der Wissenschaft allgemein die Ansicht, die Physik habe ihren Auftrag zur Entdeckung der Naturgesetze erfüllt. 1871 schrieb Maxwell: »Anscheinend geht die Meinung um, dass die großartigen physikalischen Konstanten in ein paar Jahren sämtlich annähernd geschätzt sein werden und dass die einzige Beschäftigung, die Männern der Wissenschaft dann noch bleibt, darin

[1] ». . . denn manchmal, weißt du, hat ein Wort zwei Bedeutungen . . . wenn alle eins sind, und eines ist alles.« Led Zeppelin, Stairway to Heaven. Atlantic 1971; Text: Robert Plant.

[2] L. Kushner, »What Did the Mystic Say to the Hot Dog Vendor?«, *Annals of the New York Academy of Sciences*, 950, 215 (2001). [Im englischen Original »Make me one with everything« schwingt neben der situativen auch eine kabbalistische Bedeutung mit: »Mach mich eins mit allem!«; d. Übs.]

G.F. Giudice, *Odyssee im Zeptoraum*, DOI 10.1007/978-3-642-22395-2_4,

bestehen wird, diese Messungen um eine weitere Stelle nach dem Komma fortzuführen.«[3] 1900 wiederholte Kelvin: » Es gibt in der Physik nichts Neues zu entdecken. Was bleibt, ist allein die immer präzisere Messung«,[4] und Michelson ergänzte 1903: »Die wichtigsten fundamentalen Gesetze und Fakten der physikalischen Wissenschaft sind sämtlich entdeckt, und diese sind heute so fest etabliert, dass die Möglichkeit ihrer Ergänzung infolge neuer Entdeckungen überaus gering ist.«[5] Nur wenige Jahre später sollten Relativitätstheorie und Quantenmechanik nahezu alle bekannten Grundsätze der klassischen Physik umstoßen und die Wissenschaft revolutionieren.

Selbst große Physiker treffen mitunter falsche Vorhersagen. Wie man weiß, hat Kelvin die Röntgenstrahlung zunächst als Schwindel abgetan. Damit nicht genug, schrieb er 1896: »Mir geht noch das kleinste Molekül eines Glaubens an eine Flugnavigation jenseits der Ballonschifffahrt ab oder einer Erwartung positiver Ergebnisse aus irgendeinem der Tests, von denen wir hören.«[6] Nur sieben Jahre später erhoben sich die Gebrüder Wright in Kitty Hawk, North Carolina, in die Lüfte. Tatsächlich hatte Lord Kelvin bereits zuvor Erfahrungen mit falschen Voraussagen gemacht. Es geht die Sage, er sei während seines Studiums in Cambridge derart fest davon überzeugt gewesen, bei den berühmten Tripos-Prüfungen in Mathematik den Titel des *Senior Wrangler* (des Studenten mit der höchsten Punktzahl) erlangt zu haben, dass er seinen Diener zum Senate House schickte, auf dass dieser nachsehe, wer *Second Wrangler* (der Student mit der zweithöchsten Punktzahl) geworden war. Bei seiner Rückkehr vermeldete der Diener: »Sie, Sir.«[7]

[3] J. C. Maxwell in W. D. Niven (Hrg.): The Scientific Papers. Dover, New York 1965.

[4] Häufig wird behauptet, Kelvin habe diese Worte bei der Jahrestagung der *British Association for the Advancement of Science* gesagt. Die Authentizität dieses Zitats ist fraglich, da es im Protokoll nicht schriftlich belegt ist. Mein Dank gilt dem Bibliothekar der *Royal Society* Rupert Baker für seine Suche in den Originaldokumenten.

[5] A. A. Michelson: Light Waves and Their Uses. The University of Chicago Press, Chicago 1903.

[6] Brief an Major Baden-Powell, 8. Dezember 1896; Nachdruck in J. L. Pritchard: »Major B. F. S. Baden-Powell«, *Journal of the Royal Aeronautical Society* 60, 9 (1956).

[7] Der Titel des *Senior Wrangler* ging 1845 an Stephen Parkinson, den späteren Mathematiker an der University of Cambridge, der dennoch nie den Ruhm Kelvins erlangte. Kurioserweise

Bei alldem aber hatten Physiker am Ende des 19. Jahrhunderts guten Grund zu glauben, in der Physik gebe es im Wesentlichen nichts Neues mehr zu lernen. Jedes Phänomen ließ sich anhand der Prinzipien von Newtons Mechanik, Maxwells Elektromagnetismus, der Thermodynamik, Optik oder anhand der Mechanik der Flüssigkeiten erklären. Das eigentlich Revolutionäre in der Physik des 20. Jahrhunderts lag in der Erkenntnis, dass all diese Inseln des Wissens nur die sichtbaren Gipfel einer einzigartigen und grundlegenden konzeptuellen Struktur sind, die auf einen Schlag sämtliche Naturphänomene erklären kann.

Die Idee einer Vereinheitlichung der Wissenschaft ist ziemlich alt. Das erste glanzvolle Beispiel hierfür ist die Erkenntnis, dass der Bewegung von Körpern im Himmel und dem Herabfallen von Objekten auf der Erde eine und dieselbe Kraft, nämlich die Gravitation zugrunde liegt. Noch vor den Arbeiten Newtons erahnte Galilei mit bemerkenswerter Weitsicht den logischen Zusammenhang zwischen diesen so unterschiedlichen Phänomenen. 55 Jahre vor der Veröffentlichung von Newtons *Principia* ließ Galilei Salviati, sein Alter Ego im *Dialog*, sagen: »Wenn aber Euer Autor weiß, vermöge welchen Prinzips andere unzweifelhaft sich bewegende Weltkörper in Drehung versetzt werden, so behaupte ich, dass die Bewegungsursache der Erde etwas Ähnliches sei wie das, was den Mars, Jupiter oder nach seiner Ansicht auch die Fixsternsphäre bewegt. Wenn er mir Auskunft gibt, was das Bewegende dieser Weltkörper ist, so verpflichte ich mich ihm sagen zu können, was die Erde bewegt. Ja noch mehr, ich will dies sogar tun, wenn er mich nur darüber belehrt, durch welche Ursache die Teile der Erde nach unten getrieben werden.«[8]

schnitten auch James Clerk Maxwell und Joseph John Thomson in ihrem jeweiligen Jahrgang als *Second Wrangler* ab. Maxwell musste hinter den späteren Mathematiker Edward Routh zurücktreten, der vor allem als erfolgreicher Repetitor für *Senior Wranglers* bekannt wurde, indem 22 Jahre hintereinander einer seiner Studenten diesen Titel errang. Thomson wurde von Joseph Larmor überflügelt, der als Physiker für seine Arbeiten in Elektrodynamik und Thermodynamik hervortrat.

[8] G. Galilei: Dialog über die beiden hauptsächlichsten Weltsysteme (1632). Dt. v. E. Strauss 1891. [Schreibweise modernisiert]

Es war jedoch Newton, der dieses Konzept ausarbeitete und, vor allem Anderen, in Gleichungen fasste. Der zeigte, dass eine einzige universelle Gravitationstheorie ebenso terrestrische wie astronomische Phänomene zu erklären vermochte. Newton war der festen Überzeugung, dass die Physik (oder die Naturphilosophie, wie sie damals genannt wurde) die Komplexität der Natur anhand einfacher Fundamentalkräfte erklären müsse. Er versuchte diese Kräfte zu finden, indem er die von ihm entdeckten Gesetze der Mechanik, die sich auf jedes andere Phänomen würden ausdehnen lassen, als Paradigma anlegte. In vollkommenem Gleichklang mit dem Ansatz der modernen Physik schreibt Newton in der Vorrede zu seinen *Principia*: »Alle Schwierigkeit der Physik besteht nämlich dem Anschein nach darin, aus den Erscheinungen der Bewegung die Kräfte der Natur zu erforschen und hierauf durch diese Kräfte die übrigen Erscheinungen zu erklären. [...] Möchte es gestattet sein, die übrigen Erscheinungen der Natur auf dieselbe Weise aus mathematischen Prinzipien abzuleiten! Viele Beweggründe bringen mich zu der Vermutung, dass diese Erscheinungen alle von gewissen Kräften abhängen könnten.«[9]

Mit den Maxwell'schen Gleichungen kam dieses Vereinheitlichungsvorhaben um einen Riesenschritt voran, denn hier wurden elektrische und magnetische Phänomene mit derselben Theorie beschrieben. Die Suche nach einer vereinheitlichten Theorie, die sämtliche Kräfte erklären würde, setzte sich mit Einstein fort: »Höchste Aufgabe des Physikers ist also das Aufsuchen jener allgemeinsten elementaren Gesetze, aus denen durch reine Deduktion das Weltbild zu gewinnen ist.«[10] *Vereinheitlichung* bildet seitdem das Leitmotiv der Grundlagenforschung in der Physik. Vereinheitlichung bedeutet Vereinfachung und Zusammenführung der zur Beschreibung der physikalischen Gesetze notwendigen Elemente; vor allem aber bedeutet sie die Erlangung

[9] I. Newton: Mathematische Prinzipien der Naturlehre. Hrg. v. J. Ph. Wolfers, 1963. (Philosophiæ Naturalis Principia Mathematica, 1687; Vorrede zur 2. Ausgabe 1713). [Schreibweise modernisiert]

[10] A. Einstein in einer Rede vor der Physikalischen Gesellschaft Berlin anlässlich des sechzigsten Geburtstags von Max Planck 1918; in A. Einstein: Mein Weltbild. Querido, Amsterdam 1934.

einer neuen und tiefer reichenden Kenntnis über die Prinzipien der Natur. Die Vereinheitlichung ist mehr als eine elegante Denksportübung. Jeder Schritt im Verlauf der Vereinheitlichung zieht nahezu ausnahmslos neue, überraschende Entdeckungen nach sich: neue Phänomene als Voraussage aus der vereinheitlichten Theorie oder neue logische Querverbindungen zu anderen Zweigen der wissenschaftlichen Forschung. Wer hätte ahnen können, dass die Vereinheitlichung von Elektrizität und Magnetismus zu der Entdeckung führen würde, dass Licht eine elektromagnetische Welle ist? Wer hätte vermuten können, dass sich hinter der Vereinheitlichung von Quantenmechanik und Spezieller Relativitätstheorie das Geheimnis der Antimaterie verbarg?

Die Erkenntnis, dass unterschiedliche Naturphänomene nicht Gesetzen gehorchen, die voneinander unabhängig sind, sondern dass sie vielmehr einen gemeinsamen Ursprung innerhalb eines einheitlichen Rahmens haben, gehört zu den größten wissenschaftlichen Erfolgen des 20. Jahrhunderts. Späteren Entwicklungen in der Physik vorgreifend schrieb Einstein: »... die allgemeinen Gesetze, auf welche das Gedankengebäude der theoretischen Physik gegründet ist, erheben den Anspruch, für jedes Naturgeschehen gültig zu sein. Auf ihnen sollte sich auf dem Wege reiner gedanklicher Deduktion die Abbildung, das heißt die Theorie eines jeden Naturprozesses einschließlich der Lebensvorgänge finden lassen, wenn jener Prozess der Deduktion nicht weit über die Leistungsfähigkeit menschlichen Denkens hinausginge.«[11]

Das Standardmodell ist die höchste Stufe der Vereinheitlichung, die wir bis dato erreicht haben. Quantenfelder, die sich als Teilchen manifestieren, bilden die Grundzutaten der Natur für Materie und Kraft. Dennoch kann das Standardmodell nicht die endgültige Theorie sein, und die Reise der Physik zu den letztgültigen Gesetzen der Natur ist noch nicht zu Ende. Der Large Hadron Collider ist das Vehikel, das wir benötigen, um diese Reise fortzusetzen.

[11] A. Einstein, ebd.

DIE JAKOBSLEITER

Ich möchte wissen, wie Gott diese Welt erschaffen hat. ... alles Übrige sind Einzelheiten.

ALBERT EINSTEIN[12]

Im Buch Genesis wird erzählt, wie Jakob aus Angst vor seinem Bruder Esau Beerseba verließ und nach Charan reiste. Dort beschloss er zu übernachten, bettete sein Haupt auf einen Stein und schlief ein. »Und er träumte: Eine Leiter stand auf der Erde, ihre Spitze berührte den Himmel. Gottes Engel stiegen auf und nieder. Oben stand der Herr ...«[13] Jakobs Traum liefert jenseits aller religiösen Auslegung—die nicht Angelegenheit der Physik ist—eine aufschlussreiche Metapher für die Ordnung der Dinge.

Die Beobachtung der Natur hat uns gelehrt, dass viele makroskopische Phänomene auf der Ebene mikroskopischer Bausteine erklärbar werden. Dieses Verfahren des Herunterbrechens auf grundlegendere Komponenten wiederholt sich in aufeinanderfolgenden Schritten. Materie besteht aus Molekülen, die sich aus Atomen zusammensetzen; Atome bestehen aus Elektronen, die um Kerne kreisen; Atomkerne sind Verbindungen aus Protonen und Elektronen, die aus Quarks bestehen (vergleiche Abb. 4.1). Der Weg nach oben auf Jakobs Himmelsleiter führt uns zu immer kleineren Distanzen. Mit jeder Sprosse, die wir erklimmen, entdecken wir neue fundamentale Bausteine, die unsere Sicht auf die Natur verändern und uns die neuen Zutaten für die angemessenste Deutung der physikalischen Welt liefern.

Die physikalische Grundlagenforschung hat noch einen weiteren wichtigen Aspekt der Ordnung der Dinge zutage gefördert. Die Gesetze der Physik, denen die mikroskopischen Bausteine unterliegen, sind einfacher als die Gesetze der makroskopischen Welt. Auf unserem Weg zu den kleineren Distanzen erkennen wir, dass die Vielfältigkeit

[12] A. Einstein, zitiert in A. Calaprice: The Expanded Quotable Einstein. Princeton University Press, Princeton 2000.

[13] Altes Testament, Genesis 28, 12–13 (i.d. Neubearbeitung v. Prof. Dr. V. Hamp, 1962).

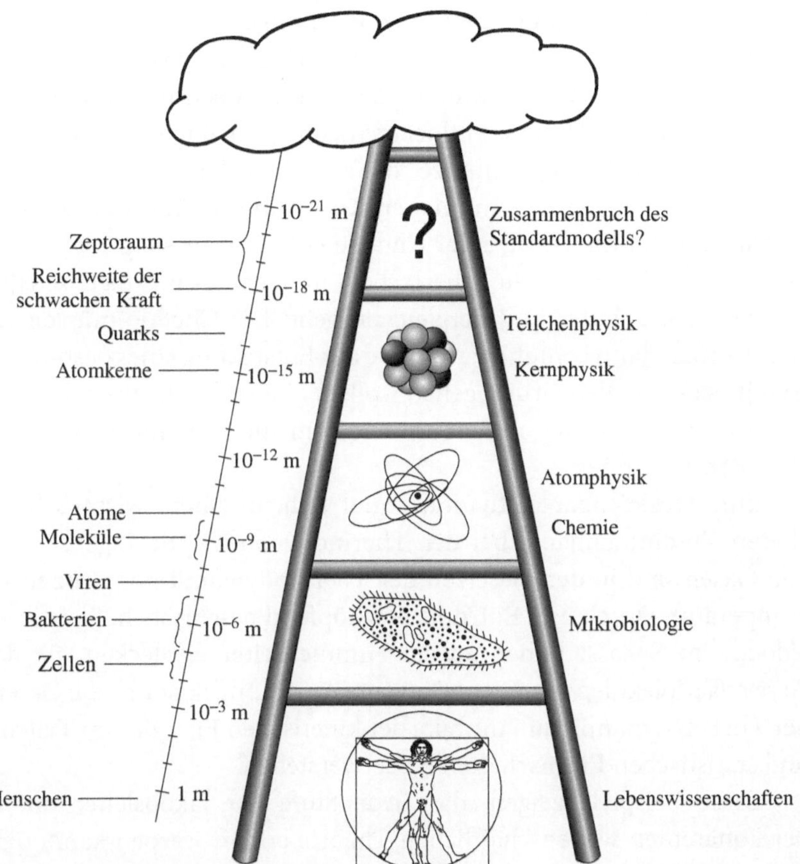

Abb. 4.1 Die Jakobsleiter

und die Komplexität unserer Welt nur den Blick auf die Einfachheit der fundamentalen Gesetze verstellen. Mit jeder Sprosse auf der Jakobsleiter löst sich das vermeintliche Chaos wie durch Zauberhand in eine klarere Ordnung auf. Dieser Prozess gleicht gewissermaßen dem Betrachten eines Bildes auf dem Computerbildschirm: In seiner Gesamtheit ist ein solches Bild eine komplexe Mischung aus Formen und Farbschattierungen. Rücken wir jedoch näher heran, erkennen wir, dass es in Wirklichkeit aus vielen Pixeln zusammengesetzt ist—winzigen Quadraten von identischer Größe und Farbe.

Aus der Betrachtung geringer Entfernungen hat sich ein weiterer wichtiger Aspekt ergeben, der in einer Analogie nachvollziehbar wird. Gute Köche können ihren Zutaten die verführerischsten und köstlichsten Geschmackserlebnisse entlocken. Beim Kochen machen sie sich die chemischen Reaktionen zunutze, die zwischen den Molekülen dieser Zutaten ablaufen. Trotzdem müssen Köche, um in ihrem Beruf Erfolg zu haben, nicht die Gesetze der Chemie kennen. Für sie genügt es, die Gesetze der Kochkunst zu beherrschen, in denen es um Eigenschaften wie süß, sauer, bitter und dergleichen geht. Die Chemie müssen Köche allenfalls dann bemühen, wenn sie der Entstehung eines bestimmten Geschmacks auf den Grund gehen wollen. Ebensowenig muss der Feinschmecker in Chemie bewandert sein, um die Gerichte eines Kochs genießen zu können.

Eine vergleichbare Situation ergibt sich, in einem wissenschaftlicheren Zusammenhang, bei der Thermodynamik. Die Eigenschaften von Gasen sind in den Gesetzen der Thermodynamik mit Größen wie Temperatur, Druck und Entropie erschöpfend beschrieben. Steigen wir jedoch eine Sprosse höher auf der Himmelsleiter, entdecken wir, dass Gase aus Molekülen bestehen. Die neue Auslegung lässt uns die Gesetze der Thermodynamik nun mithilfe der kinetischen Energie von Teilchen und statistischen Eigenschaften besser verstehen.

Diese Beispiele zeigen, dass jede Stufe der Jakobsleiter mit einer kohärenten wissenschaftlichen Theorie erklärt werden kann, ohne dass wir alle übrigen Stufen genau kennen müssen. Einfacher ausgedrückt bedeutet dies, dass wir eine widerspruchsfreie Atomtheorie formulieren können, ohne Kenntnis von Atomkernen zu haben; wir können die Kerntheorie ableiten, ohne Kenntnis von Quarks zu haben; und so weiter für immer kleinere Entfernungen. Jede Sprosse auf der Himmelsleiter liefert im Maßstab der jeweiligen Entfernungsskala ein hinreichendes Abbild der Natur. Vergrößern wir die Entfernungsskala, innerhalb derer wir Naturphänomene beobachten, bewegen wir uns von der Teilchenphysik zur Atomphysik, zur Chemie, zur Mikrobiologie und zu den Lebenswissenschaften. Jede Stufe ist mit der vorherigen verbunden, unterliegt gleichzeitig aber ihren eigenen Gesetzen. Auf jeder Stufe bietet die Natur uns neue und interessante Phänomene dar, die einer eingehenden wissenschaftlichen Untersuchung wert sind. Und diese Phänomene ließen sich mit den Elementen einer anderen Stufe der Jakobsleiter nicht richtig erklären. Die Gleichungen zur Beschreibung der Bewegung von Quarks beispielsweise nutzen wenig, wenn man die makroskopischen Eigenschaften von Gasen berechnen will.

Die physikalische Grundlagenforschung will die Jakobsleiter erklimmen, weil jede neu entdeckte Sprosse einen tieferen Einblick in das Wesen der Dinge ermöglicht. Beschreibt die eine Sprosse, *wie* die Natur funktioniert, so erklärt die nächste, *warum* die Natur so funktioniert. Verlangt die theoretische Beschreibung der einen Sprosse, die Eingangsgrößen durch Messung festzulegen, so werden einige dieser Parameter auf der nächsten zu berechenbaren Größen, die sich aus der Theorie vorhersagen lassen.

Dass die Natur zwischen Phänomenen unterschiedlicher Entfernungsskalen eine Trennung vornimmt, mag ziemlich offensichtlich erscheinen. Dennoch gibt es keinen zwingend erforderlichen logischen Grund für dieses Verhalten der Natur. Sicher: Wäre es anders, hätten die Wissenschaftler (von den Köchen ganz zu schweigen) ein schrecklich schweres Leben. Die Beschreibung eines beliebigen physikalischen Phänomens wäre untrennbar mit der Kenntnis sämtlicher Details der Natur in sämtlichen Entfernungsskalen verbunden. Newton hätte das Gesetz der Gravitation nicht entdecken können, ohne die Gleichungen zu lösen, denen die Bewegung jedes einzelnen Quarks im Innern des Mondes unterliegt. Nicht ein einziger physikalischer Vorgang ließe sich nachvollziehen, ohne das Verhalten der Natur in beliebig kleinen Bereichen der Entfernungsmessung zu kennen. Ein Glück nur, dass es in der Natur eine Jakobsleiter gibt.

Diese Trennung unterschiedlicher Entfernungsskalen in der Physik hat man in einem mathematischen Ansatz formuliert: in dem der *effektiven Theorie*. Eine effektive Theorie liefert eine annähernde Beschreibung der Natur unter Vernachlässigung der Auswirkung sämtlicher physikalischen Prozesse in sehr kleinen Entfernungen. Dass eine solche Vernachlässigung möglich ist, hat mit der quantenfeldtheoretischen Eigenschaft der Lokalität zu tun, der wir in Kap. 3 bereits begegnet sind. In einfache Worte gefasst, beschreibt eine effektive Theorie nur eine einzige Sprosse auf der Jakobsleiter.

Die Struktur der Jakobsleiter ist kein philosophisches Konstrukt, sondern eine empirische Tatsache. Weil es sie gibt, konnte die Wissenschaft ihr Verständnis der Teilchenwelt erweitern. Stufe für Stufe arbeitet sie sich voran und setzt dabei eine effektive Theorie auf die vorhergehende. Hauptmotor dieses Entdeckungsprozesses ist die Tatsache, dass jede neue Stufe mit neuen fundamentalen Gesetzen der Physik beschrieben wird. Konzepte, die auf der einen Stufe nichts miteinander zu tun haben schienen, vereinigen sich auf der nächsten zu einem Ganzen. Das ist es, was Physiker zur Erforschung immer kleinerer Entfernungen treibt, immer höher die Jakobsleiter hinauf auf der Suche nach den universellen Naturgesetzen.

Der Large Hadron Collider dringt in Entfernungen vor, die weit unterhalb aller bisherigen Experimente liegen. Doch die gespannte Aufregung um den LHC gründet nicht auf einer vagen Vorstellung von der Erschließung neuer Territorien. Wie im dritten Teil dieses Buchs gezeigt werden soll, haben wir guten Grund zur Annahme, dass wir mit dem Eintritt in den Zeptoraum den Sprung auf eine neue Sprosse der Jakobsleiter vollziehen werden, auf eine Ebene, die durch eine neue, vom Standardmodell verschiedene effektive Theorie beschrieben wird. Sollte dies tatsächlich eintreffen, wird der LHC der Zündfunke einer geistigen Revolution sein.

Die Erkenntnis der Ordnung der Dinge führt zu einer spontanen Frage: Was steht über der Himmelsleiter? Manche Physiker glauben an die Existenz einer letzten und abschließenden Stufe. Sie bauen auf eine letztgültige Theorie, mit der sich alle Kräfte und alle Materieformen auf einheitliche Weise beschreiben lässt. Am oberen Ende der Leiter werden wir eine exakte Theorie von unvergleichlich logischer Widerspruchsfreiheit finden, in der es keine zufälligen fundamentalen Konstanten oder Parameter gibt.

Andere Physiker teilen diesen Standpunkt nicht und fragen sich: Hat die Jakobsleiter überhaupt ein oberes Ende? Vielleicht gibt es in Wirklichkeit unendlich viele Stufen und niemand wird es je bis ganz nach oben schaffen. Wie die Physiker Ende des 19. Jahrhunderts werden wir in regelmäßigen Abständen immer wieder davon überzeugt sein, alles entdeckt zu haben, bis eine neue Revolution des Geistes diesen Glauben zerstört und die Physik neuen Ufern entgegentreibt. Und die Entdeckungsreise wird nie zu Ende gehen.

Die Wirklichkeit könnte noch in einer anderen Hinsicht anders aussehen: Was, wenn die Jakobsleiter sich auf einer bestimmten Höhe in etwas anderes verwandelt? Möglicherweise werden die auf effektive Theorien gegründeten Sichtweisen der Physiker jenseits einer bestimmten Entfernung nicht mehr greifen. Dort wird man keine kleinen Entfernungen mehr vernachlässigen, keine effektiven Theorien mehr formulieren dürfen; stattdessen wird uns eine neue Vorstellung von unserem Universum erwachsen. Diese Vorstellung müsste einen mathematischen Ansatz besitzen, der sich radikal von den uns heute bekannten Theorien unterscheidet, und sie würde eine tiefgreifende Neueinschätzung der Grundprinzipien der Natur erforderlich machen.

Vielleicht werden wir die Antworten auf diese hochfliegenden Fragen eines Tages kennen. Unterdessen können wir nichts tun, als die Engel Gottes Schritt für Schritt die Jakobsleiter zu erklimmen.

DIE VERGRÖßERUNG DER MIKROSKOPE

Unser Leben ist mikroskopischer Art: Es ist ein unteilbarer Punkt, den wir durch die beiden starken Linsen Raum und Zeit auseinandergezogen und daher in höchst ansehnlicher Größe erblicken.

ARTHUR SCHOPENHAUER[14]

Die Jagd nach den fundamentalen Naturgesetzen führt uns zur Erkundung kleinerer Distanzen. Mithilfe eines Mikroskops entdecken wir, dass ein lebender Organismus bei Abständen im Zehntel-Mikrometerbereich (ein Mikrometer ist ein Millionstel Meter) aus Zellen besteht. Wir können versuchen die Vergrößerung des Instruments

[14] A. Schopenhauer: Nachträge zur Lehre von der Nichtigkeit des Daseyns; in: Sämtl. Werke, Bd. 2: Parerga und Paralipomena. E. Brockhaus, 1947.

zu steigern, aber keinem optischen Mikroskop gelingt die Auflösung jenseits eines Mikrometerbruchteils, jenseits der Größe der kleinsten Bakterien. Das liegt darin begründet, dass Licht als elektromagnetische Welle sich zur Auflösung von Objekten, die unterhalb seiner eigenen Wellenlänge liegen, nicht eignet. Sichtbares Licht liegt im Wellenlängenbereich von 380–750 Nanometern (ein Nanometer ist ein Milliardstel Meter). Jedes viel kleinere Detail einer Probe, die wir betrachten, wird zwangsläufig unscharf erscheinen—und dies liegt nicht nur an einer Begrenztheit des optischen Instruments, das wir verwenden; es ergibt sich vielmehr aus einer intrinsischen Eigenschaft des Lichts. Ebenso aussichtslos wäre der Versuch, die Größe einer Mücke mit einem Zollstock zu messen oder die winzigen Schrauben an einem Brillengestell mit dem Schraubendreher eines Automechanikers festzuziehen. Ein Werkzeug ist für Distanzen, die viel geringer sind als seine charakteristische Größe, nicht geeignet. Ebenso wohnt dem sichtbaren Licht eine Minimallänge—seine Wellenlänge—inne, weshalb sein Auflösungsvermögen bei einigen Hundert Nanometern seine Untergrenze erreicht.

Zur Erkundung der Natur jenseits dieser mehreren Hundert Nanometer brauchen wir Sonden mit kleineren Wellenlängen. Viren und Biomoleküle werden gemeinhin mit einem Elektronenmikroskop aufgenommen. In einem solchen Instrument wird der in herkömmlichen optischen Mikroskopen eingesetzte Strahl sichtbaren Lichts durch Elektronenstrahlen ersetzt, und an die Stelle der herkömmlichen optischen Linsen treten Elektromagnete. Elektronenmikroskope erreichen Auflösungsvermögen von bis zu wenigen Zehnteln eines Nanometers, sodass wir auf unserer Expedition in die Welt kleiner Entfernungen bis zu einzelnen Atomen vordringen können. Für die Erforschung nuklearer und subnuklearer Materie aber ist auch das noch nicht genug. Um sich der Materie im subnuklearen Bereich zu nähern, wo die Natur die Geheimnisse der fundamentalen physikalischen Gesetze hütet, brauchen wir eine energiereichere Form der Strahlung.

Die Quantenmechanik formuliert einen Dualismus zwischen Wellen und Teilchen. Dieser Dualismus besagt, dass das reale physikalische Objekt weder ausschließlich Welle noch auch einfach nur Teilchen ist, sondern dass es vielmehr die Eigenschaften beider in sich vereinigt. Im Reich der Quantenmechanik werden zwei auf den ersten Blick verschiedene Konzepte—Welle und Teilchen—zu zwei Erscheinungsformen einer einzigen Wesenheit. Licht zum Beispiel lässt sich als elektromagnetische Welle oder als Photonenstrahl beschreiben; beide Ansätze sind richtig. Diese dualistische Deutung—nach dem Prinzip des Dr. Jekyll und Mr. Hyde—ist von Photonen auf jedes beliebige andere Elementarteilchen übertragbar, wie 1923 der französische Physiker Louis de Broglie (1892–1987, Nobelpreis 1929) vermutete. Als de Broglie diese Theorie erstmals postulierte, klang sie so grotesk, dass man spöttisch von »la Comédie Française« sprach. Doch die Quantenmechanik brachte viele Überraschungen mit sich, und als man an Elektronen tatsächlich jene für einen Wellencharakter typischen Interferenzmuster beobachtete, fand de Broglies Hypothese sich bestätigt.

Aus der Erkenntnis des dualen Wellen- und Teilchencharakters ergibt sich eine Relation zwischen der Energie eines Teilchens und der Länge der dazugehörigen Welle: Je höher die Energie eines Teilchens, desto kürzer seine Wellenlänge. In der Quantenmechanik ist kurzwellige Strahlung daher mit einem Strahl hochenergetischer Teilchen gleichzusetzen. Oder, anders formuliert: Um Materie in immer kleineren Abständen zu untersuchen, brauchen wir immer leistungsfähigere Teilchenbeschleuniger.

Wenn wir einen tiefen Brunnen erkunden wollen, können wir Steine hineinwerfen und anhand der Schallverzögerung seine Tiefe bestimmen; anhand des Klangs können wir vermuten, ob sich auf seinem Grund Wasser, Erde oder ein anderes Material befindet. Dieselbe Strategie wird bei der Untersuchung von Materie in kleinen Distanzen angewandt, wie die Experimente von Geiger, Marsden und Rutherford veranschaulichten, die zur Entdeckung des Atomkerns führten. Materie wird mit hochenergetischen Projektilen bombardiert (die gemäß der Quantenmechanik mit kurzwelliger Strahlung gleichzusetzen sind). Je höher die Energie, desto tiefer dringen diese Projektile in die Materie ein. Misst man die Eigenschaften der Projektile nach der Kollision mit dem Zielobjekt, so lassen sich daraus Rückschlüsse ziehen auf die Beschaffenheit dessen, was die Geschosse im Innern der Materie vorfanden. Diese Echos einer hochenergetischen Strahlung werden ausgewertet und in ein Abbild der mikroskopisch kleinen Welt übertragen.

Dieser Ansatz folgt einer ähnlichen Logik wie die optische Mikroskopie. In optischen Mikroskopen sind die Geschosse Lichtstrahlen, die von der beobachteten Probe reflektiert und von unserem Auge als Abbild wahrgenommen werden. In den modernen Experimenten sind die Geschosse hochenergetische Teilchen, und ausgeklügelte elektronische Detektoren fungieren als die »Augen«, welche die Trümmer der Kollisionen beobachten und das »Abbild« der Natur in kleinen Distanzen rekonstruieren.

Dass zur Erkundung der Teilchenwelt riesige hochenergetische Beschleuniger erforderlich sind, hat noch einen weiteren Grund. Um ihn zu erläutern, müssen wir uns auf einen kleinen Exkurs begeben. Im Jahr 1905 formulierte ein Angestellter des Berner Patentamts namens Albert Einstein erstmals die berühmteste aller physikalischen Gleichungen $E = mc^2$ und erläuterte später: »Eine Masse ... ist ... äquivalent mit einem Energieinhalt ...«[15] Diese Gleichung besagt, dass Masse (m), ganz ähnlich wie Wärme oder kinetische Energie, eine Form von Energie (E) ist. Das Quadrat der Lichtgeschwindigkeit (c^2) bildet den Faktor für die Umrechnung von Energie in Masse—ebenso wie es einen Umrechnungsfaktor für Euro und Dollar oder für Kilometer und Meilen gibt. Wir können einen Preis in Euro oder in Dollar ausdrücken: Die Beträge sind unterschiedlich, der Wert aber bleibt gleich. Die Entfernung zwischen Genf und Paris lässt sich auf 404 Kilometer oder 251 Meilen beziffern, ohne dass die Strecke sich ändern würde.

Gleichermaßen können wir Masse in Energieeinheiten umrechnen. Im Vergleich zum Wechselkurs Euro–US-Dollar (zumindest nach derzeitigem Stand) oder zum Umrechnungsfaktor Kilometer–Meile allerdings ist der Umrechnungsfaktor von Energie zu Masse (in uns geläufigen Maßeinheiten formuliert) wirklich gigantisch. Ein Kilogramm

[15] A. Einstein: »Relativitätsprinzip und die aus demselben gezogenen Folgerungen«, *Jahrbuch der Radioaktivität und Elektronik* 4, 411–462 (1907), 442.

Materie etwa entspricht nach der Einstein'schen Gleichung der Energie von rund 20 Megatonnen und damit beispielsweise der Energie aus der Explosion von über eintausend Hiroshima-Bomben. Oder anders formuliert: Ein Kilogramm Materie enthält das Energieäquivalent eines Ferrari 430 Scuderia, dessen Motor rund achttausend Jahre lang bei Höchstgeschwindigkeit läuft. Zur Produktion einer solchen Energiemenge würde der Ferrari mehrere Millionen Tonnen Treibstoff verbrauchen.

Aufgrund der konzeptuellen Äquivalenz von Masse und Energie benutzen Physiker zur Darstellung von Teilchenmassen meist eine Einheit der Energie: das Elektronvolt (eV). Ein Elektronvolt ist die Energie, die ein Elektron erhält, wenn es im Vakuum durch eine Potenzialdifferenz von 1 Volt beschleunigt wird. In der Physik werden häufig Vielfache des Elektronvolt verwendet: MeV (eine Million eV), GeV (eine Milliarde eV) oder TeV (eine Billion eV). Daher geben Wissenschaftler die Elektronenmasse gewöhnlich mit 0,51 MeV (statt 9×10^{-31} kg) und die Protonenmasse mit 0,94 GeV an (statt 2×10^{-27} kg), obwohl es sich bei MeV und GeV eigentlich um Energie- und nicht um Masseeinheiten handelt. Diese Größeneinheiten für Energie und Masse werden auch im weiteren Verlauf dieses Buchs verwendet.

Wie nun fügt sich Einsteins Gleichung ins Bild? Die Theorien zur Beschreibung der Natur in kleinen Entfernungen sagen neue Teilchen voraus, die viel schwerer sind als normale Protonen und Neutronen. Um die Gültigkeit dieser Theorien zu beweisen oder zu widerlegen, müssen die Physiker nach neuen Teilchen suchen, indem sie sie in Laborexperimenten erzeugen. Der Einstein'schen Gleichung zufolge ist dies durch die Umwandlung von Energie in Masse möglich. Bei Teilchenkollisionen lassen sich auf kleinem Raum große Energiemengen konzentrieren, und diese Energie kann sich in Form neuer Teilchen materialisieren. Quellen hochenergetischer Teilchen sind daher zum einen erforderlich, um die inneren Eigenschaften von Materie durch Kurzwellenstrahlung zu erforschen; zum andern brauchen wir sie, um durch die Umwandlung der kollidierenden Strahlen in unbekannte Formen der Materie neue Teilchen entdecken zu können.

Rutherford nutzte in seinen Experimenten durch natürliche Radioaktivität erzeugte Alphateilchen-Strahlen und konnte so in Abstände vordringen, die weit unter den mit sichtbarem Licht erreichbaren liegen. Doch der Alphastrahlung ist durch die charakteristische maximale Energie des radioaktiven Materials eine Grenze gesetzt, sodass sie sich ebenso wenig wie das sichtbare Licht zur Erforschung beliebig kleiner Abstände eignet. Die Wellenlänge der Alphastrahlung, sozusagen ihr Maßstab also, bewegt sich im Bereich von Millionstel Nanometern—klein genug zur Entdeckung des Atomkerns, aber zu groß, um weiter in die Teilchenwelt vorzudringen.

Schon bald war offensichtlich, dass es zur Erforschung der subnuklearen Struktur einer künstlichen Methode bedurfte, Teilchen über das Energielimit der natürlichen Radioaktivität hinaus zu beschleunigen. Rutherford selbst erkannte diese Notwendigkeit im Jahr 1927: »Es ist seit langem mein Ziel, für Studienzwecke einen reichlichen Vorrat an Atomen und Elektronen zur Verfügung zu haben, deren jeweilige Energie weit über jener der α- und β-Teilchen aus radioaktiven Körpern liegt. Ich hege die Hoffnung, dass mein Wunsch erfüllt werden möge, doch es liegt auf der Hand, dass zahlreiche experimentelle Schwierigkeiten zu überwinden sein werden, bevor sich dies selbst im Labormaßstab wird umsetzen lassen.«[16] Mit dem Large Hadron Collider hat sich Rutherfords Wunsch zweifellos erfüllt, doch wie er richtig voraussah, mussten bis dahin viele Schwierigkeiten überwunden werden. Es bedurfte des geballten Einfallsreichtums mehrerer Generationen von Physikern und Ingenieuren, um ans Ziel der Reise zu gelangen, die in den 1930er Jahren am Cavendish Laboratory mit der Entwicklung der ersten elektrostatischen Beschleuniger durch John Cockcroft (1897–1967, Nobelpreis 1951) und Ernest Walton (1903–1995, Nobelpreis 1951) begann und nun im Bau des leistungsstärksten Beschleunigers der Welt gemündet hat—des LHC.

[16] E. Rutherford: »Address of the President at the Anniversary Meeting, November 30, 1927«, Protokoll der *Royal Society of London*, A 117, 300 (1928).

DIE VIELSEITIGKEIT DER BESCHLEUNIGER

... dass die Produktion von zuviel Nützlichem zuviel unnütze Population produziert.

KARL MARX[17]

Die wissenschaftliche Arbeit an Teilchenbeschleunigern hat nicht nur einige der leistungsstärksten Instrumente zur Erforschung der Teilchenwelt hervorgebracht; sie hat zudem überraschende Nebenprodukte von praktischem Nutzen abgeworfen. Weniger als ein Prozent der derzeit vorhandenen Beschleuniger sind Hochenergiegeräte, die der teilchenphysikalischen Forschung dienen. In ihrer überwältigenden Mehrzahl handelt es sich um kleine Beschleuniger für den Niedrigenergiebereich, die an Krankenhäusern in aller Welt radioaktive Isotope oder Strahlen für die Krebstherapie erzeugen.

Als einer der ersten Wissenschaftler, die das Anwendungspotenzial der Beschleunigerforschung für die Medizin erkannten, wurde Ernest Orlando Lawrence (1901–1958, Nobelpreis 1938) auch zu einem ihrer engagiertesten Befürworter. In Physikerkreisen ist Lawrence vor allem als Erfinder des Zyklotron, des ersten Ringbeschleunigers bekannt. Berühmt ist er zudem dafür, dass er die Welt der experimentellen Teilchenphysik umkrempelte, indem er große Forschungsteams zusammenstellte und staatliche und private Fördergelder in beträchtlicher Höhe einwarb. Diese Form des Wissenschaftsmanagements war für die damaligen Zeit ungewöhnlich und so kurz nach der Weltwirtschaftskrise keine leichte Aufgabe, die es jedoch anzugehen galt angesichts der großen Fragen, welche die Erforschung der Teilchenwelt aufgeworfen hatte. Einer von Lawrences Kollaboratoren bemerkte später, »das

[17] K. Marx: »[Bedürfnis, Produktion und Arbeitsteilung]« in: *Ökonomisch-philosophische Manuskripte* (1844); Originalzitat aus: Werke; Ergänzungsband, 1. Teil, S. 465–588; Transkription der Handschrift: Einde O'Callaghan. http://www.marxists.org/deutsch/archiv/marx-engels/1844/oek-phil/index.htm. [Mai 2011]

Handwerk des ‚Zyklotroneurs' hat keine Depression erlebt«.[18] Lawrence leitete das Laboratorium in Berkeley (das ihm zu Ehren heute Lawrence Berkeley National Laboratory heißt) mit einer Mischung aus Leidenschaft, Strenge und Kameradschaftsgeist. Einer Anekdote zufolge kam er eines Tages in ein Büro gestürmt und fand einen Mann vor, der einen Telefonhörer in der Hand hielt und die Füße gemütlich auf den Tisch gelegt hatte. »Sie sind gefeuert!«, rief Lawrence in seiner typischen impulsiven Art, woraufhin der Mann ihn halb überrascht, halb trotzig anschaute und entgegnete: »Sie können mich nicht feuern, ich arbeite für die Telefongesellschaft.«[19]

Am Zyklotron erzeugte Lawrence regelmäßig radioaktive Isotope und stellte sie Krankenhäusern und Forschungseinrichtungen unentgeltlich zur Verfügung. 1937 wurde bei seiner Mutter eine inoperable Krebsart diagnostiziert. In Zusammenarbeit mit seinem Bruder John, der in Yale als Arzt tätig war, behandelte Lawrence sie mit Röntgen- und Neutronenstrahlen. Die Therapie hatte Erfolg, auch wenn eine spätere Überprüfung des Falls ergab, dass es sich wahrscheinlich um eine Fehldiagnose gehandelt hatte. Bestenfalls könnte man sagen, dass Lawrences Mutter trotz der Behandlung überlebte. Die auf Beschleuniger gestützte biomedizinische Forschung hat seitdem jedoch große Fortschritte gemacht: Als aussichtsreichste Methode gelten heute die Hadronstrahlen (aus Protonen oder Ionen), da sie nahezu ihre gesamte Energie in einer spezifischen Tiefe des Körpers deponieren und somit gezielt gegen Krebszellen eingesetzt werden können, bei gleichzeitiger Reduzierung der Schädigung gesunder Gewebe und empfindlicher Organe der Patienten. Bei der traditionellen Röntgenbestrahlung geht demgegenüber ein Großteil der Energie nahe der Hautoberfläche verloren, wodurch

[18] F. N. D. Kurie, »Present-Day Design and Technique of the Cyclotron: A Description of the Methods and Application of the Cyclotron as Developed by Ernest O. Lawrence and his Associates at the Radiation Laboratory, Berkeley«, *Journal of Applied Physics* 9, 691 (1938), zitiert in J. L. Heilbron und R. W. Seidel: Lawrence and His Laboratory. A History of the Lawrence Berkeley Laboratory: Volume I. University of California Press, Berkeley 1990.

[19] A. Sessler und E. Wilson: Engines of Discovery. World Scientific, Singapur 2007.

mehr gesunde Zellen beschädigt werden, als bei Hadronstrahlentherapien der Fall ist. In Europa und Japan sind mehrere hadrontherapeutische Einrichtungen zur Behandlung von Tumorerkrankungen im Bau.

Einen weiteren ungewöhnlichen Anwendungsbereich der Beschleunigerforschung bildet die *Synchrotronstrahlung*. Wenn, wie in Kreisbeschleunigern der Fall, ein Elektronenstrahl von einem Magnetfeld abgelenkt wird, treten elektromagnetische Wellen aus, die man als Synchrotronstrahlung bezeichnet. Vom physikalischen Ablauf her gesehen ist diese Emission mit der Aussendung von Radiowellen aus einer Antenne vergleichbar; allerdings wird die Synchrotronstrahlung in einem schmalen Kegel tangential zum Elektronenstrahl gebündelt und weist ein von der Energie des Elektronenstrahls abhängiges breites Frequenzspektrum auf. Da die Emission sich bis in den sichtbaren Frequenzbereich erstreckt, kann man Synchrotronstrahlung mit bloßem Auge erkennen oder, sicherheitshalber, mit einer normalen Kamera fotografieren. Beschleunigerphysikern war die Synchrotronstrahlung zunächst ein Ärgernis, da sie die Energie des Elektronenstrahls reduziert: Wertvolle Energie, die man zur Beschleunigung von Elektronen in teilchenphysikalischen Experimenten benötigte, wurde hier in nutzlose Strahlung zerstreut. Bald jedoch wurde deutlich, dass die Synchrotronstrahlung eine einzigartige Quelle von Röntgenstrahlen bot, deren Intensität die Leistung aller bis dahin bekannten Geräte noch weit übertraf. In modernen Synchrotroneinrichtungen können Röntgenstrahlen erzeugt werden, die um ein Millionenfaches intensiver sind als die der in Krankenhäusern verwendeten medizinischen Geräte.

Synchrotronstrahlenquellen werden weitgehend auf dieselbe Weise eingesetzt wie Licht in optischen Mikroskopen. Mit Synchrotronlicht aber lassen sich Objekte mit einer Auflösung im Nanometerbereich beobachten—die Synchrotronstrahlung ist damit ein Instrument, das aus einer großen Bandbreite von Forschungsbereichen nicht mehr wegzudenken ist: Mit ihrer Fähigkeit, Atom- und Kristallstrukturen abzubilden, wird diese Strahlung zur Fertigung mikroelektronischer Schaltkreise oder mikrochirurgischer Instrumente eingesetzt. In den angewandten Wissenschaften hat sie die Entwicklung neuer Materialien gefördert. Auch zur Ermittlung von Materialbelastungen werden Synchrotronmethoden eingesetzt, etwa zur Verschleißmessung in Flugzeugturbinen. Der biologischen, medizinischen und pharmakologischen Forschung hat diese Strahlungsform durch die Möglichkeit der direkten Untersuchung von Proteinen und verschiedenen Biomolekülen mehrfach zu einem Durchbruch verholfen. Medizinische Proben, die auf ansonsten nicht erkennbare mikroskopische Substanzmengen empfindlich reagieren, können mit Hilfe der Synchrotronstrahlung zerstörungsfrei getestet werden. In der Kunstrestauration und in der Archäologie wächst das Interesse an der Verwendung von Synchrotronstrahlenquellen: Die Schriftrollen vom Toten Meer wurden mit Synchrotronstrahlen untersucht, um anhand der Beschaffenheit von Textilfasern und Farbpigmenten die genaue Datierung zu unterstützen. Nicht destruktive Untersuchungen der chemischen Zusammensetzung von Gemälden helfen die Ursachen ihrer Beschädigung zu erkennen und den geeigneten Ansatz für die Restaurierung zu finden. Mithilfe von Synchrotronstrahlung gelang es beispielsweise auch, eine chemische Erklärung für die rätselhafte Schwarzfärbung der zinnoberroten Pigmente in den zwei Jahrtausende alten Fresken Pompejis zu finden.

Weltweit sind zahlreiche neue Synchrotronstrahlenquellen im Bau oder in Planung. Ein interessantes Beispiel, um auch die gesellschaftliche Rolle der Wissenschaft zu würdigen, ist das SESAME-Projekt (Synchrotron light for Experimental Science and Applications in the Middle East): Am Bau in Jordanien sind innerhalb dieses wissenschaftlichen Gemeinschaftsprojekts Israel, Iran, Pakistan und mehrere arabische Länder beteiligt, darunter die Palästinensische Autonomiebehörde. Dieses Projekt lebt in vielem den Gründergeist des CERN, das Wissenschaftler aus Ländern zusammenführte, die einander noch zehn Jahre zuvor im blutigsten Krieg der Geschichte als Feinde gegenübergestanden hatten. Am CERN haben israelische und palästinensische Studenten kürzlich eine Feier ausgerichtet, auf der beide Flaggen verbunden wurden durch ein Band mit der Aufschrift »Because things can be different«, weil es auch anders geht, und dem Wort »Peace« in englischer, hebräischer und arabischer Sprache.

Zahlreiche technologische Spin-offs ergeben sich nicht nur aus den Beschleunigern, sondern auch aus der Erforschung und Entwicklung von Teilchendetektoren. Die Positron-Emissionstomographie (PET) ist ein medizinisches Bildgebungsverfahren, mit dem Stoffwechselprozesse im Körper in ihrer räumlichen Verteilung sichtbar gemacht werden können. Dabei werden bestimmte Positronenstrahler an biologisch aktive Moleküle gebunden und dem Körper zugeführt. Die bei der Annihilation der Positronen entstehenden Gammastrahlen werden von Tomographen aufgezeichnet, anschließend in Rechnern digital verarbeitet und in eine Aufnahme des ganzen Körpers umgewandelt.

Die kommerzielle Röntgenbildgebung oder Computertomographie entwickelte sich aus der Forschung zur Detektion von Teilchenspuren in Kollisionsbeschleuniger-Experimenten. Die Methode ermöglicht die für viele medizinische Verfahren entscheidende Analyse von Röntgenaufnahmen in Echtzeit und bewirkt gegenüber herkömmlichen Röntgenbildaufnahmeverfahren eine erhebliche Reduzierung der erforderlichen Strahlendosis und damit des Risikos für Gewebeschäden. Dieselbe Technologie kommt regelmäßig auch bei Gepäckscannern und selbst zur Inspektion von Frachtcontainern und Lastwagen zum Einsatz.

Silizium-Mikrostreifen zur Auslesung geladener Teilchen werden heute zur Modellierung der Prozesse bei der visuellen Wahrnehmung verwendet. Derzeit untersucht man die Möglichkeit, diese Technologie zur Herstellung künstlicher Netzhaut zu nutzen, mit der bei blinden Menschen ein normales Sehvermögen erzielt werden könnte.

Auch in unerwarteten Bereichen finden Teilchendetektionsverfahren nützliche wie unterhaltsame Anwendung. Forschungsarbeiten zum inneren Detektor eines LHC-Experiments mündeten kürzlich in einem Verfahren zur hochpräzisen optischen Abtastung der Rillen in alten Schellackplatten. Historische Aufnahmen, die infolge von Alterung verloren zu gehen drohen, können so mit verbesserter Präzision digitalisiert werden, ohne dass die Originalplatten dabei Schaden nehmen, da ein physischer Kontakt nicht stattfindet.

COLLIDER

Es lässt ihn aber, wie es scheint, unser Bedürfnis entstehen.

PLATON[20]

[20] Platon: Politeia—Der Staat, Buch II, 369. Dt. v. H. Prantl, Krais & Hoffmann, Stuttgart 1857; Projekt Gutenberg-DE.

Bei allem unvermuteten Nutzen aus der Beschleuniger- und Detektorenforschung besteht die wesentliche Aufgabe dieser Instrumente darin, die Erkundung geringerer Distanzen voranzutreiben. Beschleuniger erzeugen hochenergetische Teilchenstrahlen, die auf ein Zielobjekt aus einer dünnen Materieschicht geschossen werden. Statt jedoch einen einzelnen Strahl auf ein stationäres Ziel zu richten, lässt sich durch einen *Collider* (*Kollisions-* oder *Ringbeschleuniger*), in dem zwei Teilchenstrahlen aus entgegengesetzter Richtung zum frontalen Zusammenprall gebracht werden, viel tiefer in die Materie vordringen. Die größere Durchschlagskraft von Kollisionsbeschleunigern liegt ziemlich klar auf der Hand: Es genügt, die Folgen des Aufpralls eines schnell fahrenden Autos auf ein parkendes Fahrzeug mit den Auswirkungen eines Frontalzusammenstoßes zweier Autos zu vergleichen, die mit Höchstgeschwindigkeit aufeinander zurasen. Tatsächlich wäre die Energie aus der einfachen Kollision eines LHC-Strahls mit einem stillstehenden Protonentarget um ein Vieltausendfaches niedriger als die Energie aus dem Collider, und die Eignung des LHC zu einer Reise in die Tiefen des Zeptoraums wäre gleich null.

Obwohl die Vorzüge von Ringbeschleunigern seit Langem bekannt sind, ließ der Bau der ersten Prototypen bis in die 1960er Jahre auf sich warten. Die große Herausforderung bestand darin, dass man die Teilchenstrahlen ausreichend intensiv und fokussiert konstruieren musste, um eine direkte Frontalkollision auch nur annähernd wahrscheinlich zu machen. Teilchen sind nämlich so klein, dass zwei gegenläufige Strahlen einander im Normalfall unbeschadet kreuzen wie zwei Lichtstrahlen. Nur wenn der Strahl stark gebündelt und hochintensiv ist, besteht eine halbwegs große Chance, dass die Teilchen aus einem Strahl mit Teilchen aus dem entgegenkommenden Strahl zusammenstoßen. Ein Kollisionsbeschleuniger gleicht einem von einem wahnsinnigen Ingenieur geplanten Autobahnnetz: Die Fahrbahnen dieser eigenartigen Autobahn sind viel breiter als die Autos, die auf ihnen fahren; gleichzeitig kreuzen sich einige gegenläufige Bahnen ohne Vorwarnung und ohne Ampeln. Trotz des mangelnden Risikobewusstseins unseres Ingenieurs aber kommt es selten zu Frontalzusammenstößen, weil die Fahrbahnen so breit sind, dass die Autos im Normalfall aneinander vorbeirollen. Häufiger kommt es während der Stoßzeiten zu Unfällen, wenn das Verkehrsaufkommen stark zunimmt. Die Physiker müssen, um die Energieeruptionen hervorzubringen, aus denen neue Teilchen entstehen, für dichten Verkehr und hohe Unfallzahlen sorgen.

Die Leistung eines Colliders wird grob gesagt von drei charakteristischen Merkmalen bestimmt. Zunächst geht es um die Art der *Teilchen*, die im Strahl beschleunigt werden. Der LHC arbeitet überwiegend mit Protonen, wird für kürzere Zeitabschnitte jedoch auch schwere Kerne beschleunigen. Die Vorläufer dieses Beschleunigertyps verwendeten auch in Gegenrichtung zirkulierende Proton-Antiproton-, Elektron-Positron-, Elektron-Proton- oder Positron-Proton-Strahlen.

Der zweite Parameter ist die *Energie* der beschleunigten Teilchen innerhalb des Strahls. Je höher die Energie, desto heftiger die Kollision. Strahlen mit höheren Energien entsprechen einer Strahlung von geringerer Wellenlänge und dringen daher tiefer in die Materie vor. Der Large Hadron Collider ist für Protonenenergien von 7 TeV pro Strahl (ein TeV entspricht einer Billion Elektronvolt) und damit für eine Wellenlänge von weniger als 30 Zeptometern konzipiert. Die Energie des LHC eignet sich also gut für eine direkte Erkundung des Zeptoraums. Kein Beschleuniger vor ihm hat je eine solche Energie erreicht, auch wenn Teilchen in turbulenten astrophysikalischen Umgebungen regelmäßig auf viel höhere Energien beschleunigt werden. Ströme solcher Teilchen sind im Weltall unterwegs, und unsere Erdatmosphäre steht unter dem pausenlosen Beschuss durch Teilchen, deren Energie mehrere Millionen Mal höher liegen kann als die Teilchenenergie am LHC. Dabei handelt es sich um die kosmischen Strahlen, die für die ersten teilchenphysikalischen Entdeckungen genutzt wurden. Bedauerlicherweise wird die kosmische Strahlung nicht in fein säuberlich gebündelten intensiven Strahlen geliefert, die sich für kontrollierte Versuche eignen würden; zur systematischen Erforschung des Zeptoraums kann sie daher mit dem Large Hadron Collider nicht konkurrieren.

Der dritte Parameter zur Definition der Eigenschaften eines Ringbeschleunigers ist seine *Luminosität*. Die Luminosität ist, vereinfacht ausgedrückt, ein Maß für die Intensität der Strahlen und damit für die Häufigkeit von Teilchenkollisionen. Mit Energie ohne Luminosität können Teilchenphysiker wenig anfangen: Ist auf der Autobahn unseres wahnsinnigen Ingenieurs nur eine Handvoll Autos unterwegs, wird es kaum zu einem Unfall kommen. Schneller fahrende Autos bauen zwar die spektakuläreren Unfälle, für ausreichend viele Unfälle aber braucht es dichten Verkehr. Am LHC ist neben der Energie auch die Luminosität besonders hoch—eine sehr wichtige Voraussetzung für die Beobachtung der seltenen und unbekannten Phänomene, die wir im Zeptoraum vermuten. Wie wir im Folgenden sehen werden, bedeutet eine hohe Luminosität jedoch auch gewaltige technologische Herausforderungen.

5

Der Herr der Ringe

Nicht jeder, der wandert, verlorn, ...

J. R. R. Tolkien[1]

Die Geburt eines Riesen

Politik ist ... keine exakte Wissenschaft.

Otto von Bismarck[2]

Die ersten Ideen und Machbarkeitsstudien für den Large Hadron Collider gehen auf den Beginn der 1980er Jahre zurück; als Geburtsstunde des Projekts gilt jedoch allgemein das Symposium in Lausanne im Jahr 1984. Bei diesem Treffen befassten sich die Befürworter mit den Herausforderungen, die der Bau mit sich bringen würde, und umrissen die Merkmale der Maschine. Der Plan sah in seiner ursprünglichen Fassung

[1] J. R. R. Tolkien: Der Herr der Ringe, Band I: Die Gefährten (The Lord of the Rings: The Fellowship of the Ring, 1954); Dt. v. M. Carroux, Gedichte: E. M. v. Freymann, Klett, Stuttgart 1969/70.

[2] O. v. Bismarck am 18. Dezember 1836; in H. Kohl (Hrg.): Die Reden des Ministerpräsidenten von Bismarck-Schönhausen im Preußischen Landtage 1862–1865. Cotta, Stuttgart/Berlin 1903.

G.F. Giudice, *Odyssee im Zeptoraum*, DOI 10.1007/978-3-642-22395-2_5,

Protonenstrahlen mit Energien von bis zu 10 TeV anstelle der letztlich festgelegten 7 TeV bei einer niedrigeren Luminosität vor.

Die beginnenden 1980er Jahre waren höchst aufregende Zeiten für das CERN. 1983 wurden am Proton-Antiproton-Collider die beiden Vermittler der schwachen Wechselwirkung—das W- und das Z-Teilchen—entdeckt. Etwa zur selben Zeit begann man am CERN mit dem Bau des LEP (Large Electron-Positron Collider). In diesem Ringbeschleuniger wurde auf einen Strahl aus Positronen (den Antiteilchen des Elektrons) ein Elektronenstrahl mit einer Energie abgeschossen, bei der sich die Eigenschaften von W- und Z-Teilchen genauestens würden untersuchen lassen. Elektron-Positron-Collider eignen sich hervorragend zur Präzisionsmessung, da es sich bei den Elektronen—anders als bei den Protonen, die komplexe Verbindungen aus Quarks und Gluonen sind—nach derzeitigem Kenntnisstand um echte Elementarteilchen handelt. Aufgrund dieser Eigenschaft sind Messdaten aus Elektron-Positron-Collidern klar und eindeutig interpretierbar. In Experimenten am LEP-Beschleuniger konnten Messungen von spektakulärer Genauigkeit vorgenommen werden, die die Validität des Standardmodells vollständig bestätigten und es zum siegreichen Herrscher über die Teilchenwelt krönten.

Ringförmige Elektron-Positron-Beschleuniger wie der LEP-Collider haben ein großes Manko: Aufgrund einer elementaren Einschränkung ist ihre Energie nicht beliebig steigerbar. Gemeint ist die Synchrotronstrahlung, dasselbe Phänomen, das die in Kap. 4 beschriebenen faszinierenden und nutzbringenden Anwendungen ermöglicht. Aus teilchenphysikalischer Sicht ist die Synchrotronstrahlung allerdings nur ein lästiger Parasit, der dem Teilchenstrahl des Ringbeschleunigers Energie raubt. Im LEP-Collider verlor der Elektronenstrahl an jeder Biegung rund 3% seiner Energie an das Synchrotronlicht. Ein anfänglich vertretbarer Verlust, der sich mit zunehmender Energie des Strahls jedoch sehr rasch vergrößert. Eine Hochrüstung des LEP von 100 GeV auf 1 TeV würde den Strahlungsverlust um den Faktor 10.000 anheben. Die Energie aus einer gigantischen Zahl von Kraftwerken würde nicht ausreichen, um den Energieverlust des Teilchenstrahls infolge der Synchrotronstrahlung wettzumachen. Der

Bau eines Elektron-Positron-Ringbeschleunigers mit einer deutlich höheren Energie als beim LEP ist daher unrealistisch. Die Zukunft der Elektron-Positron-Maschinen liegt ausschließlich im Bereich der Linearbeschleuniger, in denen die Teilchen auf geraden Bahnen in Fahrt gebracht werden. Doch hat auch dieser Beschleunigertyp seine Tücken: Elektronen und Positronen müssen auf relativ kurzer Distanz beschleunigt werden, und anders als bei Ringbeschleunigern sind die Strahlen nicht wiederverwendbar. Zu den Linearbeschleunigern der Zukunft laufen derzeit sehr aktive Forschungsarbeiten.

In vollem Bewusstsein der Einschränkung durch die Synchrotronstrahlung bewiesen die Wissenschaftler am CERN die weise Voraussicht, den 27 Kilometer langen LEP-Tunnel so breit zu bauen, dass die Ausrüstung für einen potenziellen Nachfolger des LEP in Gestalt eines Protonenbeschleunigers darin Platz finden würde. Protonen-Collidern nämlich bereitet die Synchrotronstrahlung kaum Probleme. Protonen sind schwerer als Elektronen, sodass ein abgelenkter Protonenstrahl bei gleichen Bedingungen nur zehn Billionstel der Strahlung eines Elektronenstrahls abgibt. Die Synchrotron-Emission am Large Hadron Collider ist sehr gering (auch wenn man sie mit einer herkömmlichen Kamera festhalten kann): Sie beläuft sich auf lediglich 3,6 Kilowatt pro Strahlrohr—das entspricht in etwa der Energie, die ein großer Küchenherd verbraucht. Dennoch musste ihr Effekt im Entwurf des LHC sorgfältig berücksichtigt werden.

Während man sich am CERN im Erfolg der Entdeckung von W- und Z-Teilchen sonnte, mit dem LEP beschäftigt war und den zukünftigen Large Hardon Collider plante, dämmerte Wissenschaftlern in den USA, dass man, wollte man nicht an Boden verlieren, seine teilchenphysikalischen Forschungsbemühungen würde verstärken müssen. Seit dem Ende des Zweiten Weltkriegs hatten die USA bei den wichtigen Entwicklungen in diesem Bereich die Nase vorn gehabt. Die US-Regierung hatte die teilchenphysikalische Forschung aus mindestens zwei Gründen großzügig gefördert: Zum einen in Anerkennung des Beitrags, den das Manhattan-Projekt im Krieg geleistet hatte, zum andern im Bewusstsein, dass wissenschaftliche Grundlagenforschung ein Motor für gesellschaftlichen Fortschritt und Wirtschaftswachstum sein kann. Demgegenüber mangelte es den einzelnen europäischen Staaten in der Nachkriegszeit trotz ihrer angesehenen Universitäten an den Mitteln zur Förderung eines starken Forschungsprogramms in der Teilchenphysik.

In den schwierigen Jahren nach dem Zweiten Weltkrieg brachten Pierre Auger und Louis de Broglie in Frankreich, Edoardo Amaldi in Italien und Niels Bohr in Dänemark zusammen mit einigen weiteren Wissenschaftlern ein visionäres Projekt für ein gemeinsames europäisches Laboratorium für Grundlagenforschung auf den Weg. Bei einer UNESCO-Konferenz in Florenz im Jahr 1950 entwarf der Amerikaner Isidor Rabi eine Resolution, in der die Gründung eines Europäischen Laboratoriums empfohlen werden sollte. Mehrere US-Physiker, die vor dem Krieg in Europa studiert oder gearbeitet hatten, trieben das Vorhaben eines europäischen Laboratoriums für Physik mit voran. Robert Oppenheimer erklärte, die Staaten Europas »würden nur dann wissenschaftlich führend bleiben können, wenn sie ihr Geld und ihr Talent zusammenlegten« und fand, »es wäre prinzipiell schädlich, wenn die Physiker Europas in die Vereinigten Staaten oder in die Sowjetunion gehen müssten, um ihre Forschung zu betreiben«.[3]

Zwei Jahre nach der UNESCO-Resolution entstand mit dem *Conseil Européen pour la Recherche Nucléaire* (CERN) ein Vorläufergremium, das mit der Gründung der neuen Organisation beauftragt wurde. Zwölf Länder besiegelten durch die Unterzeichnung einer Vereinbarung am 1. Juli 1953 in Paris die Gründung der *Europäischen Organisation für Kernforschung*. Mit dem bei Physikern üblichen Sinn für Logik und Ordnung wurde die Organisation weiterhin CERN genannt, obwohl der ursprüngliche *Conseil* (das C in der Abkürzung) kurz nach Ablauf seines Mandats aufgelöst wurde. Auch macht die Kernforschung (das N in der Abkürzung) heute nur noch einen Bruchteil der überwiegend der Teilchenphysik gewidmeten Aktivitäten der Organisation aus.

Die zwölf Gründungsstaaten des CERN waren: Belgien, Dänemark, Deutschland, Frankreich, Griechenland, Großbritannien, Italien,

[3] R. Oppenheimer, zitiert von F. de Rose, »Paris 1951: The Birth of CERN«, *Nature* 455, 175 (2008).

Jugoslawien (Austritt 1961), die Niederlande, Norwegen, Schweden und die Schweiz. Nach der Aufnahme weiterer Länder—Österreich (1959), Spanien (1961, vorübergehender Austritt 1969–1983), Portugal (1985), Finnland (1991), Polen (1991), Ungarn (1992), Tschechien (1993), Slowakei (1993) und Bulgarien (1999)—zählt die Organisation heute insgesamt zwanzig Mitgliedstaaten.

In der Gründungsvereinbarung verpflichtet sich die Organisation unter anderem, für eine Kollaboration zwischen europäischen Staaten »in einer rein wissenschaftlichen und grundlagenforschungsorientierten Kernforschung« zu sorgen und sich »nicht mit Arbeiten für militärische Erfordernisse« zu befassen. Die Ergebnisse ihrer experimentellen und theoretischen Arbeit muss sie veröffentlichen oder in anderer Form allgemein zugänglich machen.[4] Ziel war es, die Grundlagenforschung zu fördern und Nachwuchsphysiker zum Verbleib in oder aber zur Rückkehr nach Europa zu bewegen. Nur noch schwer vorstellbar sind aus heutiger Sicht die Schwierigkeiten, die mit der Gründung des CERN und damit verbunden waren, Staaten zusammenzubringen, die kurz zuvor noch ein Krieg getrennt hatte, und Menschen, denen in Jahrzehnten der Propaganda gegenseitiger Hass eingetrichtert worden war. Doch das visionäre Projekt wurde Wirklichkeit, und die Entdeckung des W-Teilchens bildete die letzte Etappe auf dem langen Weg der europäischen Physikergemeinschaft zu einem Wettbewerb auf Augenhöhe mit der US-amerikanischen Forschung.

Manche politischen Entscheidungsträger in den USA allerdings sahen in diesem Wiedererstarken der europäischen Teilchenphysik ein Zeichen des Niedergangs der amerikanischen Wissenschaft. Kurz nach der Entdeckung des (wegen seiner neutralen Ladung oft Z0, Z-Null, genannten) Z-Teilchens überschrieb die *New York Times* 1983 einen Leitartikel mit »Europa gegen die USA—3 : nicht einmal Z-Null«[5] und betonte, die USA müssten ihre Führungsrolle in diesem Bereich wiedererlangen. Die Regierung kippte die Umsetzung eines zuvor

[4] Convention for the Establishment of a European Organization for Nuclear Research, Paris, 1. Juli 1953, Art. II.

[5] »Europe 3, U.S. Not Even Z-Zero«, *The New York Times*, 6. Juni 1983.

Abb. 5.1 Blick auf das Hauptgelände des CERN an der Grenze zwischen Frankreich und der Schweiz
Quelle: CERN.

geplanten Bauprojekts am Brookhaven National Laboratory und steckte den Großteil der Fördergelder für die Teilchenphysik in einen gigantischen neuen Beschleuniger, den SSC (Superconducting Super Collider). Der Entwurf sah einen 87 Kilometer langen unterirdischen Ring für eine Maschine vor, die Protonenstrahlen auf 20 TeV beschleunigen und zur Kollision bringen würde—eine Leistung, die dreimal so hoch liegt wie die am LHC erzielte Energie.

Einer solchen Konkurrenz, so schien es, war nicht standzuhalten. Ein Teil der europäischen Physikergemeinschaft äußerte die Auffassung, das LHC-Projekt müsse gestoppt und eine Zusammenarbeit mit den Amerikanern beim Bau des SSC gesucht werden. Doch einiges sprach gegen diese Sichtweise.

Die Kosten für den Large Hadron Collider lagen weit unter denen des SSC, die 1986 auf rund 5 Milliarden US-Dollar veranschlagt wurden. Ein nennenswerter Beitrag Europas hätte sich auf fast die gesamten Baukosten für den LHC belaufen. Deutlich kostengünstiger war der Large Hadron Collider nicht nur aufgrund seiner geringeren

Größe und Kapazität, sondern auch durch die Möglichkeit, die bereits vorhandene Infrastruktur am CERN zu nutzen, beispielsweise den LEP-Tunnel oder den Injektionsbereich, wo die Beschleunigung der Protonen vorbereitet wird. Die USA hingegen entschieden sich—aus ganz unterschiedlichen, unter anderem politischen, wirtschaftlichen und geologischen Erwägungen—für den Bau eines brandneuen Laboratoriums bei Waxahachie im Bundesstaat Texas, wo es damals nichts als leere Felder gab.

Für ein Festhalten am LHC-Projekt sprach außerdem, dass die Experimente selbst in Konkurrenz zum leistungsfähigeren SSC reizvolle physikalische Forschung versprachen. Dies galt insbesondere für die hohe Luminosität—die extrem intensiven Protonenstrahlen—des Large Hadron Collider, die zumindest teilweise die niedrigere Energie würde wettmachen können. Auch Flexibilität war ein Plus, da der LHC auf den Betrieb mit Protonen und Kernen und sogar für die Kollision von Protonen mit einem LEP-Elektronenstrahl eingerichtet werden konnte—eine Option, die man später verwarf.

Anfang 1987 genehmigte US-Präsident Reagan das SSC-Projekt, und im Jahr darauf wurde in Waxahachie mit dem Bau von Laboratoriumsgelände und Beschleunigertunnel begonnen. Auf der anderen Seite des Atlantiks empfahl ein Planungsausschuss unter der Leitung von Carlo Rubbia die Entwicklung einer Magnettechnologie für den LHC. Rubbia, der 1989 Generaldirektor des CERN wurde, war in den Jahren der Planung, Forschung und Entwicklung stets ein beharrlicher und begeisterter Befürworter und lebhafter Förderer des Projekts.

Das SSC-Projekt musste jedes Jahr vom Kongress neu bewilligt werden, und derweil stiegen die Kosten. 1990 lagen sie bereits bei rund 8 Milliarden Dollar, und der Kongress schränkte seinen Bezuschussungsanteil mit der Aufforderung ein, beim Bundesstaat Texas und im Ausland Sondermittel einzuwerben. Nachdem man jedoch den Bau des SSC-Beschleunigers als landeseigenes Projekt präsentiert und insbesondere Interessensbekundungen aus Japan hinsichtlich einer Kollaboration zurückgewiesen hatte, gestaltete sich die Einwerbung finanzieller Mittel aus dem Ausland nun schwierig. Die geschätzten Gesamtkosten waren unterdessen auf 11 Milliarden Dollar gestiegen.

Aller wissenschaftlichen Überzeugungsarbeit der beteiligten Physiker zum Trotz und ungeachtet der bereits investierten 2 Milliarden Dollar wurde das SSC-Projekt im Oktober 1993 vom Kongress unter der soeben gewählten Clinton-Administration eingestellt.

Über das Ende des SSC ist viel geredet und geschrieben worden. Zweifellos ist der Menschheit damals eine große Chance zur Erforschung der Natur und zur Erweiterung des technologischen und geistigen Wissenshorizonts verloren gegangen. Zahlreiche Ursachen sind für diese Niederlage verantwortlich gemacht worden: steigende Kosten, mangelhaftes Projektmanagement, Haushaltsbeschränkungen, fehlendes Interesse an physikalischer Grundlagenforschung, der Regierungswechsel und die Förderung anderer wissenschaftlicher Projekte. Woran auch immer es gelegen haben mag: Die Entscheidung hatte langfristige und verheerende Folgen für die internationale teilchenphysikalische Forschergemeinschaft, und besonders hart traf es die USA.

Aber auch in Europa liefen die Dinge nicht unbedingt glatt. Zugegebenermaßen bot das CERN mit einem festen Haushalt, in den die Mitgliedstaaten einen Anteil ihres Bruttoinlandsprodukts einzahlen, eine stabilere Finanzierungsstruktur. Die beteiligten Länder haben die wissenschaftliche Mission des CERN stets sehr unterstützt und ihr klares Bekenntnis zum Large Hadron Collider vielfach bekräftigt. Dennoch zeichneten sich Probleme ab. Deutschland hatte infolge der Kosten der Wiedervereinigung bereits eine Reduzierung seines Beitrags bewirkt und war gemeinsam mit Großbritannien entschlossen, gegen jede Anhebung des CERN-Budgets zugunsten des LHC-Baus ein Veto einzulegen. Unter diesen Bedingungen war das Projekt in Gefahr. Auf wissenschaftlicher Seite kamen die Forschungsarbeiten an der Beschleunigeranlage unterdessen gut voran. Im November 1993 unterzog ein externer Ausschuss unter Leitung von Robert Aymar das Projekt einer Überprüfung und kam zu dem Schluss, dass die Technologie machbar, die Kosten optimiert und die Sicherheit gewährleistet sei.

Der britische Physiker Christopher Llewellyn Smith, der Anfang 1994 Rubbias Nachfolge als Generaldirektor des CERN antrat, nahm intensive Verhandlungen auf, um vom CERN-Rat, dem Führungsgremium aus den Vertretern der verschiedenen Mitgliedstaaten, eine Genehmigung des LHC zu erwirken. Llewellyn Smith sah sich mit dem

Problem konfrontiert, das LHC-Projekt in ein schmales CERN-Budget pressen zu müssen, das inflationsbedingt effektiv geschrumpft war. Er initiierte eine Kostenprüfung für den Large Hadron Collider bei gleichzeitiger Reduzierung sämtlicher Forschungsaktivitäten außerhalb von LHC und LEP auf ein absolutes Minimum. Dann, endlich, wurde mithilfe von Sondermitteln aus den beiden Gastgeberländern—der Schweiz und Frankreich, die aus dem CERN einen zusätzlichen wirtschaftlichen Standortvorteil ziehen—eine Einigung erzielt: Der CERN-Rat würde dem LHC-Projekt grünes Licht geben, dafür würde man den Bau in zwei Phasen aufteilen. In der ersten Bauphase sollten lediglich zwei Drittel der Dipolmagnete installiert werden, die restlichen würden zu einem späteren Zeitpunkt hinzukommen. Das bedeutete, dass der Large Hadron Collider während der ersten Phase zwar würde laufen können, aber nur mit reduzierter Kraft. Aus physikalischer Sicht war dieses Sparflammenmodell keine Ideallösung. Der Zwei-Phasen-Betrieb würde insgesamt sogar zu einem Kostenanstieg führen, durch die Streckung der Ausgaben aber könnte CERN seinen Jahreshaushaltsrahmen einhalten. Mit dieser Klausel billigte der CERN-Rat am 16. Dezember 1994 einstimmig den Bau des LHC—das ehrgeizigste und anspruchsvollste wissenschaftliche Projekt, das die Menschheit je unternommen hat, war offiziell aus der Taufe gehoben.

Llewellyn Smith hatte in die Gründungsvereinbarung umsichtig die Klausel aufgenommen, dass jegliche neuen Fördermittel aus Ländern, die nicht dem CERN angehören, ausschließlich zur Beschleunigung der Projektrealisierung, nicht aber zur Reduzierung der Beiträge aus den Mitgliedstaaten verwendet werden sollten. Das CERN warb außerhalb seiner Grenzen um Unterstützung, und Japan, Indien, Russland, Kanada und die USA reagierten auf den Hilferuf. Ihre Gelder hätten ausgereicht, um sämtliche Dipolmagnete herzustellen und einzubauen, und der LHC hätte unter optimalen Bedingungen starten können. Doch just in dem Moment, als die Möglichkeit eines Ein-Phasen-Baus sich konkretisierte, löste 1996 der Beschluss Deutschlands, zur Bewältigung der Kosten der Einheit seine Förderung internationaler Forschungsprojekte zu reduzieren, eine neue Krise aus. CERN und die Mitgliedstaaten traten in eine neue Verhandlungsrunde ein. Abgewendet wurde die Krise letztlich mit der erstmaligen Billigung von Darlehensnahmen in der Geschichte des

CERN. Der Bau des Large Hadron Collider in einer einzelnen Etappe bei gleichzeitigem Einbau sämtlicher Magnete wurde schließlich Ende 1997 genehmigt.

Im Jahr 2000 wurde das LEP-Projekt abgeschlossen und der Beschleuniger ausgebaut, um den Tunnel für den Einbau des LHC frei zu machen. Dann, im September 2001, verkündete der damalige Generaldirektor Luciano Maiani plötzlich eine Anhebung der geschätzten Gesamtkosten. Der CERN-Rat war nicht bereit, diese Aufstockung mitzutragen, sodass ein Sparprogramm mit Personalkürzungen und Umwidmungen von Mitteln zugunsten des LHC erforderlich wurde. Dieses Programm, das Maianis Nachfolger Robert Aymar zu Ende führte, war insofern erfolgreich, als es im Bau des Large Hadron Collider mündete. Der Preis des Erfolgs jedoch war fraglos hoch: drastische Einschnitte bei internen Serviceleistungen und technischer Betreuung, gepaart mit Kürzungen in Forschungsaktivitäten ohne Bezug zum LHC—eine recht unglückliche Entscheidung, denn ein breit aufgestelltes wissenschaftliches Forschungsprogramm ist entscheidend für die geistige Vitalität eines Laboratoriums und gewährleistet die Entwicklung neuer Ideen und Technologien. Beim Bauabschluss des LHC schließlich lagen die Materialkosten bei insgesamt rund 3 Milliarden Euro, etwa 20% über der ursprünglich veranschlagten Summe. Ein bemerkenswerter Erfolg angesichts der technologischen Herausforderungen und modernsten Forschung, die das Projekt mit sich brachte. Die Bauphase endete offiziell am 10. September 2008 mit dem ersten Umlauf der Protonenstrahlen um den LHC-Beschleunigerring. Dieses Ereignis läutete den spannendsten Teil des Projekts ein—die Erforschung des Zeptoraums.

DIE REISE DER PROTONEN

Die einzige wahre Reise, ... wäre für uns, wenn wir nicht neue Landschaften aufsuchten, sondern andere Augen hätten ...

MARCEL PROUST[6]

[6] M. Proust: Auf der Suche nach der verlorenen Zeit, Bd. V: Die Gefangene (In Search of Lost Time: The Captive, 1923); Dt. v. E. Rechel-Mertens, 1956.

Die Kollision von Protonen im Large Hadron Collider bildet lediglich den Abschluss einer längeren Reise. Diese Reise beginnt mit der Sammlung von Protonen, die zuvor durch Abspaltung des Hüllenelektrons von Wasserstoffatomen gewonnen werden. Im weiteren Verlauf wird die Energie der Protonen in verschiedenen, sequenziell geschalteten Beschleunigern schrittweise gesteigert: zunächst im Linearbeschleuniger LINAC und anschließend in den Kreisbeschleunigern PSB (Proton Synchrotron Booster), PS (Proton Synchrotron) und SPS (Super Proton Synchrotron). Die Überführung der Protonen in den jeweils nächsten Beschleuniger erfolgt mithilfe hoch gepulster Dipolmagnete (sogenannter Kickermagnete) zur Ablenkung der Teilchenbahnen. Manche dieser Beschleuniger sind altgediente Schmuckstücke des CERN, die in ihrer Jugend als Wunderwerke galten und an denen berühmte Experimente durchgeführt wurden. Der älteste unter diesen Beschleunigern ist das 1959 eingeweihte Proton-Synchrotron PS, und selbst das SPS, an dem W- und Z-Teilchen entdeckt wurden, ist an der Vorbereitung der Protonen auf ihre rasante Fahrt durch den Large Hadron Collider beteiligt. Die alten Beschleuniger mussten für ihre neue Aufgabe sämtlich aufgerüstet und modernisiert werden. Die Vorbeschleunigung, auch Injektionsphase genannt, ist eine sehr knifflige Angelegenheit, weil das Verhalten des letztlich verwendeten Strahls entscheidend davon abhängt, wie zu Beginn mit den Protonen umgegangen wird (worin er dem Menschen nicht unähnlich ist).

Am Ende der Injektionsphase haben die Protonen eine Energie von 0,45 TeV erreicht und treten nun in den Haupttunnel des LHC ein. Der Tunnel, ein Erbstück des LEP, hat eine Länge von 26,7 Kilometern bei einem Innendurchmesser von 3,8 Metern—für Menschen lang genug für eine schöne, wiewohl recht eintönige Rundwanderung über fünf Stunden. Die Protonen derweil legen einen Kreisumlauf in gerade einmal 89 Millionstel Sekunden zurück. Der Tunnel verläuft nicht perfekt kreisförmig: Acht Bögen wechseln sich mit acht jeweils rund 700 Meter langen geraden Sektoren ab, in denen die verschiedenen Instrumente untergebracht sind.

Der Tunnel liegt durchschnittlich etwa 100 Meter unter der Erdoberfläche und hat eine Neigung von 1,4%, wobei sich Tiefe und

Neigung vorwiegend aus geologischen Erwägungen ergaben. Der Stollen wurde größtenteils aus Molasse ausgehoben, einem dichten Felsgestein aus verfestigten Meeres- und Flusssedimenten. In größeren Tiefen liegen Schotter-, Sand- und Tonsedimente, die Grundwasser enthalten und für den Tiefbau nicht geeignet sind. Die durch die Lage der Molasseschicht bedingte Neigung brachte einen weiteren Vorteil mit sich: Während der Tunnel auf einer Seite mit dem SPS-Beschleuniger verbunden werden musste, um die Injektion zu ermöglichen, konnte er auf der anderen, am Fuß des Juragebirges gelegenen Seite höher angelegt werden, wodurch sich Tiefe und damit auch Kosten der senkrechten Schächte reduzierten.

Als der LEP-Beschleuniger gebaut wurde, wurden die Aushebungsarbeiten durch ein rechtliches Problem verzögert. Da Landeigentum sich in Frankreich (anders als in der Schweiz) bis zur Erdmitte hin erstreckt, konnten die Arbeiten erst nach der Unterzeichnung einer »Déclaration d'Utilité Publique« durch die französischen Behörden beginnen. Der Hauptgrund für den unterirdischen Bau von Ringbeschleunigern ist der dadurch gegebene natürliche Schutz vor Strahlung. Darüber hinaus wäre der Erwerb des gesamten für den riesigen LHC-Beschleunigerring erforderlichen oberirdischen Geländes zu teuer gewesen, und schließlich greifen unterirdische Tunnel auch weniger ins Landschaftsbild ein.

Zwei Protonenstrahlen werden in gegenläufiger Richtung in zwei getrennte Strahlrohre injiziert, die von den *Dipolmagneten* umgeben sind. Besucher des CERN sind oft überrascht, wenn sie erfahren, dass nicht die Geräte zur Steigerung der Protonenenergie den teuersten und technologisch ausgefeiltesten Teil des LHC bilden, sondern die Magnete zur Ablenkung der Protonen. Die Dipolmagnete dienen dazu, den Protonenstrahl auf seiner vorgegebenen Kreisbahn zu halten. Mit absoluter Präzision sind im Tunnel insgesamt 1.232 solcher Dipole installiert (siehe Abb. 5.2 und 5.3). Jeder dieser in einem eleganten Himmelblau gestrichenen Magnete ist 15 Meter lang—aus dem profanen Grund, dass dies die auf europäischen Straßen maximal zulässige Länge für Schwertransporte ist. Ein Dipolmagnet wiegt 30 Tonnen und kostet etwa 700.000 Euro. Kurioserweise liegt der Kilogrammpreis der

LHC-Dipole—des teuersten Teils im gesamten Beschleuniger—damit auf demselben Niveau wie der für Schweizer Schokolade: Wäre der LHC aus Schokolade gebaut, würde er ungefähr genauso viel kosten.

Abb. 5.2 Dipolmagnete im LHC-Tunnel
Quelle: CERN.

Abb. 5.3 Zwei LHC-Dipole werden miteinander verschweißt
Quelle: CERN.

Die LHC-Dipolmagnete erzeugen in ihrem Innern ein homogenes Magnetfeld, das die beiden Protonenstrahlen in ihre Kreisbahn lenkt. Je höher die Energie der Protonen steigt, desto schwerer lassen sie sich ablenken und desto stärker muss folglich das Magnetfeld sein. Daraus ergeben sich zwei Möglichkeiten, in einem Protonen-Collider ein Maximum an Energie zu erreichen: Entweder vergrößert man den Durchmesser des Beschleunigerrings oder man verstärkt das Magnetfeld. Da die Ringgröße beim LHC durch den LEP-Beschleuniger vorgegeben war, hängt die maximal erreichbare Protonenenergie von der Intensität des Magnetfelds im Innern der Dipolmagnete ab.

Die LHC-Dipole sind auf die Erzeugung eines Magnetfelds von 8,33 Tesla ausgelegt, was ungefähr dem 150.000-Fachen des Magnetfelds der Erde auf den Breitengraden der Schweiz entspricht. Um ein derart intensives Feld zu erzeugen, sind enorme elektrische Ströme erforderlich. In gewöhnlichen Kupferdrähten würden solche Ströme rasch mehr Megawatt an Hitze entwickeln, als zahlreiche Kraftwerke zu produzieren imstande wäre. Wie also gelingt es den LHC-Dipolen, ein so intensives Magnetfeld aufzubauen?

Das Geheimnis besteht in einem besonderen physikalischen Phänomen: der *Supraleitfähigkeit*. Bestimmte Materialien—sogenannte Supraleiter—besitzen die seltsame Eigenschaft, dass unterhalb einer kritischen Temperatur in ihnen Elektrizität ohne Widerstand fließt. Ein in einem Supraleiter fließender Strom wird ohne jeden Batterieantrieb ewig weiterfließen. Die Supraleitfähigkeit wurde 1911 vom niederländischen Physiker Kamerlingh Onnes (1853–1926, Nobelpreis 1913) entdeckt und scheint in ihrer Ungewöhnlichkeit den Gesetzen des Elektromagnetismus zu trotzen.

Unter normalen Bedingungen trifft Elektrizität, die durch einen Leiter fließt, auf einen Widerstand und gibt Energie in Form von Wärme ab. Diesen Umstand machen sich sämtliche Heizgeräte zunutze, die wir im Alltag verwenden. Nicht so bei Supraleitern, denn hier kann Strom ohne Energieverlust fließen: ohne Widerstand, ohne Wärmeabstrahlung. Ein supraleitender Haartrockner würde uns keine Wärme bringen, ganz gleich, wie intensiv die Stromstärke wäre. Obwohl supraleitende Föhne eine wohl eher weniger gewinnbringende Erfindung darstellen würden, hat die Supraleitfähigkeit zahlreiche interessante Anwendungen hervorgebracht. Mit ihrer Hilfe erzeugt man heute intensive Felder für die Magnetresonanzbildgebung, ein Diagnoseinstrument, das die innere Struktur des Körpers sichtbar macht. Supraleitende Kabel transportieren Energie ohne jeden Verlust und könnten zukünftig bei der Energiespeicherung, im Bereich der Telekommunikation oder in elektronischen Geräten zur Verwendung kommen.

Ein weiteres erstaunliches Charakteristikum von Supraleitern besteht darin, dass sie Magnetfelder verdrängen—ein Phänomen, das man als Meißner-Ochsenfeld-Effekt bezeichnet. Wird an einen Supraleiter von außen ein Magnetfeld angelegt, laufen elektrische Ströme über seine Oberfläche. Diese Ströme erzeugen ein Magnetfeld, welches das ursprüngliche Feld kompensiert und das Innere des supraleitenden Materials gegen jedes extern angelegte Magnetfeld abschirmt. Platziert man eine supraleitende Materialprobe über einen Magneten, schwebt sie durch die Luft—das Magnetfeld ist nicht imstande, das Innere des Supraleiters zu durchdringen und stößt daher jedes supraleitende Material ab. Der Effekt ist mitunter so spektakulär, dass er eher an Zauberei denken lässt als an Wissenschaft. Dennoch handelte es sich um Wissenschaft, als eine japanische JR-Maglev-Magnetschwebebahn im Jahr 2003 mit einer Rekordgeschwindigkeit von 581 Stundenkilometern auch den berühmten französischen TGV hinter sich ließ. Magnetschwebebahnen laufen auch geräuscharmer und ruhiger als die herkömmlichen Radfahrzeuge und würden sich in Tunneln, in denen ein Vakuum herrscht, auf fantastische Geschwindigkeiten bringen lassen. Sie wären dann zwar immer noch nicht so schnell wie die Protonen im LHC, aber man könnte in einem solchen Zug in weniger als einer Stunde von Genf nach London reisen.

Der Large Hadron Collider hat die Grenzen der Supraleitertechnologie neu definiert, sich dabei jedoch auch die Erfahrung anderer Ringbeschleuniger gänzlich zunutze gemacht: des Elektron-Proton-Speicherrings HERA am Deutschen Elektronen-Synchrotron (DESY), des Proton-Antiproton-Speicherrings Tevatron am US-amerikanischen Fermilab und des glücklosen SSC-Projekts. Die Dipolmagnete des LHC sind mit supraleitenden Spulen aus Niob-Titan ausgestattet. Jedes

Kabel besteht aus 6 Mikrometer dünnen Filamenten—ein Menschenhaar ist etwa zehnmal so dick. Die Verarbeitung großer Niob-Titan-Blöcke zu solchen Fäden von mehreren Kilometern Länge, unter strikter Einhaltung der Vorgaben und mit einem Minimum an Rissen, stellte die Industrieproduktion vor eine gewaltige Herausforderung. Für den Large Hadron Collider wurden insgesamt 1.200 Tonnen Material für über eine Milliarde Kilometer dieser supraleitenden Fäden verbraucht—ein Kabel, lang genug, um den Marsorbit zu umwickeln.

Bei vollem Betrieb durchfließt die supraleitenden Kabel Strom von einer Stärke von 12.800 Ampere. Zum Vergleich: Die Stromstärke im Leuchtdraht einer Glühbirne liegt unter 0,3 Ampere. Diese extrem hohen Stromstärken versetzen die supraleitenden Spulen im Innern der Dipolmagnete in die Lage, Magnetfelder von über 8 Tesla zu erzeugen, die ausreichen, um die fast lichtschnellen Protonen auf ihrer Rennfahrt durch den LHC-Tunnel zu lenken. Das Magnetfeld ist so intensiv, dass auf die supraleitenden Spulen eine gewaltige Zugkraft wirkt. Ein Teil dieser Kraft wird wie in einem römischen Gewölbebogen von der geometrischen Form der Spulen aufgefangen, der Rest jedoch droht die Struktur auseinanderzureißen. Dieser »Rest« entspricht dem Gewicht von 400 Tonnen pro Meter—als säßen auf jedem Dipolmagneten über tausend Elefanten. Maßgefertigte Halterungen aus 4 Zentimeter dickem Austenitstahl (siehe Abb. 5.4) fangen einen Großteil dieser gewaltigen Kräfte auf; was übrig bleibt, wird von der äußeren Struktur der Dipole gehalten.

Einen kleinen Haken hat der Einsatz supraleitender Technologien allerdings. Oberhalb einer kritischen Temperatur verlieren supraleitende Materialien ihre magische Eigenschaft, und diese Temperatur ist furchtbar niedrig. Die LHC-Dipole müssen auf einer Temperatur von −271 °C (nur 1,9 Grad über dem absoluten Nullpunkt) gehalten werden, kälter also, als es noch in der größten Leere des Weltraums werden kann. Dieser Umstand mag ein weiteres Argument gegen die Vermarktung supraleitender Haartrockner liefern; den Bau des LHC jedoch hat er nicht aufhalten können.

Die große Herausforderung besteht darin, diese extrem niedrigen Temperaturen nicht nur zu erzielen, sondern auch aufrechtzuerhalten:

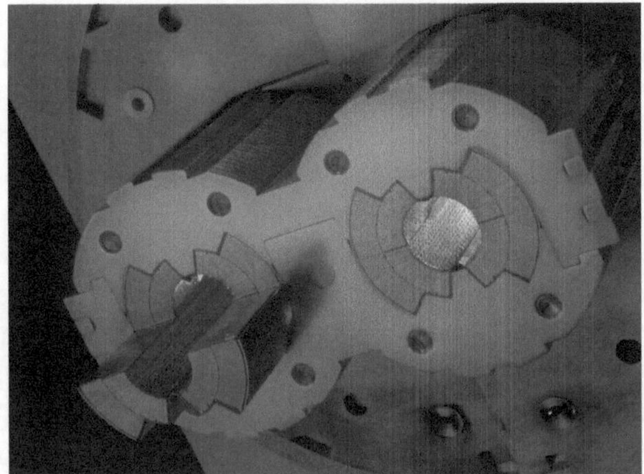

Abb. 5.4 Die supraleitenden Spulen eines Dipolmagneten, eingebettet in Stahlhalterungen, von denen sie gestützt werden. Die beiden gegenläufigen Protonenstrahlen drehen ihre Runden in den zwei Rohren im Zentrum der Spulen
Quelle: CERN.

37.000 Tonnen Material auf 27 Kilometern müssen konstant auf −271 °C gekühlt werden. Und auch hier bringt ein besonderes physikalisches Phänomen Rettung: die *Suprafluidität.* Bei bestimmten Temperatur- und Druckverhältnissen wird flüssiges Helium suprafluid und verliert jede Viskosität. Es fließt dann reibungsfrei und leitet gleichzeitig Wärme um ein 3.000-Faches besser, als Kupfer dies tut. Da suprafluides Helium auch noch die winzigste Menge an Wärme absorbieren und wirksam aus den Spulen heraustransportieren kann, gelingt es, die Komponenten in den Dipolmagneten auf extrem niedrigen Temperaturen zu halten: Das Innere der Dipolmagnete wird mit flüssigem Helium gefüllt und zur Isolierung der Spulen ein poröses Material verwendet, wodurch das Helium in direkten Kontakt mit den supraleitenden Drähten kommt. In einem Wärmetauscherrohr fließt gleichzeitig flüssiges Helium durch den Dipol und hält das System unterhalb der für die Supraleitfähigkeit kritischen Temperatur.

Das tieftemperaturtechnische (oder *kryotechnische*) Kühlsystem, mit dem die Temperatur im Innern der Magnete auf unter −271 °C gehalten wird, ist weltweit das größte seiner Art und umfasst mehrere Kühlstufen. Mithilfe von Kühlturbinen und rund 10.000 Tonnen Flüssigstickstoff werden in der ersten Stufe 130 Tonnen Helium gekühlt, das anschließend in den Dipolmagneten zirkuliert und dort die Spulen unterhalb der für die Supraleitfähigkeit kritischen Temperatur hält. Bis ein Sektor des Large Hadron Collider auf die erforderlichen −271 °C heruntergekühlt ist, vergeht fast ein Monat. In dieser Zeit ziehen sich die Metallteile zusammen und verformen sich—Veränderungen, die bei Planung und Bau der Dipole sorgfältig berücksichtigt wurden, da Passgenauigkeit für den Betrieb der Anlage von zentraler Bedeutung ist. Bis zum Abschluss des Kühlvorgangs hat sich jeder der Magnete um mehrere Zentimeter verkürzt, und doch müssen die Spulen auf ein Zehntel Millimeter genau sitzen. Eine solche Präzision bei der Positionierung der Tausenden von Kilometern supraleitender Kabel ist für die Gewährleistung der erforderlichen Eigenschaften des Magnetfelds unerlässlich. Tatsächlich nämlich ist das Magnetfeld im Innern der Dipole nur dann in der Lage, den Protonenstrahl exakt zu lenken, wenn es nicht nur extrem intensiv, sondern auch präzise und homogen ist.

Der Large Hadron Collider läuft dicht an der Grenze der supraleitenden Phase: Schon ein geringfügiger Temperaturanstieg kann das System in einen Zustand versetzen, in dem die Supraleitfähigkeit verloren geht. Schon die winzigste Verunreinigung in den Spulen oder räumliche Abweichungen selbst im Mikrometerbereich können eine geringe Wärmemenge erzeugen, die das supraleitende Material auf eine Temperatur oberhalb seines kritischen Werts bringt. Als würde ein Zauberbann gebrochen, verschwindet das Wunder der Supraleitfähigkeit auf einen Schlag und das Kabel entwickelt einen elektrischen Widerstand gegen Strom. Dieser Vorgang wird als *Quench* bezeichnet.

Ähnlich wie bei einem Gewitter, wenn sich die statische Energie in Form eines Blitzes entlädt, wird nach einem Quench die im Magneten gespeicherte Energie schlagartig freigesetzt. Der Large Hadron Collider ist mit einem Schutzmechanismus gegen Schäden infolge eines Quenchs ausgestattet. Aktiviert wird dieser Mechanismus, sobald zwischen den beiden Enden eines Dipols länger als 10 Millisekunden lang eine Spannung von über 100 Millivolt gemessen wird. Das nämlich ist ein Warnsignal, da ein Supraleiter widerstandsfrei ist und daher zwischen zwei beliebigen Punkten keine Spannung festzustellen sein darf. Das Vorliegen einer Spannung signalisiert, dass das Material nicht mehr supraleitfähig ist und ein Quench eingesetzt hat. Ist es zu einem solchen Vorfall gekommen, muss vor allem die Energie rasch und kontrolliert abgeleitet und verteilt werden. Spezielle Heizvorrichtungen bringen den gesamten Dipolmagneten aus der supraleitenden Phase, streuen den Quench und verteilen die freigewordene thermische Energie.

Die Bedingungen, die im Innern der LHC-Dipole herrschen, sind in jeder Hinsicht extrem. Neben den außergewöhnlich hohen Werten von Strom, Magnetfeld und Temperatur liegt noch eine weitere Größe in Extremform vor: das Vakuum. Ein Vakuum braucht es zum einen für die erforderliche thermische Isolation der Magnete und der Heliumleitung, ganz nach dem Prinzip der Thermoskanne, die unseren Kaffee warm hält; insbesondere aber muss zum anderen der Weg des Protonenstrahls sehr sorgfältig von Gas freigehalten werden. Restgasmoleküle im Strahlrohr sind eine Gefahr, weil Protonen mit ihnen kollidieren könnten und damit die Stabilität des Strahls gestört würde. Daher muss die Luft aus dem Strahlrohr gepumpt und der Druck im Strahlrohr auf 10^{-13} bar abgesenkt werden. Eine derart leere Atmosphäre findet man ansonsten nur auf einem Wettersatelliten, der 1.000 Kilometer über der Erde kreist. Beeindruckend viel Raum wird aus den Vakuumkammern evakuiert: rund 9.000 Kubikmeter, was der Größe eines Theatersaals entspricht.

Die Dipolmagnete sind der ganze Stolz des LHC-Projekts. Ihre kostbaren Komponenten stecken sämtlich in den blauen Zylindern, wie die Zeichnung in Abb. 5.5 zeigt: die beiden Rohre, in denen die gegenläufigen Strahlen zirkulieren; die supraleitenden Magnetspulen mit ihren Stahlhalterungen; das Helium-Wärmetauscherrohr; die Kammern für das Isolationsvakuum zur Aufrechterhaltung der niedrigen Innentemperatur. All diese Elemente sind mit höchster Präzision eingestellt und bleiben dies selbst unter den extremen Materialbelastungen durch das intensive Magnetfeld und die niedrige Temperatur. Durch die Konstruktion der Dipole wurden gleich in einer Vielzahl verschiedener Technologiebereiche die Grenzen neu definiert. Die Produktion von

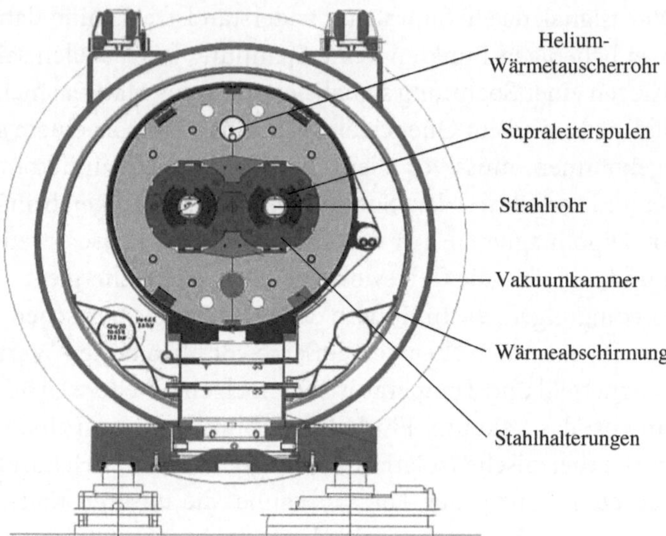

ABB. 5.5 Schematischer Querschnitt eines LHC-Dipolmagneten
Quelle: CERN.

1.232 Dipolmagneten stellte aber auch die Industrie vor gewaltige Herausforderungen. Am CERN entworfen, konnten die Magnete vor Ort nicht hergestellt werden. Hier war eine enge partnerschaftliche Zusammenarbeit mit der Industrie erforderlich.

Nach ersten Prototypenbauten im Laboratorium wählte das CERN für das Produktionsverfahren drei Unternehmen aus: eines in Frankreich, eines in Deutschland und eines in Italien. In einer Schulungsphase arbeiteten CERN-Teams aus Physikern, Ingenieuren und Technikern mit den Unternehmen zusammen. Im Jahr 2000 schließlich wurde jedes der drei Unternehmen in einer Erstbestellung mit der Produktion von 30 Dipolmagneten beauftragt. So konnten die Firmen Erfahrungen sammeln, ihre Produktivität steigern und Vertrauen schaffen. Dies führte letztlich dazu, dass die abschließende Folgebestellung im Jahr 2002 zwar erst nach langen Verhandlungen, aber doch zu einem deutlich niedrigeren Preis erzielt werden konnte, der zwischen einem Drittel und einem Viertel der Kosten für den Prototyp lag.

Ein augenscheinlich unproblematischer, fertigungstechnisch jedoch schwieriger Aspekt bestand darin, dass die Dipolmagnete nicht vollkommen gerade sind, sondern eine fast unmerkliche Krümmung bekommen mussten, um dem Verlauf des unterirdischen Rings folgen zu können. Bei einer Gesamtlänge von 15 Metern sind beläuft sich die Krümmung auf gerade einmal 9 Millimeter. Hier fanden die Hersteller eine Möglichkeit, die Dipole unter einer großen Presse zu schweißen, die die Rohre zu verbiegen imstande war. Den strengen Auflagen des LHC aber genügte die Präzision dieses automatisierten Verfahrens jedoch nicht, sodass man letztlich während der Einbauphase die Hauptstützen der Dipole austarierte, um die exakte Krümmung zu gewährleisten.

Für den Bau der Dipolmagnete beschloss man beim CERN, die Beschaffung der wichtigsten Bauelemente und sogar der Rohstoffe selbst in die Hand zu nehmen und anschließend an die drei Unternehmen liefern zu lassen. Auf diese Weise konnte das Kernforschungszentrum Qualität, Uniformität und Kosten streng überwachen. Allerdings brachten Terminierung, Transport, Lagerung und Logistik einen erheblichen organisatorischen Aufwand mit sich. Insgesamt bewegte CERN 120.000 Tonnen Material durch die Länder Europas, und über vier Jahre lang waren jeden Tag durchschnittlich 10 Schwerlaster quer durch Europa unterwegs, um Dipol-Material zu liefern. Durch die strenge Überwachung der industriellen Fertigung und durch die unmittelbare Mitwirkung des CERN konnte sichergestellt werden, dass jeder der 1.232 Dipolmagnete mit allen anderen praktisch identisch ist und sich an jeder beliebigen Stelle im Ring einbauen ließ, ohne dass man sich darum kümmern musste, wer ihn hergestellt hatte oder woher die Bauteile stammten.

Ausschlaggebend bei der Einhaltung der exakten Vorgaben für die einzelnen Komponenten war die Weitergabe des Laborfachwissens an die Privatindustrie. Wer die Spin-off-Unternehmen großer rein wissenschaftlicher Forschungsprojekte betrachtet, sollte sich des Nutzens gewahr sein, der aus der Nachfrage nach neuen Herstellungsverfahren für die Industrie erwächst. Viele der Unternehmen, die für das LHC-Projekt gearbeitet haben, wenden die dabei erworbenen Fertigkeiten heute an. So produziert ein Unternehmen supraleitende Materialien für die medizinische Magnetresonanzbildgebung, ein anderes hat ein spezielles, für den LHC eingeführtes Produktionsverfahren auf die Herstellung von Automobilteilen angewandt.

Nachdem die Dipole ins Kernforschungszentrum geliefert und sorgfältig getestet worden waren, wurde jeder Magnet durch einen Schacht in den Tunnelstollen hinabgelassen (siehe Abb. 5.6) und anschließend mit einem Spezialfahrzeug an seinen Bestimmungsort transportiert. Da zwischen Tunnelwand und den LHC-Komponenten nur wenige Zentimeter Spiel blieben, wurde das Fahrzeug per automatischer Erkennung an einer auf den Tunnelboden aufgemalten Linie entlanggeleitet. Um ein Minimum an Vibrationen zu gewährleisten, bewegte sich das Fahrzeug unterhalb der normalen Gehgeschwindigkeit mit 2 Stundenkilometern voran. Der Transport eines einzigen Dipols an eine dem Versorgungsschacht gegenüberliegende Stelle im Ring dauerte so rund sieben Stunden. Das Dipol-Projekt des LHC war alles andere als eine schnelle Angelegenheit. Lucio Rossi, der Leiter der CERN-Gruppe für Magnete, Kälteregler und Supraleiter, erklärte mir einmal, dass Dipole der Sieben-Jahres-Regel folgten, die erstmals von Marilyn Monroe in »Das verflixte siebente Jahr« demonstriert wurde. Das LHC-Projekt brauchte sieben Jahre für Forschung und Modellierung (1988–1994), sieben Jahre für Prototypenbau und Vorbereitung der Serienproduktion (1995–2001) und sieben Jahre für Bau und Installation (2002–2008): Der letzte Magnet wurde am 26. April 2007 in den Tunnel hinabgelassen, und während sämtliche Anwesenden applaudierten, wusste allein LHC-Projektleiter Lyn Evans aus Wales, was die Aufschrift »Magned olaf yr LHC« auf dem Transparent bedeutete: »Letzter Magnet für den LHC«.

Abb. 5.6 Ein LHC-Dipolmagnet wird in den Tunnel hinabgelassen
Quelle: CERN.

UNTERWEGS ZUM LETZTEN KNALL

Der höllische Wirbelsturm, der niemals ruht, er reißt die Geister mit in seinem Brausen, und Qual ist's, wenn er sie herumjagt und durchrüttelt.

Dante Alighieri[7]

[7] D. Alighieri: Die Göttliche Komödie, Inferno; Fünfter Gesang, 31–32; Dt. v. I. und W. von Wartburg, 1963.

Bei ihrem ersten Eintritt in den LHC-Ring haben die Protonen eine Energie von »nur« 0,45 TeV. Wie werden sie auf ihre Endgeschwindigkeit von 7 TeV gebracht? Jeder Protonenstrahl trifft auf seiner Reise durch eines der geraden Segmente des Tunnels auf acht *Radiofrequenzquadrupole* (RFQ), glänzende röhrenförmige Tanks, die riesigen Boilern gleichen (siehe Abb. 5.7). In einem RFQ oszilliert ein elektrisches Feld mit einer Frequenz von 400 MHz, auf der nebenbei gesagt auch die Fernbedienung zur Zentralverriegelung von Autos sendet. Protonen, die in den Hohlraum des RFQ eintreten, werden von einem Impuls des oszillierenden Felds sanft angestupst, und mit jeder Runde um den Ring steigt ihre Energie um 485 Milliardstel TeV an. Das klingt nicht unbedingt nach viel, doch die Protonen drehen in einer Sekunde 11.000 Runden um den LHC-Ring und erhalten bei jeder einzelnen einen kleinen Stups. Es ist wie bei einem Kind auf einem dieser Spielplatzkarussells: Ein kleiner Stups bei jeder Runde genügt, um das Karussell nach einer Weile so in Fahrt zu bringen, dass unserem Kind

Abb. 5.7 Die Radiofrequenzquadrupole (RFQ) im LHC-Tunnel
Quelle: CERN.

schwindlig wird. Nach demselben Prinzip erhalten die Protonen mit jeder Runde um den Ring ein kleines bisschen mehr Energie, während die Dipolmagnete derweil ihr Magnetfeld justieren, um den Strahl auf seiner Bahn zu halten. Bis der Protonenstrahl seine Zielenergie von 7 TeV erreicht hat, vergehen etwa 20 Minuten.

Schon bei ihrer Injektion in den LHC-Ring sind die Protonen mit einer Energie von 0,45 TeV fast so schnell wie Licht—ihre Geschwindigkeit entspricht 99,9998% der Lichtgeschwindigkeit. Da nach der Speziellen Relativitätstheorie aber kein Teilchen schneller sein kann als das Licht, bewirkt eine starke Erhöhung der Energie nur eine unwesentliche Zunahme der Geschwindigkeit. Beim Abschluss des Beschleunigungsvorgangs ist die Energie der Protonen um ein 15-Faches höher als zu Beginn, im gleichen Zeitraum sind sie jedoch gerade einmal um 0,0002% schneller geworden. Ihre Geschwindigkeit liegt jetzt nur 10 Stundenkilometer unter der Lichtgeschwindigkeit. Um mit den geringfügigen Veränderungen in der Geschwindigkeit der Protonenpakete Schritt zu halten und sicherzustellen, dass die Impulse den richtigen Moment für ihren Stups nicht versäumen, wird die Frequenz in den Hohlräumen des RFQ im Verlauf der Beschleunigung leicht modifiziert. Insgesamt wird die Frequenz von 400 MHz während des Beschleunigungsvorgangs um weniger als 1 kHz verändert.

Der Protonenstrahl fließt nicht gleichmäßig wie der Strahl aus einem Wasserhahn, vielmehr werden die Protonen in einzelne Pakete oder »Bunches« zerlegt, wie Wassertropfen, die aus einem undichten Hahn tropfen. In einem solchen Paket stecken rund 100 Milliarden Protonen—das entspricht 10^{-13} Gramm Materie. In voll beladenem Zustand des LHC sind in jedem Strahlrohrring 2.808 Protonenpakete unterwegs. Bei seinem Eintritt ist jedes dieser Pakete ungefähr 10 Zentimeter lang und 1 Millimeter breit—wie die Mine eines Bleistifts—, bei einem Abstand zum nächsten Paket von etwa 10 Metern. Mit der Energie verändert sich auch die Struktur des Pakets: Ist die Energie von 7 TeV erreicht, hat ein Bunch eine Länge von 7 Zentimetern.

Auch die Protonen geben in beschleunigtem Zustand ein stark verändertes Bild ab. Protonen, die sehr schnell unterwegs sind, erscheinen längs der Bewegungsrichtung extrem zusammengedrückt, senkrecht dazu aber verändert sich ihre Breite überhaupt nicht. Die schnellen Protonen am LHC sehen deshalb aus wie flache Scheiben, wie Pfannkuchen, die etwa 7.000-mal dünner sind als breit. Im Größenverhältnis sind sie wie weniger als einen Millimeter dünne Pfannkuchen, wie hauchdünne Crêpes des besten französischen Meisterkochs. Was ist mit ihnen geschehen?

Die Antwort ist in Einsteins Spezieller Relativitätstheorie zu finden. So seltsam es scheinen mag: Misst man die Länge eines sich bewegenden Objekts in Relation zu sich selbst, wird man eine Verkürzung in der Bewegungsrichtung feststellen. Je schneller das Objekt wird, desto kürzer wird es. Dieser Effekt wird als *Lorentzkontraktion* bezeichnet, benannt nach dem niederländischen Physiker Hendrik Lorentz (1853–1928, Nobelpreis 1902). Mit diesem Phänomen lässt sich erklären, warum die Protonen im beschleunigten Zustand zusammengedrückt erscheinen. Eine auf einem Proton im LHC reitende Person würde auch bei zunehmender Geschwindigkeit stets dieselbe Protonenlänge messen. Der sie umgebende Tunnel (und jeder untätig darin herumstehende Physiker) jedoch würde in ihren Augen in der Bewegungsrichtung schrumpfen wie in einem Zerrspiegel. Seltsamer noch: Die Zeit würde für unsere imaginäre Protonen-Reiterin anders vergehen als für uns. Die Zeit, die sie für eine vollständige Runde im LHC-Ring mäße, wäre etwa 7.000-mal kürzer als die von Physikern im Labor gemessene Zeit. Solche merkwürdigen Dinge geschehen in der Relativitätstheorie.

Der Protonenstrahl dreht seine 27 Kilometer langen Runden durch den Tunnel in einem Vakuum. Dieses Vakuum kann jedoch unmöglich vollkommen sein, und tatsächlich sind auch bei einem Druck von 10^{-13} bar noch rund 3 Millionen Moleküle Restgas pro Kubikzentimeter unterwegs. Gelegentlich prallt ein Proton auf ein Gasmolekül und wird aus seinem Paket geschlagen. Das kann gefährlich werden, wenn ausreichend viele irregeleitete Protonen auf die Spulen der supraleitenden Magnete auftreffen, wo sie Energie abgeben, so das Material über die kritische Temperatur erhitzen und einen Quench des Magneten auslösen.

Wenn Protonen von ihrer Bahn abkommen, ist ein Eingreifen daher absolut unerlässlich. Ein Proton aus der Luft zu fangen, das mit

7 TeV unterwegs ist, ist jedoch kein Kinderspiel. Über den gesamten LHC-Ring ist daher ein System aus *Kollimatoren* verteilt, die aus Kohlenstoffmaterial bestehen und dem Aufprall energiereicher Protonen standhalten können. Wie die Kiefer eines Alligators stehen die Kollimatoren leicht geöffnet, um den Strahl durchzulassen, sind dabei aber jederzeit bereit, ein verirrtes Proton zu schnappen. Die Kollimatoren »reinigen« den Strahl, indem sie Teilchen entfernen, die aus einem Paket ausscheren. Das System aus Kollimatoren ist beweglich, und die Kiefer um den Strahl können geöffnet und geschlossen werden. Unter normalen Betriebsbedingungen ist die Öffnung zwischen den Kollimatoren—das Fenster, durch das der Strahl reist—rund 3 Millimeter breit.

Infolge von Kollisionen, Teilchenverlust und der Bewegung der Protonen in ihrem Paket nehmen Intensität und Stabilität des Protonenstrahls mit der Zeit ab. Dies ist durchschnittlich nach etwa 10 Stunden der Fall, wenn der Strahl einige hundert Millionen Runden um den LHC-Ring hinter sich gebracht und dabei eine Strecke zurückgelegt hat, die einer Fahrt von einem Ende des Sonnensystems zum anderen gleichkommt. Zeigt ein Strahl Alterserscheinungen—oder kommt es zu einem Notfall—, leitet ein Kickermagnet die Protonen zur Entsorgung aus dem Ring in den Block des sogenannten *Beam Dump*, einen 8 Meter langen und 1 Meter dicken betonummantelten Block aus einem Graphitgemisch. Der Block dieser »Altstrahl-Entsorgungsstelle« ist das einzige Element des LHC-Ringbeschleunigers, das einem mit voller Energie auftreffenden Strahl standhalten kann (siehe Abb. 5.8).

Der Strahl im Large Hadron Collider wird außer von den Dipolmagneten noch von Tausenden anderer Magnete (zum Beispiel durch die *Quadrupolmagnete*) durch das Tunnelrund geleitet. Diese Magnete sind für die Korrektur von Instabilitäten, zur Optimierung der Flugbahn und zur Fokussierung des Strahls erforderlich. Sie funktionieren im Wesentlichen wie optische Linsen, die Lichtstrahlen fokussieren. Anders als bei diesen jedoch wirkt die Magnetfokussierung nur in einer Richtungsebene: Wird ein Strahl auf der horizontalen Ebene fokussiert, wird er auf der vertikalen Ebene defokussiert, und umgekehrt. Um den Strahl

Abb. 5.8 Beim Ausheben des Tunnels für den Block des Beam Dump
Quelle: CERN.

in die gewünschte Form zu bringen, müssen daher fokussierende und defokussierende Magnete hintereinandergeschaltet werden.

Auf dem Großteil seiner Reise durch den Tunnel hat der Protonenstrahl einen Durchmesser von etwa einem Millimeter. An vier Stellen des Rings aber kreuzen sich die beiden gegenläufigen Strahlen, und die Protonen werden aufeinander losgelassen. Bei ihrem Anflug auf einen dieser Interaktionspunkte wird jeder Strahl mithilfe eines Fokussierungssystems zusammengedrückt. In dieser Phase beträgt der Durchmesser des Strahls nur noch 16 Mikrometer—und ist damit dünner als ein Menschenhaar. Diese letzte Fokussierung ist notwendig, um die Intensität des Strahls und die Kollisionswahrscheinlichkeit zu steigern. Die Protonen stehen jetzt kurz vor ihrem großen Finale: dem Zusammenprall.

Die beiden Strahlen werden nicht exakt frontal, sondern in einem spitzen Winkel aufeinander abgeschossen, um unerwünschte gleichzeitige Kollisionen mehrerer Pakete zu vermeiden, die sowohl die Eigenschaften der Strahlen als auch die Daten aus den Experimenten in ihrer Qualität negativ beeinflussen würden. Im Augenblick des

Zusammenpralls liegt der Kreuzungswinkel der beiden Strahlen bei 280 Mikroradiant—ein sehr kleiner Winkel, der beispielsweise bei der Betrachtung eines ein Meter hohen Objekts aus einer Entfernung von 3,6 Kilometern vorliegt.

Der Schicksalsmoment ist endlich gekommen. Einhundert Milliarden Protonen mit einer Frontfläche von nur 16 Mikrometern Breite kommen in schwindelerregendem Tempo angerast und krachen in ein ebenso zahlreiches Protonenbataillon, das ihnen entgegenstürmt. Und was geschieht? Nun, die meisten Protonen verpassen einander und kommen vollkommen unbeschädigt durch!

Dieses womöglich enttäuschende Resultat ist lediglich die Konsequenz aus der geringen Größe der Protonen. Jedes von ihnen ist etwa ein Millionstel Nanometer klein und die Wahrscheinlichkeit, auf ein entgegenkommendes Proton zu treffen, ist sehr gering, obwohl es doch so viele sind. Ein paar Protonen aber treffen trotz allem aufeinander und es kommt zu einer jener Kollisionen, welche die Physiker so gern beobachten wollen. Im Grunde genommen eignet sich die Intensität des Protonenstrahls am LHC für die Erzeugung genau der richtigen Anzahl von Kollisionen. Würden nämlich tatsächlich einhundert Milliarden Protonen auf einmal aufeinanderprallen und dabei jeweils Hunderte neuer Teilchen erzeugen, wäre ein heilloses Durcheinander die Folge, in dem sämtliche Messinstrumente augenblicklich in einer Datenflut versänken. Die Physiker wollen genug Kollisionen, um die seltenen Ereignisse zu beobachten, die sie erforschen wollen, aber nicht so viele, dass sie in einem Getümmel von Informationen untergehen.

ENERGIE, SICHERHEIT UND DAS UNVORHERGESEHENE

Energie ist Ewige Freude.

William Blake[8]

[8] W. Blake: Die Vermählung von Himmel und Hölle (The Marriage of Heaven and Hell, 1790). Dt. v. L. Schacherl, 1975.

Wie viel Energie steckt in der Kollision zweier Protonen am Large Hadron Collider? Wer hier eine gigantische Zahl erwartet, mache sich auf eine Enttäuschung gefasst. Die Energie zweier kollidierender Protonen von 7 TeV ist ebenso groß wie die kinetische Energie von zwei Mücken, die ineinanderfliegen. Die bei einer Protonenkollision freigesetzte Energie entspricht der Energie, die beim Klang eines sanften Klopfens an eine Tür freigesetzt wird. Wozu dann das große Gewese um den LHC? Seine Besonderheit besteht darin, dass diese Maschine die Energie auf äußerst kleinem Raum konzentriert. Anstatt in einer fliegenden Mücke zu stecken oder sich als Schallwelle in einem Zimmer fortzupflanzen, wird all diese Energie in ein Scheibchen des Zeptoraums gepresst. Darin besteht die Leistungskraft des LHC.

Obwohl die Energie aus einer Protonenkollision am normalen Maßstab gemessen gering ist, liegen im Tunnel des Large Hadron Collider, wenn die Maschine läuft, insgesamt gesehen beträchtliche Energiemengen gespeichert. Immerhin nimmt der LHC (für den Betrieb des Beschleunigers und aller Detektoren) rund 120 Megawatt an Strom auf—das entspricht dem privaten Stromverbrauch einer Stadt von der Größe Genfs. Die Energie in einem einzelnen Proton ist relativ unerheblich, in jedem Protonenpaket aber sind rund 100 Milliarden Protonen fokussiert und in jedem Protonenstrahl am LHC zirkulieren rund 2.080 dieser Pakete. Damit summiert sich die Gesamtenergie des Protonenstrahls auf 0,36 Gigajoule, was der kinetischen Energie eines 400 Tonnen schweren Hochgeschwindigkeitszugs wie des französischen TGV gleichkommt, der mit 150 Stundenkilometern unterwegs ist. Dieser Strahl muss mit großem Bedacht gesteuert werden: Gerät er aus der Bahn, ist es, als ließe man einen TGV aus den Gleisen. Die zerstörerische Kraft eines fehlgesteuerten Strahls reicht aus, um einen Kupferblock von einer halben Tonne Gewicht zum Schmelzen zu bringen. Aus diesem Grund ist nur der eigens zu diesem Zweck angefertigte Block des Beam Dump in der Lage, einem unmittelbaren Aufprall des Strahls standzuhalten.

Deutlich mehr Energie ist in den Dipolmagneten gespeichert: insgesamt rund 10 Gigajoule—das entspricht der Sprengkraft von 2,4 Tonnen TNT. Aufgrund der ungewöhnlich hohen Energie in den Dipolen ist ein Schutzsystem für den Fall, dass es in einem der Magneten zu einem Quench kommt, ein zentrales Element des Sicherheitskonzepts. Im Notfall entscheidend ist allerdings nicht, wie viel Energie insgesamt vorliegt, sondern wie sie ausgeleitet wird. Statt den 2,4 Tonnen TNT beispielsweise hätten wir die eben genannten 10 Gigajoule auch dem Brennwert von 460 Kilogramm Schokolade gegenüberstellen können—ein Vergleich, der deutlich weniger destruktiv klingt. Indem wir eine ausreichende Zahl hungriger Kinder zusammentrommelten, würden wir diese Schokolade rasch vollständig los und hätten so die Energie auf (vergleichsweise) sichere Weise ausgeleitet. Diesem Prinzip folgt das Quench-Schutzsystem des LHC: Es verteilt die Energie durch kontrollierte Streuung.

Ein wichtiger Aspekt eines Projekts von der Größe des Large Hadron Collider besteht darin, das Unvorhersehbare vorherzusehen und alle erdenklichen Vorsichtsmaßnahmen zu ergreifen, um während des Betriebs der Anlage absolute Sicherheit zu gewährleisten. In diesem Bereich hat das CERN große Mittel eingesetzt. Doch obwohl die Sicherheit stets gewährleistet war, wäre die Erwartung, alles werde glatt gehen, unrealistisch, wenn man es mit Prototyptechnologie zu tun hat. Eine Reihe nicht absehbarer Verzögerungen und Unfälle sind einem Projekt von der Komplexität des LHC leider unvermeidbar.

Im Sommer 2004 stellte man fest, dass die kryotechnische Verteileranlage—das System also, das die Magnete mit flüssigem Helium zur Kühlung versorgt—nicht funktionierte. Die von einem externen Unternehmen gelieferten Komponenten erfüllten die erforderlichen Vorgaben nicht: Einige waren fehlerhaft und die Schweißarbeiten qualitativ minderwertig. Die Produktion musste umgehend eingestellt werden. In enger Zusammenarbeit überarbeiteten CERN und die Zulieferfirma den gesamten Produktionsprozess und die Qualitätskontrollen während der Produktion. Die bereits eingebauten fehlerhaften Komponenten mussten sämtlich ausgetauscht werden. Insgesamt verzögerte sich die Fertigstellung dadurch um etwa ein Jahr.

Während eines Hochdruckbelastungstests im Tunnel des Large Hadron Collider brach am 27. März 2007 eines der »inneren Triplets«—der Systeme aus drei Quadrupolmagneten zur Fokussierung des Protonenstrahls vor seinem Auftreffen auf dem Kollisionspunkt—und beschädigte die angrenzenden elektrischen Anschlüsse. Die außerhalb des CERN gefertigten inneren Triplets waren nicht darauf ausgerichtet, der asymmetrischen Kraft standzuhalten, die beim Belastungstest angelegt wurde und die bei einem Unfall auftreten könnte. Die Aufhängungen mussten neu entworfen werden; der Einbau gelang jedoch, ohne dass die unbeschädigten inneren Triplets aus dem Tunnel entfernt werden mussten, was zu einer deutlich längeren Verzögerung geführt hätte.

Der jüngste Unfall ereignete sich am 19. September 2008 und wurde in den Medien erwähnt, insbesondere da er kurz nach dem Erfolg vom 10. September geschah, als die Protonenstrahlen ihre erste triumphale Rundreise durch den LHC-Tunnel machten. Zu jener Zeit waren fast alle Dipole des LHC bereits auf einen elektrischen Strom in den supraleitenden Magnetspulen von 9.300 Ampere getestet worden, der eine Beschleunigung des Protonenstrahls auf bis zu 5,5 TeV ermöglicht. In einem der Sektoren jedoch war nur bis 7.000 Ampere getestet worden. Am Morgen jenes schicksalhaften 19. September beschloss man, die Überprüfung dieses Sektors durch Hochfahren des elektrischen Stroms abzuschließen.

Um 11.18 Uhr leuchteten auf den Monitoren im Kontrollzentrum des LHC rote Warnsignale auf. Ein mechanischer Schaden in einem der Dipole hatte ein Heliumleck verursacht. Mit einer Eingangstemperatur von −271 °C verdampfte das Helium beim Austritt aus dem Gehäuse sofort. Innerhalb von weniger als zwei Minuten waren mit einer Austrittsgeschwindigkeit von etwa 70 Stundenkilometern zwei Tonnen flüssiges Helium ausgetreten; unter vermindertem Druck leckte der Tank anschließend weiter, bis insgesamt sechs Tonnen Helium verloren gegangen waren. Im Moment des Unfalls schalteten sich im Tunnels in rascher Aufeinanderfolge die Sauerstoffmangelsensoren und die Feueralarmsignale ein—auf diese Weise konnte die Geschwindigkeit des austretenden Heliums gemessen werden. Ein Feuer war zwar nicht ausgebrochen, aber die Rauchmelder reagieren auf Veränderungen in der Transparenz der Luft, und das ausströmende Helium hatte eine Staubwolke aufgewirbelt. Personen hielten sich im Tunnel selbstverständlich keine auf; während solcher Vorgänge ist der Zutritt strengstens untersagt.

Die Druckwelle, die das Entweichen des Heliums in der Vakuumkammer des Dipols verursachte, verrückte 39 der je dreißig Tonnen schweren Dipolmagnete und zahlreiche weitere Magnetmodule aus ihrer exakt abgestimmten Position, einige der Verbindungsteile brachen. Der Riss im Heliumgehäuse wurde höchstwahrscheinlich durch einen elektrischen Defekt infolge einer fehlerhaften Kabelverbindung zwischen zwei Dipolen verursacht; der genaue Hergang lässt sich allerdings unmöglich mit absoluter Sicherheit rekonstruieren, da die fragliche Verbindung bei dem Zwischenfall vollständig verdampfte. Beim CERN reagierte man trotz der bitteren Enttäuschung mit wahrer Professionalität und harter Arbeit auf den Zwischenfall. Unterstützung kam auch vom Fermilab, das zur Beschleunigung der Reparaturarbeiten ein Expertenteam schickte. Im Innern und zwischen den Dipolmagneten sind rund 24.000 Kabelverbindungen verbaut, die dem vermutlichen Unfallverursacher ähneln. Binnen kurzer Zeit entwickelten Physiker und Ingenieure raffinierte Programme zur Überprüfung auf mögliche weitere schadhafte Verbindungen. Trotz allem brachten die Reparatur- und Zusammenführungsarbeiten, die zur Vermeidung weiterer Unfälle dieser Art erforderlich waren, eine Verzögerung der zeitlichen Abläufe von über einem Jahr mit sich, denn erst Ende 2009 konnte der Large Hadron Collider seinen Betrieb wieder aufnehmen.

6

Teleskope für den Zeptoraum

Wir wälzen uns alle im Rinnstein, aber einige von uns blicken zu den Sternen auf.

Oscar Wilde[1]

Ohne Teleskope wäre es uns nicht möglich, weit entfernte Supernova-Explosionen zu beobachten. Ebenso benötigen wir spezielle Instrumente, um die winzigen Teilchenexplosionen aus dem Zusammenprall von Protonen im Large Hadron Collider zu betrachten. Diese Teilchenexplosionen werden in der Physik *Ereignisse* genannt, die Instrumente zu ihrer Beobachtung *Detektoren.* Detektoren sind darauf ausgelegt, die Echos aus dem Zeptoraum aufzuzeichnen. Sie halten das Ereignis fest, indem sie die Spuren sämtlicher aus dem Strahl gesprengter Teilchen zurückverfolgen und ihre Eigenschaften messen, etwa ihre elektrische Ladung, ihre Energie und ihren Impuls.

Die Detektoren im LHC stehen in unterirdischen Hallen an den vier Kreuzungspunkten der beiden gegenläufigen Protonenstrahlen. Die Hauptdetektoren sind ATLAS (eine bemühte, aber einprägsame

[1] O. Wilde: Lady Windermeres Fächer (Lady Windermere's Fan, 1892). Dt. v. P. Baudisch, 1970.

G.F. Giudice, *Odyssee im Zeptoraum*, DOI 10.1007/978-3-642-22395-2_6,

Abkürzung von »A Toroidal Lhc ApparatuS«) und CMS (eine präzise, aber glanzlose Abkürzung von »Compact Muon Solenoid«) und haben Materialkosten von je etwa 350 Millionen Euro verursacht. Im Beschleunigerring des LHC stehen sie einander gegenüber—ATLAS unter schweizerischem, CMS unter französischem Boden. Da die bereits vorhandenen Hallen der LEP-Experimente nicht genügend Raum für die gigantischen Instrumente der beiden Detektoren boten, mussten neue Hallen ausgehoben werden. Ein Besuch der ATLAS-Halle—der größeren der beiden—im Jahr 2003 kurz nach Beendigung der Tiefbauarbeiten bot einen ziemlich imposanten Anblick: ein leerer Raum von der Größe einer Kathedrale einhundert Meter unter der Erde, durch atemberaubende senkrechte Schächte mit der Oberfläche verbunden. Heute ist diese Halle bis unter die Decke mit der Detektoranlage ausgefüllt.

Die Grabungsarbeiten förderten eine interessante Überraschung zutage. Im Bereich des CMS-Detektors fand man Überreste einer gallisch-römischen Villa aus dem vierten nachchristlichen Jahrhundert. Mit dieser ersten Entdeckung aus vergangenen Zeiten nahm das CMS-Experiment zur Erkundung der Physik des frühen Universums einen guten Anfang, wenn auch der Urknall weiter zurückliegt. Als bei den Ausgrabungen Münzen aus *Ostia* (Ostia), *Lugdunum* (Lyon) und *Londinium* (London) gefunden wurden, konnten sich britische Kollegen die Bemerkung nicht verkneifen, dass sie heute nur mit britischen Pfund und ohne Schweizer Franken oder Euros in der Tasche weder in der Schweiz noch auch in Frankreich in irgendeinem Supermarkt etwas zu essen kaufen könnten, ihre Urahnen dagegen offensichtlich keinerlei solche Probleme gehabt hätten: Die Globalisierung habe ja enorme Fortschritte gemacht.

Zu einer Verzögerung der Grabungsarbeiten kam es, als die Bohrer auf den Grundwasserspiegel stießen: Die Grube begann vollzulaufen, und ein Abpumpen des Wassers wäre langwierig und ineffektiv gewesen. Hier installierten die Ingenieure ein in die Erde versenktes doppeltes Kühlkreislaufsystem aus vertikalen Rohren, die sie mit Ammoniak und Salzwasser bei –23 °C füllten. In einem nächsten Schritt wurde der Kreislauf mit flüssigem Stickstoff befüllt, um das Grundwasser vollständig einzufrieren. Da es sich durch Eis ebenso gut bohrt wie durch Felsen, konnten die Arbeiten nun zu Ende geführt werden. Problematisch bei der Aushebung war weiterhin, dass sich das Felsgestein um die CMS-Grube als nicht hart genug erwies und man daher Stützen einsetzen musste, was zwar gelang, die Arbeiten aber beträchtlich in die Länge zog.

Nach der Fertigstellung der ATLAS-Halle, für die man 300.000 Tonnen Felsgestein ausgehoben hatte, begann der Hallenboden sich langsam zu heben—beinahe einen Millimeter pro Jahr. Diese Bewegung musste durch ein hochempfindliches meteorologisches System kontinuierlich überwacht werden, um die präzise austarierte Anordnung der Detektorbestandteile zu gewährleisten. Die Messinstrumente in der Tunnelhalle waren so empfindlich, dass sie den Tsunami vom Dezember 2004 erfassten: Sie registrierten ebenso die Erdbeben vor der Macquarie-Insel und vor Sumatra wie die anschließende Flutwelle.

ATLAS und CMS gelten als »Universaldetektoren«, da sie auf jedwedes Ergebnis aus den Protonenkollisionen eingerichtet sind. Tatsächlich zeichnen sie sämtliche Informationen zu den Kollisionen auf: Sie identifizieren alle entstandenen Teilchen (mit Ausnahme eines kleinen Kegels entlang der Strahlverlaufsrichtung) und rekonstruieren deren Flugbahn. Sie erstellen praktisch eine Momentaufnahme jedes einzelnen Ereignisses. Da die Identifizierung unterschiedlicher Teilchen unterschiedliche Methoden erfordert, sind ATLAS und CMS (siehe Abb. 6.1 und 6.2) eigentlich Verbünde aus vielen unterschiedlichen Instrumenten, deren jedes einen spezifischen Zweck erfüllt. All diese Instrumente sind in einer einzigen gigantischen Struktur zusammengefasst. Der ATLAS-Detektor ist 46 Meter lang und 26 Meter hoch und damit größer als Salomos Tempel (zumindest nach der rabbinischen Lesart).

Die Detektoren des LHC müssen strenge Auflagen erfüllen, was komplexe technologische Herausforderungen mit sich brachte. Vor allem müssen die elektronischen Komponenten sehr kurze Reaktionszeiten haben, da zwischen den Kollisionen zweier Protonenpakete nur 25 Nanosekunden liegen. Sodann muss die gesamte Anlage hohen

Abb. 6.1 Der ATLAS-Detektor vor dem Einbau der Endkappe
Quelle: CERN/ATLAS Collaboration.

Abb. 6.2 Der CMS-Detektor im oberirdischen Labor
Quelle: CERN/CMS Collaboration.

Strahlungsdosen standhalten können, da insbesondere die nahe dem Kollisionspunkt gelegenen Teile im Innern der Detektoren unaufhörlich großen Strömen hochenergetischer Teilchen ausgesetzt sind. Schließlich müssen die Instrumente sorgfältig geprüft sein und zuverlässig arbeiten, da während des Betriebs, wenn der Zutritt zu den unterirdischen Bereichen verboten ist, keinerlei Reparatur- oder Wartungsarbeiten durchgeführt werden können. Selbst während der sogenannten Shutdowns, wenn der Betrieb eingestellt ist, gestaltet sich der Austausch eines Detektorbauteils als äußerst diffizil und langwierig. Daher ist alles auf eine Betriebsdauer von mindestens zehn Jahren ohne menschliches Eingreifen angelegt. Die Experimente am Large Hadron Collider sind in dieser Hinsicht Weltraummissionen nicht unähnlich. Angesichts all dieser Erfordernisse verwundert nicht, dass die Konstruktion der Detektoren jahrelange Forschungs- und Entwicklungsarbeiten verlangte, mit zeitaufwendigen Verfahren zur Auswahl und Herstellung der Spezialmaterialien und der Einrichtung strengster Qualitätskontrollen.

Um die Ergebnisse aus den Protonenkollisionen interpretieren zu können, benötigen die Physiker Angaben zu sämtlichen bei einem Ereignis erzeugten Teilchen. Die Detektoren müssen daher, mit Ausnahme der beiden Aus- und Eintrittsöffnungen für den Strahl, alle Richtungen abdecken, in die vom Kollisionspunkt aus Teilchen hervorgehen können. Diese Bedingung umschreiben Physiker mit dem Begriff des »hermetischen« Detektors. Hinsichtlich der Form eines Detektors mag man eine Kugel für optimal geeignet halten; tatsächlich aber sind die Detektoren des LHC wie riesige Zylinder geformt, deren Achse in Richtung des Strahls verläuft und die an beiden Enden so hermetisch wie möglich mit einer *Endkappe* abschließen. Gewählt wurde diese geometrische Form, weil sie eine Einfachheit des Designs mit der Gewährleistung eines gleichförmigen Magnetfelds im Innern des Detektors verbindet.

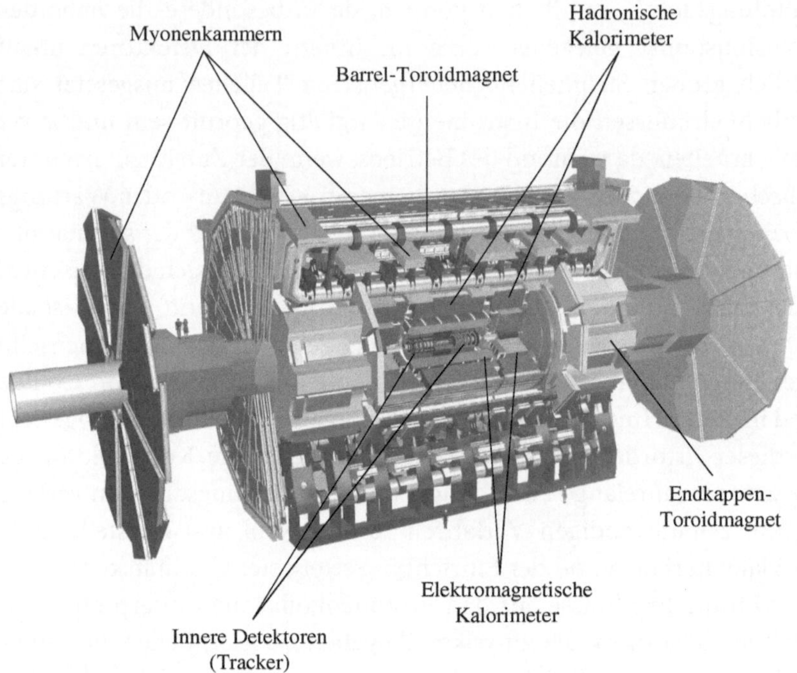

Abb. 6.3 Schematischer Aufbau des ATLAS-Detektors. Die oberhalb des linken Detektorabschnitts dargestellten Personen illustrieren den Maßstab der Zeichnung
Quelle: CERN/ATLAS Collaboration.

Der ATLAS- und der CMS-Detektor sind hochkomplizierte Instrumente, die für ihre jeweiligen Aufgaben unterschiedliche Technologien nutzen (siehe Abb. 6.3 und 6.4). Vier zentrale Elemente jedoch sind in beiden Detektoren zu finden; sie bilden das Rückgrat der Maschine. Diese Komponenten wollen wir uns näher ansehen und folgen dabei gedanklich dem Weg der Teilchen, die aus dem Zusammenprall der Protonen hervorgehen. Vom Ort der Kollision im Kern des Detektors aus arbeiten wir uns nach außen vor.

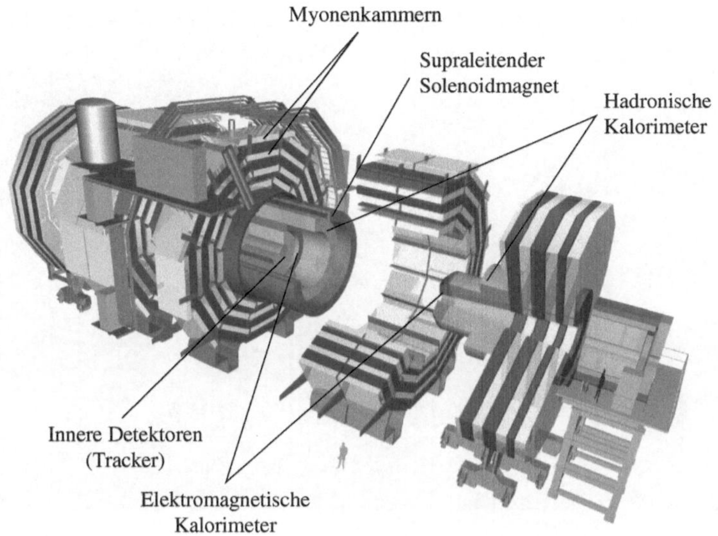

Abb. 6.4 Schematischer Aufbau des CMS-Detektors. Die Person im Vordergrund illustriert den Maßstab der Zeichnung
Quelle: CERN/CMS Collaboration.

1. *Innere Detektoren* (*Tracker*). Die sogenannten »Tracker« oder Streifendetektoren bilden ein System aus mehreren Komponenten im inneren Kern des Detektoraufbaus. Sie sind die ersten Elemente des Detektors, denen die aus den Protonenkollisionen hervorbrechenden Teilchen begegnen. Mit einer unfassbar großen Anzahl von Sensoren, tausendfachen Verbindungen pro Quadratzentimeter und Millionen von elektronischen Kanälen ist das innere Tracker-System der komplizierteste Teil des gesamten Detektors (siehe Abb. 6.5 und 6.6). Größtenteils besteht dieses System aus dünnen Siliziumstreifen, die mit elektronischen Auslesestreifen verbunden sind. Beim Durchqueren eines dieser Siliziumstreifen setzt ein geladenes Teilchen Elektronen frei, die von der Elektronik als elektrischer Strom ausgelesen und in ein digitales Signal umgewandelt werden. So lassen sich präzise Angaben über die Position gewinnen, an der das geladene Teilchen den Siliziumstreifen passiert hat. Durch die Zusammenführung der Informationen aus mehreren Streifen wird die

Abb. 6.5 Der innere CMS-Detektor wird eingebaut
Quelle: CERN/CMS Collaboration.

Abb. 6.6 Endkappe des inneren ATLAS-Detektors
Quelle: CERN/ATLAS Collaboration.

Teilchenbahn rekonstruiert. Um zu vermeiden, dass die Teilchen von ihrer natürlichen Bahn abgelenkt werden, müssen die einzelnen Streifen sehr dünn sein. Da diese Detektionsmethode auf elektromagnetischen Wechselwirkungen fußt, reagiert das System nur auf geladene Partikel—ladungslose Teilchen wie Neutronen oder Photonen sind für die Tracker unsichtbar.

Die von den inneren Detektoren gemessene Flugbahn liefert erste Angaben zum Wesen des Teilchens; zu seiner vollständigen Identifikation allerdings reicht dies nicht aus. Die Tracker sind gleichsam der Gastgeber, der Gäste aus dem Ausland begrüßt. Im Eingangsbereich fragt er zunächst höflich nach Nationalität oder Beruf der Neuankömmlinge und wird lediglich erste allgemeine Informationen einholen können, bevor die Gäste in den nächsten Raum wechseln, um neuen Besuchern Platz zu machen.

2. *Elektromagnetische Kalorimeter.* Auf der folgenden Etappe ihrer Reise treffen die aus den Kollisionen hervorgegangenen Teilchen auf die elektromagnetischen Kalorimeter. Hier nun halten Elektronen und Photonen inne und geben ihre Energie an das Material ab. Das Kalorimeter misst diese Energie sogleich und zeichnet die Information auf. Zu diesem Zeitpunkt sind Elektronen und Photonen leicht voneinander zu unterscheiden: Während in den elektromagnetischen Kalorimetern beide Teilchenarten gestoppt werden, hinterlassen Photonen in den Trackern keine Spuren, Elektronen aber sehr wohl. Die Elektronen und die Photonen also sind an dieser Stelle vollständig identifiziert. Als Gäste auf einem Kostümball hätten jetzt beide ihre Masken fallen lassen und ihre wahre Identität preisgegeben.

In den elektromagnetischen Kalorimetern des ATLAS- und des CMS-Detektors kommen unterschiedliche Technologien zum Einsatz. ATLAS verwendet Lagen aus Blei, die wie die Falten eines Akkordeonbalgs aufgereiht und von flüssigem Argon bei −186 °C umgeben sind. Treffen Elektronen oder Photonen, die bei der Protonenkollision entstanden sind, auf diese Metallplatten auf, erzeugen sie eine Vielzahl von weniger energiereichen Teilchen. Die dabei freigesetzte Gesamtladung gibt Auskunft über die Energie des Ausgangsteilchens. Das Edelgas Argon ist für Teilchendetektoren besonders gut geeignet, weil es mit anderen Elementen nicht chemisch reagiert. Zunächst hatte man für das ATLAS-Kalorimeter auch die Verwendung von Krypton in Erwägung gezogen, da dieses Edelgas eine bessere Energieauflösung gewährleistet. Letztlich jedoch wurde diese Option verworfen, was weniger darin begründet lag, dass Kryptonit für Superman tödlich sein kann, als vielmehr in den höheren Kosten und dem problematischen Reinigungsverfahren.

Das elektromagnetische Kalorimeter des CMS-Detektors verwendet ein besonderes Material: Szintillationskristalle aus Bleiwolframat. Diese Kristalle sind elegant aussehende kleine Quader (siehe Abb. 6.7), die vollkommen durchsichtig sind wie Glas. Beim Versuch, einen dieser quaderförmigen Blöcke anzuheben, wird jedoch sofort klar, dass man es nicht mit gewöhnlichem Glas zu tun hat: Die Kristalle sind schwerer als reines Eisen. Sie sind in hohem Maße strahlungsresistent und ermöglichen eine hochpräzise Bestimmung der Energien von Photonen und Elektronen—eine sehr wichtige Eigenschaft für die exakten Messungen, die für die Jagd nach dem Higgs-Boson so entscheidend sind.

Abb. 6.7 Einer der 78.000 Kristalle aus Bleiwolframat für das elektromagnetische Kalorimeter des CMS
Quelle: CERN/ATLAS Collaboration.

Die Forschungsarbeiten zu diesem Spezialmaterial wurden am CERN durchgeführt; die Produktion der 78.000 Kristallquader für das CMS-Kalorimeter dagegen erfolgte in zwei Chemiefabriken: in einem weitgehend stillgelegten Fabrikkomplex in Russland, der zuvor die Sowjetarmee beliefert hatte, und in einer chinesischen Produktionsstätte. Das Herstellungsverfahren beginnt damit, dass in Platintiegeln zunächst blei- und wolframhaltige Salze geschmolzen werden. Das Platin für die Tiegel war teilweise eine Leihgabe schweizerischer und russischer Banken und wurde nach der Produktion gereinigt und zurückgegeben. In einem nächsten Schritt wird ein winziger Kristallkeim an einem Stab in den Tiegel geführt und sehr langsam durch das flüssige Blei- und Wolframgemisch bewegt. Dies setzt den Kristallisationsprozess in Gang, und der Kristall beginnt zu wachsen. In der russischen Fabrik dauerte das künstliche Ziehen jedes Kristalls etwa zwei Tage. In der chinesischen Fabrik wandte man ein anderes Verfahren an, bei dem ein Kristall nach etwa zwanzig Tagen fertig war, aber viele Kristalle gleichzeitig hergestellt werden konnten. Hatte ein Kristall die Länge von etwa 20 Zentimetern erreicht, wurde es mit Diamantschleifscheiben (Diamant ist das härteste in der Natur vorkommende Material) geschliffen und poliert.

Im Laufe der fast zehnjährigen Produktionszeit der Kristalle konnte das CERN den wirtschaftlichen Umbruch in Russland hautnah miterleben. Anfangs noch massiv vom Staat subventioniert, durchlebte die Fabrik den Übergang in eine freie Marktwirtschaft. Die Energiekosten stiegen gewaltig und es kam zu Krisensituationen und Neuverhandlungen mit dem Unternehmen. Die letzten Aufträge beim russischen Lieferanten mussten schließlich in Rubel statt in Dollar abgerechnet werden, weil das Unternehmen die russische Währung für stabiler und stärker hielt als den US-Dollar.

3. *Hadronische Kalorimeter.* Hadronen—aus Quarks und Gluonen zusammengesetzte Teilchen wie Protonen, Neutronen und Pionen—durchqueren das elektromagnetische Kalorimeter größtenteils ungehindert. Erst wenn sie die nächste Stufe des Detektors, das hadronische Kalorimeter, erreichen, kommen sie zum Stillstand. Hier

werden die Hadronen von Eisenabsorbern angehalten, und ihre Energie wird von Plastikszintillator-Platten ausgelesen, die aus einem Material bestehen, das die Energie geladener Teilchen in Form von Licht abstrahlt. Aus der Lichtintensität lässt sich die Energie des Hadrons ablesen.

Eine Eigenart der aus Protonenkollisionen hervorgehenen Hadronen besteht darin, dass viele von ihnen gemeinsam in einem dichten Teilchenstrom unterwegs sind, ähnlich wie Wassertropfen sich in einem Strahl aus dem Gartenschlauch ergießen. Dieses spezifische Verhalten von Hadronen lässt sich mit den starken Wechselwirkungen zwischen ihren Bestandteilen erklären.

Bei der gewaltigen Explosion nach einer Kollision am Large Hadron Collider werden einzelne Quarks und Gluonen aus dem Innern der Protonen geschleudert. Nun sieht die Quantenchromodynamik—die Theorie der starken Kraft—eine Ausbreitung freier Quarks und Gluonen aber nicht vor. Was also geschieht? Noch einmal kann uns hier der Vergleich nutzen, anhand dessen wir in Kap. 3 den Einschluss der Quarks im Proton erklärt haben. Wird bei einer Kollision ein Quark herausgeschleudert, spannt sich das Gummiband, das es mit den anderen Protonbestandteilen verbindet. Je stärker aber dieses Band gespannt wird, desto mehr Energie ist in ihm gespeichert. Übersteigt diese Energie die Masse eines Hadrons, kann die Energie sich der Einstein'schen Gleichung $E = mc^2$ zufolge als Teilchen materialisieren. Zu diesem Zeitpunkt ist das Gummiband so stark gedehnt, dass es reißt und neue Hadronen entstehen. Beim Aufeinanderprall zweier Protonen im LHC werden also viele der Gummibänder zwischen den Quarks in Stücke gerissen, wodurch ein Hadronenstrom erzeugt wird, der auf das anfangs herausgeschleuderte Quark zufließt. Keine Kollision, und sei sie noch so energiereich, kann einzelne Quarks oder Gluonen freisetzen. Die QCD hat diese Teilchen zu einer lebenslangen Freiheitsstrafe im Hadronengefängnis verurteilt.

Der Vorgang, bei dem aus Quarks und Gluonen neue Hadronen entstehen, ist sehr kompliziert. In einem quantenmechanischen Effekt entstehen dabei aus dem Nichts Quark-Antiquark-Paare, die sich mit den ursprünglichen Quarks und Gluonen zu Hadronen verbinden. Wer dieser Beschreibung nicht folgen kann, braucht nicht zu verzweifeln, denn auch die theoretische Physik weiß diese Prozesse nicht vollständig zu erklären. Das Problem ist folgendes: Aufgrund der Besonderheit, dass die starke Kraft mit wachsendem Abstand zunimmt, ist eine—zumindest annähernde—Lösung der Gleichungen der QED bei einem geringen Abstand zwischen den Quarks möglich, bei einem Abstand von der Größe eines Protons jedoch zu kompliziert. Bis heute ist die Lösung dieser Gleichungen niemandem gelungen. Der Einschluss der Quarks im Proton ist mathematisch nicht erwiesen und konnte lediglich in numerischen Simulationen gezeigt werden. Mit der exakten Lösung der Gleichungen der QCD ließe sich übrigens gutes Geld verdienen: Das Clay Mathematics Institute in Cambridge, Massachusetts hat dieses Problem in seine Liste der sieben Millenniumsprobleme aufgenommen und für die Lösung ein Preisgeld von einer Million US-Dollar ausgesetzt. Noch hat sich niemand gemeldet.

Interessant für unsere Erforschung des Zeptoraums ist jedoch weniger das Verhalten jedes einzelnen Hadrons als vielmehr die Wechselwirkungen zwischen Quark und Gluonen bei sehr kleinen Distanzen. In der LHC-Datenanalyse wird daher die gesamte Information über dicht beieinander fließende Hadronen in einer einzelnen Größe zusammengefasst: dem *Jet*. Ein Physiker denkt beim Wort »Jet« nicht an große Flugzeuge, sondern an eine Streuspur aus hadronischen Teilchen, die einem dichten Schwarmflug von Zugvögeln gleicht. Ein Jet-Ereignis signalisiert die Erzeugung eines Quarks oder eines Gluons—leider aber sind die beiden nur schwer voneinander zu unterscheiden. Wie diese Information aus den Merkmalen der Jet-Teilchen herauszulesen ist, wird derzeit noch untersucht.

4. *Myonenkammern.* Wie jene Partygäste, die auch dann noch weitertanzen, wenn alle anderen sich bereits nach Hause verabschiedet haben, lassen sich Myonen vom hadronischen Kalorimeter nicht aufhalten. Von allen Teilchen, die ATLAS und CMS erfasst haben, besitzen die Myonen die größte Durchdringungskraft. Übertroffen

werden sie nur von den Neutrinos, die für Detektoren vollkommen unsichtbar sind und die gesamte Maschine durchdringen, ohne eine einzige Spur zu hinterlassen. Die präzise Flugbahnbestimmung der Myonen erfolgt in den Kammern des Myonenspektrometers im äußeren Teil der Detektoren. ATLAS und CMS verwenden mehrere unterschiedliche Technologien zur Detektion von Myonen, die meisten Myonenkammern jedoch bestehen aus kleinen, mit Gas gefüllten Röhren. Ein Myon, das diese Röhren passiert, hinterlässt eine Spur elektrisch geladener Teilchen. Diese Teilchen driften entweder zu einem Draht in der Mitte der Röhre oder sie treiben auf dessen Wände zu. Anhand der Zeit, die eine solche Teilchenladung zum Driften benötigt, lässt sich die Position des Myons beim Durchqueren der Röhre mit großer Präzision bestimmen. Die Myonenkammern des ATLAS-Detektors erstrecken sich über eine Fläche von mehr als drei Fußballfeldern und messen die Myonenbahnen mit einer Präzision von hundertstel Millimetern.

Beide Detektoren, ATLAS und CMS, sind mit Hochleistungsmagneten ausgestattet, die in ihrem Innern starke Magnetfelder erzeugen. Nur mithilfe dieser Magnetfelder gelingt es, die Flugbahnen der aus den Kollisionen hervorgehenden Teilchen abzulenken. Aus dem Verhalten eines Teilchens im Magnetfeld lassen sich wertvolle Informationen ablesen: Ist die Ladung eines Teilchens positiv, wird es in die eine Richtung abgelenkt, ist sie negativ, in die andere. Außerdem werden schnellere Teilchen weniger stark abgelenkt als langsamere, sodass man anhand der Bahnkrümmung den Impuls des Teilchens messen kann. Die extreme Stärke der Magnetfelder in den Detektoren ist notwendig, weil hochenergetische Teilchen nur schwer abzulenken sind; darüber hinaus steigt mit der Stärke des Magnetfelds auch die Präzision der Impulsmessung. Hinzu kommt, dass die Bahnen von Teilchen mit niedrigerer Energie durch die Stärke des Magnetfelds eingerollt werden, die Magnete also wie ein Filter nur jene Hochenergieteilchen durchlassen, die für die Datenanalyse von größerem Interesse sind.

Zur Erzeugung des Magnetfelds in den Detektoren wählten die Planer von ATLAS und CMS unterschiedliche Quellen. Das Magnetfeld im ATLAS-Detektor wird von einem zentralen Solenoidmagneten und einem toroidalen Luftspulenmagnetsystem von kolossalen Ausmaßen angetrieben, das sich aus einem *Barrel-Toroidmagneten* im Zentralbereich und zwei *Endkappen-Toroidmagneten* an den Stirnseiten zusammensetzt. Der Barrel-Toroidmagnet besteht aus acht riesigen—wie längliche Kringel geformten—*supraleitenden Magnetspulen*, die radial zur Strahlachse angeordnet sind. Durch seine Größe und sichtbare Präsenz ist das toroidale Magnetsystem zum Markenzeichen des ATLAS-Projekts geworden; zudem zeichnet es für das »T« (»toroidal«) in der Abkürzung verantwortlich. In der Schnittansicht (siehe Abb. 6.8) erinnert der ATLAS-Detektor an eine gigantische Apfelsinenhälfte, deren Segmente von den supraleitenden Magnetspulen begrenzt werden.

Abb. 6.8 Die acht supraleitenden Spulen des ATLAS-Barrel-Toroidmagneten vor dem Einbau von Kalorimetern und innerem Detektor. Der Mann im Vordergrund vermittelt einen Eindruck von der Größe der Anlage
Quelle: CERN/ATLAS Collaboration.

Der Transport der 25 Meter langen und 5 Meter breiten Magnetspulen durch den 100 Meter langen Schacht in die unterirdische Halle war ein eindrucksvolles Schauspiel. Die an Metallseilen befestigten Spulen wurden herabgelassen, anschließend vorsichtig gedreht und in den Detektor platziert (siehe Abb. 6.9). Zwischen diesen Kolossen und den Betonwänden von Schächten und Halle waren nur wenige Zentimeter Platz zum Manövrieren. Wer Mühe hat, sein Auto ohne Kratzer in die Garage zu bekommen, den hätte diese Operation wohl besonders tief beeindruckt.

Abb. 6.9 Am 26. Oktober 2004 schwebt die erste supraleitende Magnetspule in die Halle des ATLAS-Detektors
Quelle: CERN/ATLAS Collaboration.

Der Magnet im Innern des CMS-Detektors ist ein großer *supraleitender Solenoidmagnet* in einem massiven Eisenjoch, welches das Magnetfeld schließt. Der Magnet zeichnet nicht nur für das »S« (»solenoid«) in der Abkürzung CMS verantwortlich, sondern auch für die Erzeugung eines extrem starken Magnetfelds von 4 Tesla im Innern des Detektors (siehe Abb. 6.10). Dank dieser Konstruktion ist der CMS-Detektor kleiner als ATLAS, zugleich erklärt sie das »C« (»compact«) in der Abkürzung. Trotzdem ist »kompakt« nicht unbedingt das erste Wort, das einem in den Sinn kommt, wenn man vor dem CMS steht. Bei einem Gewicht von 14.000 Tonnen—das entspricht einem Flugzeuggeschwader aus etwa achtzig Boeing 747-400—ist in dem Detektor das Eisen von anderthalb Eiffeltürmen verbaut. Dennoch ist er mit einem Durchmesser von 15–21 Metern Länge deutlich kompakter als Flugzeuggeschwader oder Eiffelturm.

Die leistungsstarke supraleitende Solenoidmagnetspule des CMS hat eine Betriebstemperatur von -268 °C. Die im Magneten gespeicherte

Abb. 6.10 Einbau der Tracker in den CMS-Detektor
Quelle: CERN/CMS Collaboration.

Energie würde 18 Tonnen Gold zum Schmelzen bringen. Bei seinem ersten Testlauf tilgte der Magnet die Festplatte eines Laptops und löschte mehreren unvorsichtigen Physikern, die ihm zu nahe gekommen waren, die Kreditkarten. Außerdem blockierte er den Aufzug, der die CMS-Halle mit der Erdoberfläche verbindet, weil das Magnetfeld mit der elektronischen Aufzugsteuerung interferierte.

Ein Besuch in den unterirdischen Hallen von ATLAS und CMS ist ein Ehrfurcht gebietendes Erlebnis. Am eindrucksvollsten ist natürlich die schiere Größe der Detektoren, insbesondere wenn man bedenkt, dass sämtliche Teile dieser riesigen Apparaturen mikrometergenau eingepasst und nanosekundengenau synchronisiert sind. Schon ein kurzer Blick in das unbeschreibliche Kabelgewirr im Innern des ATLAS- oder des CMS-Detektors vermittelt anschaulich die beispiellose Komplexität dieser Instrumente. Tausende von Kabel- und Glasfaserkilometern versorgen die verschiedenen Detektorbereiche und extrahieren digitale und analoge Daten aus den unterschiedlichen Instrumenten und den unzähligen Sensoren, die das System pausenlos überwachen. Dieses verzweigte Kabelsystem lässt einen an das Kreislaufsystem riesenhafter Lebewesen denken. Vor diesen Riesen zu stehen—dieser Kombination aus hochkomplexer Mikrotechnologie und ungeheuren Ausmaßen—vermittelt ein Gefühl des Staunens und der Ehrfurcht, das sich nur schwer beschreiben lässt. Selbst Menschen, die kein besonderes Interesse für die Wissenschaft hegen, staunen angesichts dieser mächtigen Detektoren über die erhabene Größe des Projekts und die Riesenhaftigkeit seiner Dimensionen. Für mich übertrifft dieses Gefühl die Empfindungen beim Anblick der ägyptischen Pyramiden und anderer spektakulärer Bauwerke der antiken Zivilisationen. Wie Kathedralen des 21. Jahrhunderts sind diese Detektoren die letztgültigen Meisterwerke der menschlichen Erfindungskraft und des Strebens nach Erkenntnis.

LOGISTIK UND TRANSPORT

Musik ist ein Verkehrsmittel für den Schnelltransport.

JOHN CAGE[2]

[2] J. Cage: A Year from Monday: New Lectures and Writings. Wesleyan University Press, Middletown 1967.

Der ATLAS-Detektor entstand nach dem »Buddelschiff«-Prinzip: Jedes Bauteil wurde einzeln in die Erde hinabgelassen und anschließend in der Halle zusammengebaut. Demgegenüber entstand der CMS-Detektor fast vollständig im Laboratorium über der Erde und wurde dort auch getestet. Durch diese für teilchenphysikalische Experimente recht ungewöhnliche Strategie konnte man mit dem Zusammenbau des Detektors beginnen, als die Tiefbauarbeiten noch weit von ihrem Abschluss entfernt waren. Wie sich zeigte, hatte dieses Vorgehen noch weitere Vorteile. Wartung und Einbau waren einfacher, und aufgrund der größeren verfügbaren Fläche konnte gleichzeitig an mehreren Komponenten gearbeitet werden. Der CMS-Detektor zählte nur 15 große Teilstücke, die zwischen November 2006 und Januar 2008 nacheinander in die Erde hinabgelassen wurden. Das schwerste Stück, das mit 1.920 Tonnen so viel wog wie vierhundert afrikanische Elefanten, schwebte am 28. Februar 2007 in die unterirdische Halle: 17 mal 16 mal 13 Meter groß, wurde es mit einer durchschnittlichen Geschwindigkeit von 10 Metern pro Stunde—buchstäblich langsamer als im Schneckentempo—von einem eigens für diesen Zweck gebauten Brückenkran herabgelassen (siehe Abb. 6.11). Da zwischen den Außenrändern des CMS-Elements und den Wänden des Installationsschachts nur zehn Zentimeter Platz waren, überprüfte und steuerte ein Spezialsystem auf den 100 Metern Abstieg jedes noch so kleine Schaukeln der Seile. Die Hydraulikheber und der Kran, die bei dieser schwierigen Operation zum Einsatz kamen, wurden später in einem etwas anderen Zusammenhang wiederverwendet: Vor der Fußball-Weltmeisterschaft 2010 in Südafrika hoben sie das Dach des Fußballstadions von Durban auf seinen Platz.

Die meisten Komponenten von ATLAS und CMS wurden nicht am CERN gebaut, sondern in Laboratorien und Fabriken auf der ganzen Welt. Der Transport dieser riesigen Geräteteile gestaltete sich mitunter als abenteuerliches Heldenstück. Ein gutes Beispiel hierfür ist die Geschichte der zwei Endkappen-Toroidmagnete des ATLAS-Detektors. Jeder dieser beiden Magnete wiegt 240 Tonnen und hat einen Durchmesser von 12 Metern. Hauptkomponente des Magneten ist eine 80 Tonnen schwere Vakuumkammer, die von einem niederländischen Unternehmen unter Beaufsichtigung durch Physiker des

Abb. 6.11 Am 28. Februar 2007 wird das schwerste Bauteil des CMS-Detektors in die Halle hinabgelassen
Quelle: CERN/CMS Collaboration.

NIKHEF-Laboratoriums nahe Amsterdam und des Rutherford Appleton Laboratory bei Oxford gebaut wurde. In zwei Hälften geteilt wurde das Bauteil auf einem Schiff von den Niederlanden über den Rhein bis nach Straßburg und von dort aus bei 10–15 Stundenkilometern in einem Schwertransport-Konvoi mit polizeilicher Begleitung transportiert. Wegen der übergroßen Abmessungen des Transporters hatte man bei der Routenplanung sorgfältig jeden Tunnel, jede Unterführung und jegliche weiteren Hindernisse umgehen müssen. Trotz dieser Vorkehrungen mussten an einem Eisenbahnübergang die Oberleitungen abmontiert werden. Die Reise von Straßburg nach Genf dauerte vier Tage, verlief jedoch erfolgreich.

Die Überraschung kam beim Transport des zweiten Endkappen-Toroids. Als der Konvoi im Juragebirge eintraf, fand man entlang der Strecke eine Brücke vor, die beim Transport des ersten Magneten noch nicht dort gestanden hatte. Sie war erst kurz zuvor errichtet worden, um einige Hotels mit den benachbarten Skipisten zu verbinden. Das

CERN musste Kräne losschicken, die den Endkappenmagneten anhoben und über die Brücke hievten, derweil der Schwerlaster unter der Brücke hindurchfuhr und dann auf seine Wiederbeladung wartete. Ungefähr zeitgleich mit dem Abschluss dieses Transports trafen beim CERN ein Strahlungswärmeschild aus Israel, Hitzeisolierungsmaterial aus Österreich und Leiter aus Deutschland, Italien und der Schweiz ein. Der Zusammenbau erfolgte in dem Gebäude mit dem größten Eingang des gesamten Laboratoriums. Auf einem Schwertransporter mit 128 Rädern legte der vollständig montierte Endkappen-Toroidmagnet (siehe Abb. 6.12) schließlich die letzte Etappe seiner Reise bis zum Eingang des ATLAS-Schachts zurück, durch den er zu guter Letzt in die unterirdische Halle abgelassen wurde.

Bei einem Glas Wein in der Cafeteria des CERN wissen die Physiker von ATLAS und CMS viele kuriose Geschichten über den Transport von Detektorteilen zu erzählen. Ein ausländischer Lkw-Fahrer, der zur Lieferadresse »le Cern« unterwegs war, landete in Luzern. Ein Berufspendler aus der Schweiz, durch den imposanten Anblick eines riesigen

Abb. 6.12 Transport des zweiten 240 Tonnen schweren ATLAS-Endkappen-Toroidmagneten auf einem Schwertransporter mit 128 Rädern; 6. Februar 2007
Quelle: CERN/ATLAS Collaboration.

LHC-Maschinenteiltransports abgelenkt, fuhr auf den vorausfahrenden Wagen auf und verursachte so die erste in Zusammenhang mit dem LHC je verzeichnete Kollision. Der ATLAS-Pixeldetektor, ein wertvolles elektronisches Instrument mit 80 Millionen Kanälen, saß auf seinem Flug von Berkeley zum CERN in einem First-Class-Sessel. In einer hoch stoßfesten Plastikbox gesichert, war er für die Economy Class zu groß, passte in der First Class jedoch perfekt. Wer den Begrüßungssekt trank, der zu seinem erstklassigen Sitzplatz gehörte, ist nicht überliefert.

DATENSICHTUNG

Wenn dein Experiment Statistiken nötig hat, hättest du ein besseres Experiment machen sollen.

ERNEST RUTHERFORD[3]

Zwei Formel-Eins-Rennwagen, die bei einem Rennen ein relativ großer Abstand—sagen wir 100 Meter—voneinander trennt, sind zeitlich möglicherweise nur eine Sekunde voneinander entfernt. Ähnlich ergeht es den Protonenpaketen, die im LHC-Beschleunigerring ihre Runden drehen. Die einzelnen Pakete sind rund sieben Meter voneinander entfernt, was in Relation zur Größe eines Protons ziemlich weit scheinen mag. Zwischen der Ankunft zweier aufeinanderfolgender Pakete am Kollisionspunkt liegen jedoch gerade einmal 25 Nanosekunden. Die Protonen sind sogar noch schneller unterwegs als ein Formel-Eins-Ferrari.

Beim Aufeinandertreffen zweier Pakete krachen durchschnittlich rund 20–40 Protonen ineinander. Für den Large Hadron Collider bedeutet dies eine astronomisch hohe Zahl von Kollisionen (oder »Ereignissen«): etwa eine Milliarde Ereignisse pro Sekunde. Bei jedem dieser Ereignisse misst der Detektor Hunderte von Teilchenspuren und wandelt sie in digitale Daten um. Insgesamt wird am LHC in jeder Sekunde rund eine Million Gigabytes produziert—genug, um binnen Tagesfrist sämtliche Festplatten auf unserem Planeten vollzuschreiben. Nun soll

[3] E. Rutherford, zitiert in N. T. J. Bailey: The Mathematical Approach to Biology and Medicine. Wiley, New York 1967.

der Large Hadron Collider aber nicht nur einen Tag laufen, sondern viele Jahre lang. Wozu brauchen die Physiker am LHC so viele Protonenkollisionsereignisse? Und wie gelingt es ihnen, diese ungeheuren Datenmengen zu speichern?

Der erste Grund für die Sammlung von Daten zu einer solchen Unmenge von LHC-Ereignissen ist, dass die überwiegende Mehrzahl dieser Ereignisse für die Erkundung des Zeptoraums nicht besonders wertvoll ist. Bei den meisten Kollisionen zweier Protonen kommen die Quarks und Gluonen des einen mit den Quarks und Gluonen des anderen Protons nicht in direkten Kontakt. Wie die Kerne in einer großen Tomate sind Quarks und Gluonen nämlich viel kleiner als das Proton. Bei der Kollision zweier überreifer Tomaten spritzt das Fruchtfleisch in alle Richtungen, ohne dass die Kerne im Fruchtfleisch dabei direkt aufeinanderträfen. Im Fachjargon bezeichnet man solche Kollisionen als *weiche Ereignisse.* Bei einem solchen »soft event« ist die Energie der Kollision über das gesamte Proton verteilt, anstatt sich in einer viel kleineren Region zu konzentrieren. Wie bei Kollisionen zweier Tomaten dringen weiche Ereignisse nicht in die kleinen Distanzen des Zeptoraums vor.

Hin und wieder aber treffen Quarks oder Gluonen frontal aufeinander. Diese Kollisionen werden *harte Ereignisse* genannt. Bei einem »hard event« ist ein Großteil der verfügbaren Energie in einem sehr kleinen Punkt konzentriert und kann daher vollständig in die Erzeugung eines unbekannten schweren Teilchens eingehen. Physiker, die kleine Distanzen erforschen, wollen harte Ereignisse.

Leider reichen einige wenige harte Ereignisse nicht aus, um das Wesen des Zeptoraums zu erforschen. Der Grund hierfür ist in der Quantenmechanik zu finden. Wir kennen das Prinzip, demzufolge ein mehrfach unter gleichen Bedingungen wiederholtes physikalisches Experiment im Rahmen experimenteller Fehler zum gleichen Ergebnis führen sollte. Dass Studierende im Labor innerhalb der Fehlertoleranz nie zu den gleichen Ergebnissen kommen, liegt an den Studierenden, nicht an den Gesetzen der Physik. In der Quantenmechanik dagegen ist das bekannte Prinzip der gleichen Ergebnisse bei gleichen Bedingungen—zum Leidwesen zahlreicher frustrierter Studierender—schlicht falsch. Die Welt der Quantenmechanik ist nicht deterministisch, sondern probabilistisch; sie ist den Gesetzen der Wahrscheinlichkeit unterworfen. Der Physiker Max Born erklärte dies einmal so: »Hätte Gessler Wilhelm Tell befohlen, seinem Sohn mit einem α-Teilchen ein Wasserstoffatom vom Kopf zu schießen, und hätte er ihm dafür statt einer Armbrust die besten Laborinstrumente der Welt gegeben, hätte dem Schützen Tell seine Fertigkeit nichts genutzt. Ob er einen Treffer gelandet oder daneben geschossen hätte, wäre eine Frage des Zufalls gewesen.«[4]

Das Ergebnis eines Experiments ist wie ein Würfelspiel: Wir können nicht mit Sicherheit vorhersagen, was herauskommt. Das bedeutet jedoch nicht, dass die Welt der Quantenmechanik nicht zu entziffern wäre. Das Ergebnis eines einzelnen Experiments mag sich nicht vorhersagen lassen, aber wir können in der Quantenmechanik die Wahrscheinlichkeit sämtlicher möglichen Resultate berechnen und mit den Daten eines vielfach wiederholten Experiments abgleichen—ebenso wie sich nicht vorhersagen lässt, welche Zahl bei einem einmaligen Würfeln fallen wird, wir aber gleichzeitig sicher sein können, dass wir jede Zahl mit einer Wahrscheinlichkeit von einem Sechstel würfeln werden.

Die Teilchenwelt ist den Gesetzen der Quantenmechanik unterworfen. Physiker müssen daher eine Vielzahl harter Ereignisse zusammentragen, um das unbekannte Terrain des Zeptoraums entschlüsseln zu können. Hinzu kommt, dass viele der interessanten Phänomene, die man im Zeptoraum vermutet, nur mit sehr geringer Wahrscheinlichkeit auftreten. Um diese Phänomene und die Validität spekulativer neuer Theorien zu beweisen oder zu widerlegen, bedarf es der Untersuchung einer großen Anzahl von Ereignissen.

Es ist eine harte Nuss: Zur Erforschung des Zeptoraums müssen wir enorm viele Ereignisse aufzeichnen; gleichzeitig ist es schlichtweg unmöglich, die damit verbundenen Datenmengen in irgendeinem vorstellbaren digitalen System zu speichern. Die Physiker stehen vor einem ganz ähnlichen Problem wie ein Kind, das aus der Serie »Berühmte Physiker« einer bekannten Frühstücksflockenmarke unbedingt die

[4] M. Born, zitiert in A. Eddington: New Pathways in Science. Cambridge University Press, Cambridge 1935.

Einstein-Figur haben will, die einigen Schachteln beigegeben ist. Diese Einstein-Figur ist sehr selten: Im Durchschnitt findet man sie nur in einer von über einer Milliarde Schachteln. Unser passionierter Sammler ist fest entschlossen, das Figürchen zu besitzen. Er könnte nun einige Hundert Schachteln Frühstücksflocken kaufen, nach Hause tragen und nachschauen, ob unter all den Figuren ein Einstein ist. Seine Chancen auf einen Glücksgriff lägen bei gerade einmal eins zu zehn Millionen—zu gering, um wirklich Anlass zur Hoffnung zu geben. Die Alternative bestünde darin, viele Milliarden Schachteln zu kaufen. Dann könnte unser Kind halbwegs sicher sein, dass die begehrte Figur dabei wäre, hätte allerdings das Problem, dass sein Elternhaus selbst nach dem Ausräumen sämtlicher Möbel nicht groß genug wäre, um alle Schachteln aufzunehmen und Platz für die Suche nach dem Einstein im Frühstücksflockenhaufen zu bieten.

Unser findiger Sammler hat die Lösung für sein Problem: Er kauft Milliarden von Frühstücksflockenschachteln und stellt sich, als sie angeliefert werden, an eine Straßenecke nahe der Mülldeponie. Da den meisten Schachteln Kuscheltiere beigegeben sind, drückt er jede Schachtel kurz zusammen: Fühlt er darin nichts Hartes, wirft er sie einfach auf den Müll. Nur relativ wenige Schachteln passieren diese Vorauswahl und werden ins Haus transportiert. Die in seinem Zimmer gestapelten Schachteln wird das Kind später in aller Ruhe inspizieren und nach der begehrten Einstein-Figur suchen können.

In der Physik trägt dieses Verfahren die Bezeichnung *Trigger*. Ein Trigger ist ein Sieb, das aus sämtlichen Kollisionsereignissen nur jene auswählt, die aufgrund ihrer Merkmale potenziell interessant scheinen. »Harte Ereignisse«, bei denen die Bewegungsspuren hochenergetischer Teilchen von der Strahlrichtung weg verlaufen, speichert der Trigger für die spätere eingehendere Analyse. »Weiche Ereignisse«, bei denen ein Großteil der Strahlung der Richtung des Strahls folgt, werden verworfen. Um eine Überlastung der Datenspeicherkapazität für dieses Auswahlverfahren zu verhindern, muss der Trigger äußerst selektiv vorgehen. Gleichzeitig muss er wegen der sehr hohen Kollisionsrate im LHC seine Entscheidungen sehr schnell treffen. Erfolgt binnen 25 Nanosekunden keine Entscheidung, ist es zu spät, denn dann ist bereits das nächste Protonenpaket kollidiert und es ist zu neuen Ereignissen gekommen. In 25 Nanosekunden aber legt Licht etwa sieben Meter zurück, eine Strecke also, die länger ist als der Detektor. 25 Nanosekunden reichen dem Trigger demnach nicht einmal aus, um Informationen aus den verschiedenen Detektorteilen zusammenzutragen, geschweige denn, um auf Grundlage dieser Informationen eine Entscheidung zu treffen.

Ein schier unlösbares Problem, vergleichbar mit einem Chef, der Entscheidungen zu Unterlagen fordert, die er uns schneller schickt, als wir sie lesen können: Zwischen wachsenden Unterlagenbergen auf unserem Schreibtisch sind wir chancenlos. Wie das Triggersystem des Large Hadron Collider dieses Problem umgeht, lässt sich anhand einer anderen Analogie besser nachvollziehen.

Die Behörden eines Landes haben soeben die Regelung eingeführt, dass Fahrzeuge mit mehr als einem Insassen eine besondere Fahrbahn benutzen müssen. Ein Grenzbeamter wurde angewiesen, ausländischen Fahrzeugen ihre jeweilige Fahrbahn zuzuweisen. Leider jedoch haben die Verkehrsbehörden versäumt, ein Tempolimit einzuführen, sodass nun sämtliche Fahrzeuge aus dem Ausland in einem Affenzahn über die Grenze gerast kommen. Der pflichtbewusste Grenzbeamte weiß nicht, was tun: Er hat einfach nicht genug Zeit, um in jeden Wagen zu schauen, die Insassen zu zählen und die entsprechende Zuweisung vorzunehmen. Die Wagen düsen vorbei, bevor er reagieren kann. Plötzlich hat der Grenzer einen genialen Einfall: Er baut einen Tunnel von einem Kilometer Länge, den sämtliche Autos bei der Einreise passieren müssen. In kurzen Abständen sind in diesem Tunnel Videokameras installiert, deren Aufnahmen von seinen Mitarbeitern ständig überwacht werden. Trotz der hohen Geschwindigkeiten, mit denen die Autos durch den Tunnel fahren, reicht nun die Zeit aus, um die Zahl der Passagiere zu ermitteln und die Information an den Chef weiterzuleiten, der an der Tunnelausfahrt steht. Beim Verlassen des Tunnels wird jeder Wagen umgehend auf die richtige Fahrbahn dirigiert—unser Grenzbeamter hat seinen Auftrag erfüllt.

Die Trigger, die bei den Experimenten am Large Hadron Collider eingesetzt werden, funktionieren ähnlich. Sämtliche Daten zu allen

Strahlkreuzungen am LHC werden in eine Pipeline geleitet, wo sie ein Netzwerk parallel arbeitender Prozessoren durchlaufen. Weiterhin treffen alle 25 Nanosekunden Daten aus einem neuen Paket ein, in der Pipeline aber werden die Ereignisse nur wenige Tausendstel einer Nanosekunde lang analysiert, bevor die Entscheidung fällt. Damit sich die Information zu verschiedenen Ereignissen nicht überschneiden und heillos durcheinandergeraten, müssen für dieses Verfahren sämtliche Teile der gigantischen Detektoren im Nanosekundenbereich perfekt synchron laufen. Mithilfe unterschiedlicher Verfahren folgen die Triggersysteme von ATLAS und CMS einer komplexen und ausgefeilten Architektur mit zahlreichen Stufen, auf denen die Strahlkreuzungsereignisse weitergeleitet oder verworfen werden. Am Ende dieses Selektionsprozesses wird von mehreren Millionen Ereignissen nur eines dauerhaft gespeichert.

Doch selbst nach dieser drastischen Dezimierung der Ereigniszahl durch das Triggersystem sind die Datenmengen aus dem Large Hadron Collider noch überwältigend groß. Jedes Jahr generiert der LHC rund zehn Millionen Gigabyte für die Offline-Datenanalyse. Wollte man die Jahresdatenmenge auf CDs speichern, würden sich die Scheiben mehr als fünf Mal so hoch auftürmen wie der Mont Blanc. Die Rechenleistung des LHC ist ohne Beispiel.

Um dieses enorme Datenlast zu bewältigen, bedienen sich die Experimente des LHC der GRID-basierten Informationstechnologie. Das GRID-Computing ist die Weiterentwicklung des World Wide Web. Während dieses den Austausch von Daten ermöglicht, werden über ein GRID (*engl.* grid = Gitter, Netz) zusätzlich Rechnerleistung und Datenspeicherplatz bereitgestellt. Die im LHC generierten Daten sind auf viele Rechenzentren in aller Welt verteilt, die global vernetzt als eine gemeinsame Ressource arbeiten. Dieses Netzwerk ist in mehrere Stufen oder Ebenen, die sogenannten *Tiers* eingeteilt: Rund 100.000 Prozessoren in 140 Rechnerzentren in 35 Ländern stellen Kapazitäten für die verschiedenen Tiers zur Verfügung. Das CERN bildet TIER-0—hier werden die Rohdaten generiert, gespeichert und an die nächste Ebene weitergeleitet. Zwölf TIER-1-Zentren sind für die Datenarchivierung, Backup-Speicherung und Datenanalyse zuständig; die rund einhundert in TIER-2 vernetzten Einrichtungen steuern zusätzliche Rechnerkapazitäten und Platz für die kurzfristige Datenspeicherung bei. Unerlässlich ist eine sehr hohe Datenübertragungsrate: Bei einem Testlauf am 15. Februar 2006 floss zwischen Einrichtungen in Europa, Asien und Amerika ein kontinuierlicher Strom physikalischer Daten mit einer Rate von 1 Gigabyte pro Sekunde, wobei das System auf eine Übertragungsrate von 10 Gigabytes pro Sekunde angelegt ist—bei diesem Durchsatz ließe sich eine DVD in voller Länge binnen weniger als einer halben Sekunde herunterladen.

Die einzelnen Wissenschaftler in aller Welt, die an den experimentellen Kollaborationen beteiligt sind, können auf den gesamten von ihrem Detektor generierten Datensatz des LHC zugreifen und diese Daten unter Verwendung der Rechnerkapazitäten einer anderen Einrichtung analysieren. Das GRID-Computing ermöglicht eine effizientere Nutzung der über die Welt verteilten Computerressourcen, da es die Kapazitäten sämtlicher Rechner innerhalb des Netzwerks verwalten kann. Außerdem gewährleistet es eine höhere Stabilität der Gesamtstruktur, weil ein Ausfall in einem einzelnen Knotenpunkt die Leistung des Gesamtsystems nicht beeinträchtigt.

Das GRID wird nicht ausschließlich für die teilchenphysikalische Forschung entwickelt; es steht allen Wissenschaftszweigen zur Verfügung, die große Rechnerkapazitäten benötigen, der Astronomie etwa, der Klimaforschung oder der Biologie, um nur einige zu nennen. Das GRID-Computing eröffnet internationalen Kollaborationen neue Perspektiven, da es Rechenprojekte ermöglicht, die eine einzelne Einrichtung nicht bewältigen könnte. Selbst Entwicklungsländer erhalten hier Möglichkeiten, sich an Forschungsprojekten zu beteiligen, die mit stärker eingeschränkten Ressourcen nicht zugänglich wären.

Die extrem hohen Anforderungen der Wissenschaftlergemeinschaft und die Flexibilität, mit der sie sich neue Technologien zu eigen macht, sind starke Innovationsmotoren. Große Forschungsprojekte sind ein ideales Testgelände für die Entwicklung und Erprobung neuer Informationstechnologien, die später Teil unseres Alltags werden. Bestes Beispiel hierfür ist das World Wide Web: 1989 am CERN für den internationalen Datenaustausch unter Physikern erfunden, wurde es 1993 unentgeltlich öffentlich zugänglich gemacht. Die nächste Revolution in der Informationstechnologie, die unser Leben verändern wird, könnte das GRID-Computing sein.

Wir sind heute ebenso daran gewöhnt, die unterschiedlichsten Informationen aus dem Netz zu ziehen, wie wir in unseren Häusern Strom oder Wasser nutzen, ohne uns Gedanken darüber zu machen, was sich hinter Steckdose oder Wasserhahn abspielt. Ein zuverlässiges globales Vertriebssystem hat sich als effizienter und stabiler erwiesen als Kraftwerke und Wasserreservoirs im Keller eines jeden Hauses. Rechner hingegen sind derzeit im Wesentlichen lokal, was bedeutet, dass Privatpersonen und Unternehmen Arbeit und Kosten für Installation, Wartung, Reparatur und Aufrüstung ihrer Rechnersysteme selbst schultern müssen. Hinzu kommt eine weltweit sehr ineffiziente Nutzung der Rechenressourcen, die häufig nicht ausgeschöpft werden oder aber nicht ausreichen.

Die Vision des GRID-Systems besteht darin, Rechenkapazitäten—gleichsam wie Strom oder Wasser—für jedermann zugänglich zu machen, in einem stabilen System, bei dem die Nutzer keinen Gedanken daran vergeuden müssen, woher diese Kapazitäten kommen. Das GRID wird Rechenkapazität aus der Steckdose sein. Ein solches System würde eine Vielzahl offenkundiger Vorzüge und wirtschaftlicher Vorteile mit sich bringen. Jedes Kleinunternehmen und jede Einzelperson könnte Aufgaben übernehmen, die heute ohne Großrechner undenkbar wären. Durch die Entwicklung des weltweiten *LHC Computing Grid* übernimmt das CERN eine Führungsrolle bei der Verwirklichung dieser Vision.

WEITERE EXPERIMENTE

Einer Hypothese glaubt niemand außer ihrem Urheber, einem Experiment dagegen glauben alle außer dem Experimentator.

William Beveridge[5]

[5] W. I. B. Beveridge: The Art of Scientific Investigation. Heinemann, London 1950.

Die zwei gegenläufigen Protonenstrahlen kreuzen sich an vier Stellen im Tunnel des LHC-Beschleunigerrings. An jedem Kreuzungspunkt steht ein Detektor. Neben ATLAS und CMS beherbergt der LHC zwei weitere Großdetektoren in Hallen, die bereits zuvor für Experimente des LEP gebaut worden waren (siehe Abb. 6.13): ALICE (A Large Ion Collider Experiment) und LHCb (Large Hadron Collider beauty). Dieses Buch befasst sich vor allem mit der Erkundung des Zeptoraums, dem Hauptziel von ATLAS und CMS. Die Ziele von ALICE und LHCb sind etwas anders gelagert, wobei ihre physikalischen Forschungsprogramme gleichermaßen interessant sind und die Projekte der »Universal«-Detektoren in vielerlei Hinsicht ergänzen. ALICE und LHCb belegen die Vielseitigkeit des LHC-Projekts und zeigen, wie eine einzige Maschine unterschiedlichen Forschungsansätzen nutzen kann.

Zu festgelegten Zeiten werden im LHC-Ring anstelle von Protonen Bleiionen (sowie potenziell weitere schwere Kerne) beschleunigt. Für die detaillierte Untersuchung solcher Kollisionen wurde der ALICE-Detektor gebaut. Schwere Kerne enthalten eine große Zahl von Protonen und Neutronen; bei ihrer Kollision kommen daher zahlreiche

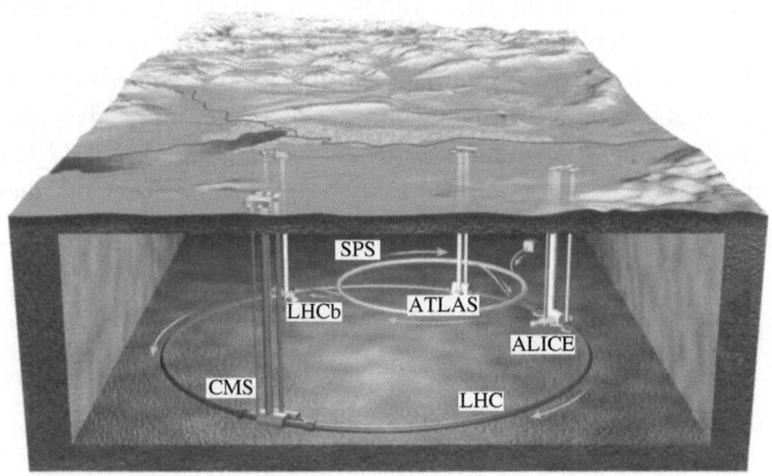

Abb. 6.13 Gesamtansicht des LHC-Tunnels mit den vier Hauptdetektoren (ALICE, ATLAS, CMS und LHCb)
Quelle: CERN.

Teilchen in engen Kontakt und rekonstruieren dabei die Bedingungen von Materie bei hoher Dichte und Temperatur. Der Theorie der Quantenchromodynamik zufolge sind Quarks und Gluonen unter diesen Bedingungen nicht mehr in Hadronen eingeschlossen und treten in einen neuen Materiezustand ein, das sogenannte *Quark-Gluon-Plasma*. Zwei Kerne, die im LHC aufeinanderprallen, schmelzen und setzen dabei Quarks und Gluonen frei, die ein thermisches System bilden können und ein Quark-Gluon-Plasma erzeugen. Während es sich ausdehnt, kühlt das Plasma ab, und nach nur 10^{-23} Sekunden verbinden sich die Quarks erneut zu Hadronen. Der ALICE-Detektor zielt darauf ab, die Eigenschaften des Quark-Gluon-Plasmas während seiner äußerst knapp bemessenen Daseinsspanne nach der Kernkollision zu untersuchen.

Das Quark-Gluon-Plasma ist am RHIC (Relativistic Heavy Ion Collider) des Brookhaven National Laboratory von Upton im US-Bundesstaat New York und am SPS (Super Proton Synchrotron) des CERN bereits experimentell erforscht worden. Dabei hat man herausgefunden, dass sich diese neuartige Materieform anders als erwartet nicht wie ein ideales Gas verhält, sondern wie eine perfekte Flüssigkeit. Augenscheinlich handelt es sich hier um die perfekteste je in der Natur entdeckte Flüssigkeit, besser noch als das flüssige Helium, das zur Kühlung des LHC verwendet wird. Die Untersuchungen am ALICE-Detektor sind hochinteressant, da sie die Eigenschaften der Quantenchromodynamik und den Prozess des Quark-Einschlusses untersuchen. Überdies können wir aus den Experimenten etwas über die Geschichte des Universums lernen, da man davon ausgeht, dass unmittelbar nach dem Urknall, als Temperatur- und Teilchendichtewerte extrem hoch waren, ein Quark-Gluon-Plasma vorlag.

Der LHCb-Detektor umschließt anders als ATLAS und CMS den Kollisionspunkt nicht vollständig; stattdessen erfolgt die Detektion hier nur in der Vorwärtsrichtung entlang dem Strahl. Das liegt darin begründet, dass LHCb sich die eingehende Untersuchung der Eigenschaften von Hadronen zum Ziel gesetzt hat, die das Bottom-Quark (auch Beauty-Quark genannt) enthalten. Diese Teilchenzustände sind vergleichsweise leicht und fliegen daher nach ihrer Erzeugung in einer Proton-Proton-Kollision meist entlang der Strahlrichtung. Die

Erforschung des Bottom-Quarks könnte wichtige Antworten auf die bisher ungeklärte Frage liefern, warum es drei Quark-Generationen gibt. Auch könnten diese Experimente mittelbare Auswirkungen physikalischer Phänomene im Zeptoraum sichtbar machen.

Der Large Hadron Collider beherbergt schließlich noch zwei weitere, kleinere Experimente. TOTEM (mit insgesamt zwei Detektorkomponenten in der CMS-Halle und im Tunnel 200 Meter weiter) widmet sich in erster Linie der Protonenstruktur; die Messungen am LHCf (im Tunnel unweit der ATLAS-Halle) unterstützen die Untersuchung der hochenergetischen kosmischen Strahlung.

DER MENSCHLICHE FAKTOR

> *Wenn ich mit meiner Relativitätstheorie recht behalte, werden die Deutschen sagen, ich sei Deutscher, und die Franzosen, ich sei Weltbürger. Erweist sich meine Theorie als falsch, werden die Franzosen sagen, ich sei Deutscher, und die Deutschen, ich sei Jude.*
>
> ALBERT EINSTEIN[6]

Die Experimente am Large Hadron Collider bestehen nicht nur aus Maschinenteilen. Hinter jedem der beiden Hauptdetektoren stehen experimentelle Kollaborationsprojekte mit rund 2.500 Physikern; an den übrigen Experimenten arbeiten insgesamt nahezu noch einmal so viele Wissenschaftler. Diese Menschen sind letztlich für den Entwurf, den Bau und die Erprobung jeder einzelnen Komponente dieser staunenswerten Instrumente verantwortlich. Sie sind es, die die Detektoren betreiben, die Daten aus den LHC-Kollisionen analysieren und am Ende bekannt geben, was im Zeptoraum beobachtet wurde.

Die Teams des ATLAS- und des CMS-Detektors bilden die größten internationalen Kollaborationen in der Geschichte der Teilchenphysik.

[6] A. Einstein in einer Ansprache vor der *Société française de philosophie* an der Sorbonne, 6. April 1922; Einstein-Archiv 36-378 und Artikel im *Berliner Tageblatt* vom 8. April 1922; http://de.wikiquote.org/wiki/Theorie. [Mai 2011]

Sie führen Physiker aus Hunderten von Hochschulen und Forschungseinrichtungen aus 65 Ländern und fünf Kontinenten zusammen. Die Detektorkomponenten, die in Laboratorien auf der ganzen Welt, im Norden, Süden, Osten und Westen unseres Planeten entworfen und gebaut wurden, sind heute unter der Erde zweier europäischer Staaten in einem einzigen Instrument fest miteinander verbunden.

Für den Absorber im Hadronischen Kalorimeter des CMS-Detektors wurde das Messing von über einer Million ausrangierter Artilleriegranaten der sowjetischen Kriegsmarineflotte verarbeitet. Die Tatsache, dass hier im Dienst der Wissenschaft Waffen eingeschmolzen wurden, hat zweifellos große Symbolkraft. Als ich eines Tages in der ATLAS-Halle vorbeischaute, montierten gerade israelische, japanische und chinesische Physiker die TGC-Kammern des Myonenspektrometers, die sie gemeinsam entworfen und gebaut hatten. Unterdessen waren russische und polnische Techniker mit Verkabelungsarbeiten beschäftigt, und einige brasilianische Studierende halfen beim Einbau eines Apparats. Sprache und Kultur sind keine unüberwindlichen Barrieren.

Die Arbeit in einem internationalen wissenschaftlichen Umfeld ist eine grandiose Erfahrung. In der Wissenschaft werden Menschen an ihrer Kreativität und an ihren Beiträgen gemessen, ungeachtet ihres Alters, Glaubens, Geschlechts oder ihrer Rasse. Wer in der Wissenschaft arbeitet, lernt über Vorurteile hinauszudenken, die argumentative Auseinandersetzung zu suchen, die Beweiskraft der Wahrheit zu achten und zu akzeptieren. Was nicht heißen soll, dass Wissenschaftler vollkommene Wesen seien—wie alle Menschen haben auch sie ihre Vorzüge und Fehler. Doch wie beim Prozess der natürlichen Auslese bilden sich in einem wissenschaftlichen Umfeld bestimmte Werte heraus. Eine Unfähigkeit, Beweise zu akzeptieren, ein blinder Glaube an vorgefasste Meinungen, Autoritätshörigkeit, Rassismus und Diskriminierung sind einfach nicht hilfreich bei der Lösung einer komplizierten Gleichung oder der Suche nach dem Defekt in einem Detektorelement. Auch wenn die Wissenschaft menschliche Schwäche oder Böswilligkeit nicht beheben kann, hat sie dennoch die natürliche Tendenz, in den Köpfen der Männer und Frauen, die Wissenschaft betreiben, gewissen Prinzipien einen höheren Stellenwert einzuräumen und diese Menschen gewisse Werte kultivieren zu lassen. Nur einem glücklichen Zufall ist es zu verdanken, dass es gerade diese Prinzipien und diese Werte sind, die eine Gesellschaft toleranter, ehrlicher und gerechter machen.

Die Wissenschaft hat einen Wert für die Gesellschaft, der weit über ihre technologischen Innovationen und intellektuellen Entdeckungen hinausreicht.

Teil III

Missionen im Zeptoraum

7

Symmetriebrechungen

Die Symmetrie ist der Feind der Kunst.
George Bernard Shaw[1]

Zu Beginn jeder Episode von »Raumschiff Enterprise« werden wir daran erinnert, dass die Enterprise unterwegs ist, »um neue Welten zu erforschen, neues Leben und neue Zivilisationen«. Dabei »dringt die Enterprise in Galaxien vor, die nie ein Mensch zuvor gesehen hat«. Die Mission des Large Hadron Collider—des Raumschiffs für den Zeptoraum—ist nicht weniger ehrgeizig und erscheint, wie wir im Folgenden sehen werden, mitunter noch fremdartiger als Science Fiction.

Die erste Mission, ganz oben auf der Prioritätenliste des LHC, ist die Suche nach einem bislang unentdeckten und ziemlich rätselhaften Teilchen: dem *Higgs-Boson.* Dieses Kapitel umreißt die Bedeutsamkeit dieser Mission und beschreibt, wie sie erfüllt werden kann. Die Fragen, die sich um die Geschichte des Higgs-Bosons ranken, sind eher theoretischer Natur, und bei manchen Aspekten wird es ziemlich technisch. In solchen Fällen führen die Erklärungen uns an einer recht langen

[1] G. B. Shaw, zitiert in M. Holroyd: Bernard Shaw: The Lure of Fantasy. Random House, New York 1991.

G.F. Giudice, *Odyssee im Zeptoraum*, DOI 10.1007/978-3-642-22395-2_7,

logischen Gedankenkette entlang, die uns jedoch Einblick in viele der Ideen verschafft, von denen die moderne Physik beherrscht wird. Unser gemeinsamer Weg beginnt mit der Untersuchung der grundlegenden Bedeutung von Symmetrien für die Physik und setzt sich mit dem Konzept der spontanen Symmetriebrechungen fort, bis wir schließlich beim Higgs-Boson und der Suche nach diesem Teilchen am LHC ankommen werden.

SYMMETRIE UND MATHEMATIK

Die Mathematik lässt sich als das Fach definieren, in dem wir nie wissen, wovon wir reden, noch auch, ob stimmt, was wir behaupten.

BERTRAND RUSSELL[2]

Die Mathematik ist die Sprache der Natur. Ausnahmslos jedes neu ergründete physikalische Phänomen wird in mathematischen Begriffen ausgedrückt. Beim Beobachten natürlicher Prozesse werden Regelmäßigkeiten erkennbar, die sich auf physikalische Gesetze zurückführen lassen, welche wir in mathematische Gleichungen fassen können. Die Erkenntnis der Natur bedeutet nicht, zu jedem Atom im Universum für jeden Zeitpunkt die exakten Positionen und Geschwindigkeiten zu kennen; sie ist vielmehr die Feststellung der fundamentalen Gesetze, die über das Verhalten der physikalischen Welt bestimmen. Erstaunlich ist dabei, wie einfach diese Gesetze sind angesichts der Komplexität der Naturerscheinungen, die wir beobachten.

In der mathematischen Formulierung der physikalischen Gesetze offenbaren sich häufig ungeahnte Verbindungen zwischen unterschiedlichen Aspekten eines Phänomens oder sogar zwischen Theorien, die unterschiedliche Phänomene beschreiben. Die Vereinheitlichung von Elektrizität und Magnetismus beispielsweise wird erst offenbar, wenn wir die mathematische Struktur der Maxwell'schen Gleichungen betrachtet haben. Die Mathematik ist die einzige uns bekannte Sprache, die

[2] B. Russell: »Recent Work on the Principles of Mathematics«, *International Monthly*, 4 (1901).

diese Verbindungen exakt und ohne jede Mehrdeutigkeit zu beschreiben vermag.

Die Rolle der Mathematik als Sprache der Natur offenbarte sich mit dem Beginn der modernen Wissenschaft. Im Jahr 1623 schrieb Galilei: »Die Philosophie steht in diesem großartigen Buch, dem Universum, geschrieben, das aufgeschlagen vor unseren Augen liegt. Aber das Buch lässt sich nicht verstehen, solange man nicht zuerst die Sprache, in der es gedruckt ist, verstehen und die Buchstaben lesen lernt. Es ist in der Sprache der Mathematik geschrieben, und seine Schriftzeichen sind Dreiecke, Kreise und andere geometrische Figuren, ohne die es menschenunmöglich ist, auch nur ein einziges Wort des Buches zu verstehen; ohne diese irrt man in einem dunklen Labyrinth umher.«[3]

Der Physiker Eugene Wigner spricht von »der unverschämten Effektivität der Mathematik« und stellt fest: »Die enorme Nützlichkeit der Mathematik in den Naturwissenschaften grenzt an ein Mysterium und es gibt für sie keine rationale Erklärung.«[4] Darin, dass die Wahl der Natur auf eine mathematische Sprache fiel, liegt der Schlüssel für ihre Verständlichkeit. Die primäre Ursache für die Existenz physikalischer Gesetze aber bleibt unerklärt. Ist ein Universum ohne physikalische Gesetze möglich? »Das ewige Geheimnis der Welt ist ihre Verständlichkeit«, schrieb Einstein.[5] Der am wenigsten verständliche Aspekt der Natur ist, dass wir sie verstehen können.

Die fundamentalen Gesetze der Physik erscheinen uns erst einfach, wenn es uns gelungen ist, sie in die geeignete Sprache zu kleiden, was häufig mit der Verwendung höherer Mathematik verbunden ist. »Die Einfachheiten der Naturgesetze erwachsen aus den Vielschichtigkeiten der Sprachen, die wir zu ihrer Formulierung verwenden«,[6] erklärte

[3] G. Galilei: Der Goldwäger (Il Saggiatore), 1623.

[4] E. P. Wigner: »The Unreasonable Effectiveness of Mathematics in the Natural Sciences«, Nachdruck in J. Mehra (Hrg.): The Collected Works of Eugene Paul Wigner, Bd. VI. Springer, Berlin 1995.

[5] A. Einstein: »Physics and Reality«, *The Journal of the Franklin Institute*, 221(3) (1936); Nachdruck in A. Einstein: Ideas and Opinions. Crown Publishers, 1954.

[6] E. P. Wigner: »The Unreasonable Effectiveness of Mathematics in the Natural Sciences«, *Communications in Pure and Applied Mathematics* 13, 1 (1959).

Wigner. Sehr häufig erweisen sich abstrakte, zu reinen Spekulationszwecken erdachte mathematische Strukturen als nützlich oder gar unverzichtbar zur Beschreibung bestimmter Naturphänomene und der physikalischen Gesetze, denen sie folgen. Zur Entwicklung der klassischen Mechanik bedurfte es der Infinitesimalrechnung, die Allgemeine Relativitätstheorie brauchte die nichteuklidische Geometrie, die Quantenmechanik die komplexe Analysis, die Teilchenphysik die Gruppentheorie, und in der modernen Stringtheorie kommen sogar noch anspruchsvollere mathematische Strukturen zur Anwendung. Das mathematische Konzept der *Symmetrie* gehört heute zu den wichtigsten Elementen der Physik. Wenn die Mathematik die Sprache der Natur ist, ist die Symmetrie ihre Syntax.

Als Symmetrie bezeichnen wir gemeinhin einen Zustand, in dem verschiedene Teile eines Systems visuell wahrnehmbar in Bezug zueinander stehen. Ebenso selbstverständlich assoziieren wir mit Symmetrie die Vorstellung von Ausgewogenheit, Schönheit und Harmonie der Proportionen. Die idealen Maßverhältnisse des menschlichen Körpers im Kanon von Polyklet galten sämtlichen Bildhauern der griechischen Klassik als gleichbedeutend mit Perfektion und Symmetrie. Selbst Goethe schließt sich dieser Auffassung an: »Zwei reine ursprüngliche Gegensätze sind das Fundament des Ganzen. ... Die Totalität neben einander zu sehen macht einen harmonischen Eindruck aufs Auge.«[7]

Für den Begriff der Symmetrie gibt es eine präzise mathematische Definition, die sich mit der *Invarianz eines Systems unter einer Transformation* umschreiben lässt. Einfacher ausgedrückt haben wir es mit Symmetrie zu tun, wenn ein System sich unter einer bestimmten Veränderung nicht verändert. Ein Kreis ist drehsymmetrisch, weil er bei einer Rotation um seinen Mittelpunkt unverändert bleibt. Ein Quadrat verändert sich nur dann nicht, wenn wir es um einen Winkel von 90 Grad oder um ein Vielfaches davon drehen. Beim Kreis spricht man von *kontinuierlicher Symmetrie*, da er bezüglich einer beliebig kleinen Transformation unveränderlich ist. Wenn eine Transformation hingegen mit

[7] J. W. v. Goethe: Zur Farbenlehre (1810).

einer endlichen Veränderung korrespondiert, die nicht beliebig klein sein kann, wird dies als *diskrete Symmetrie* bezeichnet. Das Quadrat besitzt lediglich eine diskrete Symmetrie, da die Invarianz nur erhalten bleibt, wenn die Drehung um einen Winkel von 90 Grad oder einem Vielfachen davon erfolgt. Ein weiteres Beispiel für diskrete Symmetrie ist die Invarianz unter Spiegelung.

In der Physik folgt das Konzept der Symmetrie der mathematischen Definition. Gleichzeitig aber spielt unweigerlich auch die eher vage Assoziation des Symmetriebegriffs mit Schönheit und Harmonie eine Rolle. Die Natur scheint für ihre Fundamentalgesetze freudig alle nur möglichen Symmetrien auszuschöpfen, wie eine Malerin, die darauf brennt, auch noch die letzte der kräftigsten Farben zu verwenden, die ihre Palette hergibt. Die Physiker machen sich diesen Hang der Natur zur Symmetrie zunutze, indem sie in ihr einen Hinweis auf die Eigenschaften der Teilchenwelt sehen.

Die Geschichte der Symmetrie in der modernen Mathematik begann in der Tonart einer romantischen Tragödie in der Pariser Nacht des 29. Mai 1832. Beim Schein einer Kerze bringt ein junger Mann, gerade zwanzigjährig, mit fieberhafter Hand verworrene, fast unleserliche Kritzeleien zu Papier. Es sind mathematische Aufzeichnungen; einige Worte zwischen den Gleichungen jedoch deuten auf ein nahendes Unglück hin: »une femme«, »je n'ai pas le temps«, »Stéphanie«. Mit einer Kugel im Bauch wird der junge Mann im Morgengrauen am Rande einer Landstraße aufgefunden.

Der junge Mann war Évariste Galois (1811–1832), ein Mathematiker, dessen Genialität während seines kurzen Lebens unerkannt blieb. Seine unbändige republikanische Leidenschaft trieb ihn in den Wirren der Restauration nach dem Ende der napoleonischen Ära zu mehreren Akten der Rebellion, die in Arrest und Kerkerhaft mündeten. Als in Paris die Cholera ausbrach, wurden die jüngsten Gefangenen ins Sanatorium Sieur Faultrier verlegt, wo Galois sich in Stéphanie-Félicie Poterine du Motel verliebte, die Tochter eines am Sanatorium tätigen Arztes. Nur einen Monat später kam er bei einem Pistolenduell ums Leben.

Abb. 7.1 Ein Blatt der Aufzeichnungen, die Évariste Galois auf seinem Schreibtisch hinterließ, als er zu seinem tödlichen Duell aufbrach. Erkennbar sind die Worte »Une femme« (durchgestrichen, unten links), »Pas l'ombre« (obere linke Ecke) sowie das republikanische Motto »Liberté, égalité, fraternité ou la mort«
Quelle: R. Bourgne und J. P. Azra: Écrits et mémoires mathématiques d'Évariste Galois. Gauthier-Villars, Paris 1962.

Der Anlass des Duells ist bis heute ein ungeklärtes Rätsel, wobei an romantischen Deutungen kein Mangel herrscht. In seiner Autobiographie *Mes Mémoires* behauptet der Schriftsteller Alexandre Dumas, Stéphanies Verlobter Pescheux d'Herbinville habe die Liebesaffäre entdeckt und Galois zum Duell gefordert. D'Herbinville war einer der besten Schützen Frankreichs, und im Bewusstsein der Ausweglosigkeit seiner Situation habe Galois in einer einzigen Nacht eilig sein wissenschaftliches Vermächtnis zu Papier gebracht. Eric Bell mutmaßt in seinem Klassiker *Men of Mathematics*, das Duell sei von der französischen Geheimpolizei inszeniert worden, um ein aktives Mitglied der revolutionären republikanischen Bewegung auszuschalten. Stéphanie wird hier als raffinierte Verführerin und d'Herbinville als Spion der königlichen Polizei dargestellt. Wieder anderen Versionen zufolge plante Galois gemeinsam mit seinen Freunden der republikanischen Gruppierung Société des Amis du Peuple seinen Tod selbst, auf dass sein Begräbnis den Funken bilde, der die Revolution anfachen werde.

Der wahre Hergang der schicksalhaften Ereignisse, die in Galois' Tod mündeten, wird für immer unter dem Mantel der Geschichte verborgen bleiben; seine Arbeit hingegen, 1846 von dem großen Mathematiker Joseph Liouville ausgearbeitet und interpretiert, wurde Generationen von Wissenschaftlern zu einem Quell der Inspiration. Galois suchte die Lösung bestimmter algebraischer Gleichungen, in denen die Variable x in der fünften oder einer höheren Potenz steht. Der interessanteste Aspekt in Galois' Arbeit bestand in der Einführung neuer Strukturen—der *Gruppen*—, die Permutationen der Lösungen dieser algebraischen Gleichungen beschreiben. Galois zerlegte diese Gruppen und identifizierte so die Grundelemente von Permutationen. Ebenso wie Teilchen die Bausteine der Materie sind, bilden diese von Galois identifizierten Untergruppen die Bausteine der Symmetrie. Durch die Verwendung der Symmetrie erschloss Galois einen vollkommen neuen Blickwinkel und konnte über die Lösungen algebraischer Gleichungen Aussagen treffen, die sich durch andere Methoden nicht gewinnen lassen.

Für den nächsten Schritt in der Ergründung der mathematischen Eigenschaften der Symmetrie bedurfte es eines Mannes mit Energie. Sophus Lie (1842–1899) war da genau der Richtige. Aus einem kleinen Dorf in Norwegen stammend, wurde Lie nach dem Tod seiner Mutter nach Oslo zur Schule geschickt. Die 50 Kilometer lange Strecke pflegte der junge Sophus, wenn er nach Hause wollte, zu Fuß zurückzulegen. Man erzählt sich, dass er einmal am selben Tag Hin- und Rückweg zurücklegte, um ein Buch zu holen, das er zu Hause vergessen hatte.

Lie fand erst allmählich in die Mathematik, doch im Alter von 27 Jahren erhielt er ein Stipendium, das ihm den Umzug nach Berlin ermöglichte, wo er ein sehr fruchtbares akademisches Umfeld vorfand. 1870 besuchte er Paris und diskutierte dort mit dem Mathematiker

Camille Jordan über die Theorie der Permutationsgruppen. Als der Deutsch-französische Krieg ausbrach, konnte er die Stadt kurz vor der grausigen Belagerung von Paris im Winter 1870 noch verlassen. Zu Fuß, wie es seine Art war, machte er sich auf den Weg nach Mailand, wo er den Mathematiker und Experten in algebraischen Kurven und Flächen Luigi Cremona treffen wollte. Unterdessen lag die Armee Napoleons III. bei Metz unter Belagerung. Lie, ein hünenhafter und langbärtiger Mann allein und zu Fuß unterwegs durch die ländliche Gegend Frankreichs, erregte Aufsehen und wurde von der Polizei angehalten. Die mathematischen Aufzeichnungen, die man in seinem Gepäck fand, hielt man für eine in einem rätselhaften Code verfasste Geheimdepesche. Ohne zwischen seinem norwegischen und einem deutschen Akzent einen Unterschied zu erkennen, verdächtigte man Lie der Spionage im Dienst der preußischen Armee und nahm ihn fest. Nach einem Monat im Gefängnis kam er erst frei, als sein Freund, der französische Mathematiker Jean-Gaston Darboux intervenierte.

Lie hegte große Bewunderung für Galois' Arbeit und wollte Differentialgleichungen so behandeln, wie dieser mit algebraischen Gleichungen verfahren war. Algebraische Gleichungen haben eine endliche Anzahl von Lösungen, die maximal der höchsten Potenz der Variablen x entspricht. In den von Galois untersuchten Transformationen werden die Vertauschungen verschiedener Lösungen untersucht. Hierbei handelt es sich um abrupte Änderungen, um endliche Transformationen, die folglich diskreten Symmetrien entsprechen. Differentialgleichungen hingegen beschreiben stetige Änderungen und besitzen eine unendliche Anzahl von Lösungen. Ihre Klassifizierung würde daher die Entdeckung der Grundelemente von kontinuierlichen Symmetrien bedeuten.

Zwischen kontinuierlichen Symmetrien und geometrischen Strukturen besteht eine tief wurzelnde Verbindung. Die Drehsymmetrie in der Ebene beispielsweise ist der Kreis, da dieser die einzige (einfach verbundene) geometrische Form darstellt, die sich bei Drehungen um ihren Mittelpunkt mit perfekter Invarianz auf sich selbst abbildet. Gleichermaßen ist die Drehsymmetrie im Dreidimensionalen die Kugel. Lie begann mit der Klassifizierung sämtlicher möglichen geometrischen Strukturen in Verknüpfung mit kontinuierlichen Symmetrieoperationen, einer Arbeit, die später von Wilhelm Killing und Élie Cartan zu

Ende geführt wurde. Diese geometrischen Strukturen sind zu kompliziert, als dass wir sie in unserem dreidimensionalen Raum darstellen könnten; in der Sprache der Mathematik aber lassen sie sich problemlos beschreiben.

Lie hatte damit die Bausteine der kontinuierlichen Symmetrien gefunden, die wir heute *Lie-Gruppen* nennen. Lie-Gruppen sind die abstrakten Gebilde, in denen das Wesen der kontinuierlichen Symmetrien zusammengefasst ist. Wie so oft in der Mathematik greifen die von Lie entdeckten Strukturen über das spezifische Problem, das er untersuchen wollte, hinaus. Ihre Eigenschaften sind universell und auch jenseits von Differentialgleichungen oder Rotationen im Raum gültig. Wie noch das großartigste Gedicht letztlich eine Kombination aus einzelnen Buchstaben ist, so ist auch eine kontinuierliche Symmetrie, in welchem Zusammenhang sie sich auch manifestieren mag, eine Kombination aus Lie-Gruppen. Die Symmetrien, mit denen die Natur die Teilchenwelt ausstattet, bilden da keine Ausnahme—auch sie können durch Lie-Gruppen beschrieben werden.

SYMMETRIE UND PHYSIK

Sagt mir, warum Symmetrie von Bedeutung sein sollte!
MAO TSE-TUNG[8]

Ungeachtet ihrer Fortschritte im Bereich der Mathematik spielten Symmetrien in der klassischen Physik keine große Rolle; nur in einzelnen Anwendungen in der Kristallografie kamen sie zum Zuge. Die Wende begann mit Einstein. Ausgangspunkt der Speziellen Relativitätstheorie ist die Behauptung, dass die Lichtgeschwindigkeit für unterschiedliche Beobachter dieselbe ist oder, exakter formuliert, dass sie innerhalb unterschiedlicher Bezugssysteme, die sich in Relation zueinander mit

[8] M. Tse-tung, zitiert in C. C. Gaither und A. E. Cavazos-Gaither: Mathematically Speaking. Institute of Physics Publishing, Bristol 1998.

gleichförmiger Geschwindigkeit bewegen, invariant ist. Einstein hatte die Invarianz in den Stand eines Fundamentalprinzips erhoben. Invarianz, also Unveränderlichkeit jedoch ist gleichbedeutend mit Symmetrie, und somit besteht das Prinzip darin, dass die Gesetze der Physik der Symmetrie gehorchen. Dieser Schritt bedeutete eine entscheidende Abkehr von der traditionellen Sichtweise der klassischen Physik, die stets umgekehrt vorgegangen war: Die Gesetze der Physik bilden die originären Elemente, welche anschließend die Symmetrien definieren.

Dieser neue Ansatz kam einem wahrhaft revolutionären Begriffswandel gleich, und selbst Genies wie Lorentz taten sich zunächst schwer, diese Sichtweise zu akzeptieren. In Vorlesungsaufzeichnungen Lorentz' aus dem Jahre 1906 finden sich erboste Anmerkungen: »Einstein postuliert einfach, was wir unter einiger Schwierigkeit und nicht ganz befriedigend aus den fundamentalen Gleichungen des elektromagnetischen Felds hergeleitet haben.«[9] Lorentz hatte versucht, die Konstanz der Lichtgeschwindigkeit aus den Gesetzen des Elektromagnetismus abzuleiten, und äußerst unbefriedigende Ergebnisse erzielt. Einstein jedoch schien ihm der Frage auszuweichen, indem er einfach die Antwort postulierte.

Doch der Gedanke, dass Symmetrien über die physikalischen Gesetze bestimmen und nicht umgekehrt, erwies sich letztlich als siegreich. Er inspirierte Einstein zur Formulierung der Allgemeinen Relativitätstheorie, die voll und ganz der Bedingung der Invarianz unter beliebiger Bewegung des Beobachters unterliegt. Die Existenz der Gravitation ist schlicht und einfach die Konsequenz aus einem Invarianzprinzip, mit anderen Worten: aus der Symmetrie.

Seither spielen Symmetrien in der Physik eine zunehmend große Rolle. Einen sehr wichtigen Schritt in diese Richtung vollzog die Mathematikerin Emmy Noether (1882–1935), die Grundlegendes zur Erforschung abstrakter algebraischer Strukturen beigetragen hat. Bekannt ist sie in Physikerkreisen vor allem durch das sogenannte *Noether-Theorem*, in dem sie die tiefe Verbindung zwischen kontinuierlichen

[9] H. A. Lorentz: The Theory of Electrons and Its Applications to the Phenomena of Light and Radiant Heat. Dover Publications, New York 1952.

Symmetrien und den Erhaltungssätzen aufdeckte. Die Erhaltungssätze waren alte Bekannte aus der klassischen Physik. Sie besagen, dass bestimmte messbare Größen—wie Energie, Impuls oder Ladung—sich in physikalischen Prozessen nicht verändern. Das Noether-Theorem postuliert, dass jede kontinuierliche Symmetrie in einen Erhaltungssatz mündet.

Der Gedanke, dass sich hinter jeder kontinuierlichen Symmetrie ein Erhaltungssatz verbirgt, erschließt sich intuitiv. Wenn die Symmetrie Ausdruck einer Invarianz unter einer Transformation ist, muss es eine Größe geben, die invariant oder, mit anderen Worten, erhalten bleibt. Ein Kreis beispielsweise ist unter der Drehung um seinen Mittelpunkt invariant. Die verschiedenen Punkte der Kreislinie bewegen sich während der Rotation, ihr Abstand zum Mittelpunkt aber bleibt unverändert. Die Symmetrie des Kreises ist also mit der Erhaltung des Abstands zwischen jedem seiner Punkte und dem Mittelpunkt verknüpft.

Seine Durchschlagskraft erhielt das Noether-Theorem durch den Nachweis, dass dieses intuitiv nachvollziehbare Konzept für jede beliebige kontinuierliche Symmetrie Gültigkeit hat—nicht nur für geometrische Transformationen, sondern auch für die abstrakteren Transformationen in der Teilchenphysik. Beispielsweise erkennen wir anhand des Noether-Theorems, dass sich die Erhaltung der elektrischen Ladung aus der besonderen Drehsymmetrie der QED ergibt, wobei diese Rotation nicht im physikalischen, sondern in einem abstrakten Raum wirkt, der durch Quantenfelder beschrieben wird.

Emmy Noether hat in der Wissenschaftsgeschichte von heute einen festen Platz; zu ihren Lebzeiten jedoch hatten es Frauen in der Wissenschaft schwer. Im Jahr 1915 wurde ihr von der Universität Göttingen das Recht auf eine Habilitation verwehrt, weil sie eine Frau war. »Was werden unsere Soldaten denken«, blaffte ein Mitglied des Lehrkörpers, »wenn sie an die Universität zurückkehren und feststellen, dass sie zu Füßen einer Frau studieren müssen?«[10] Empört über diese

[10] L. M. Osen: Women in Mathematics. MIT Press, Boston 1974.

Entscheidung, erklärte der berühmte Mathematiker David Hilbert vor dem Akademischen Senat: »Ich sehe nicht, warum das Geschlecht der Kandidatin gegen ihre Zulassung als Privatdozent sprechen sollte. Meine Herren, wir sind doch in einer Universität und nicht in einer Badeanstalt!«[11] Es sollte bis 1919 dauern, bis die Universität Emmy Noether in der liberaleren Atmosphäre der Weimarer Republik die Habilitation zuerkannte.

Noether war von einer außerordentlichen Begeisterung für die Mathematik erfüllt und stets von einer großen Gruppe Studenten und Assistenten umringt, mit denen sie leidenschaftliche und lebhafte Diskussionen führte. Als ab 1933 in Deutschland nur noch »arische Mathematik« gelehrt werden durfte—ein Fach, in dem sie offensichtlich nicht bewandert war—, wurde Emmy Noether die Lehrerlaubnis entzogen. Noch im selben Jahr gelang ihr die Emigration in die USA, wo sie eigenen Angaben zufolge die glücklichsten Jahre ihres Lebens verbrachte. Nur anderthalb Jahre später jedoch starb sie an den Folgen einer tumorbedingten Unterleibsoperation. In ihrem Nachruf schrieb Einstein: »Nach dem Urteil der kompetentesten Mathematiker war Fräulein Noether das bedeutendste schöpferische mathematische Genie, welches das Frauenstudium bisher hervorgebracht hat.«[12]

EICHSYMMETRIE

Wir alle sind uns einig, dass Ihre Theorie verrückt ist. Was uns trennt, ist die Frage, ob sie verrückt genug ist, um womöglich richtig zu sein.

NIELS BOHR AN WOLFGANG PAULI[13]

[11] H. Weyl: »Emmy Noether«, *Scripta Mathematica*, 3, 201 (1935); *Spektrum der Wissenschaft*, Aug. 2004, 70–77.

[12] A. Einstein, *The New York Times*, 4. Mai 1935.

[13] N. Bohr in D. Wolfle (Hrg.): Symposium on Basic Research. American Association for the Advancement of Science, Washington 1959.

Eine geometrische Symmetrie ist visuell wahrnehmbar; die Vorstellung einer Symmetrie zwischen Teilchen dagegen klingt etwas abstrakt. Was ist damit gemeint, wenn wir sagen, dass eine Theorie der Teilchenphysik Symmetrie aufweist? Ich möchte mit einem Beispiel beginnen. In Kap. 2 war die Rede davon, dass Protonen und Neutronen auf nahezu identische Weise auf die starke Kraft reagieren. Der Zusatz »nahezu« bezieht sich auf geringfügige Abweichungen, die dem Effekt der elektromagnetischen Kräfte zuzuschreiben sind, welche auf das geladene Proton, nicht aber auf das Neutron wirken. Nehmen wir die Idealisierung vor, dass wir hinsichtlich der starken Kraft den Elektromagnetismus außer Acht lassen—was einer recht guten Annäherung an die reale Welt gleichkommt—, dann stellen wir fest, dass das Ergebnis jedes physikalischen Prozesses unverändert bleibt, wenn wir sämtliche Protonen durch Neutronen ersetzen oder umgekehrt. Eleganter ausgedrückt: Die starke Kraft ist unter dem Austausch von Protonen und Neutronen symmetrisch.

Nun würde man meinen, die Symmetrie sei *diskret*, handelt es sich beim Austausch von Protonen durch Neutronen doch um eine endliche Transformation, die für diskrete Symmetrien charakteristisch ist. Aber auch hier schlägt die seltsame Welt der Quantenmechanik unserem intuitiven Begreifen ein Schnippchen. Tatsächlich nämlich ist die Symmetrie der starken Kernkraft *kontinuierlich*. Wie die ägyptische Göttin Sachmet, die in Darstellungen Züge von Mensch und Löwe in sich vereint, können in der Quantenmechanik Teilchen in hybriden Zuständen vorliegen: Weder Protonen noch Neutronen, sind sie eine Kombination aus beiden. Für ein Experiment, das diese Zustände misst, lässt sich nicht mit Sicherheit vorhersagen, ob ein Proton oder ein Neutron detektiert werden wird. Die Quantenmechanik beschreibt keine deterministische Welt; sie ordnet einem Experiment lediglich bestimmte Wahrscheinlichkeitswerte zu, mit denen ein Proton oder ein Neutron gefunden wird.

Den Zustand eines Teilchens können wir uns wie den Lautstärkeregler an einem Radio vorstellen. Zwischen MIN und MAX lässt sich der Knopf kontinuierlich auf jede beliebige Lautstärke einstellen. Ähnlich kann der Zustand eines Teilchens (im metaphorischen Sinne) zwischen

Proton und Neutron hin- und hergedreht werden, mit einer unendlichen Anzahl von hybriden Zwischenzuständen. Die Symmetrie der starken Kraft bedeutet die Invarianz ihrer Gesetze bei kontinuierlicher Rotation der Teilchenzustände.

Das Beispiel illustriert die Möglichkeit kontinuierlicher Transformationen zwischen Teilchen (vielmehr genauer: zwischen Feldern). Diese Transformationen sind vollkommen analog zu den uns bekannten Rotationen, nur dass sie sich nicht im gewohnten Raum abspielen, sondern stattdessen ein abstrakter Raum mit Teilchenzuständen anstelle von Punkten vorliegt. Für die Mathematik ist diese Unterscheidung jedoch vollkommen unerheblich—dieselben Lie-Gruppen, die räumliche Rotationen und deren Verallgemeinerungen beschreiben, beschreiben auch Transformationen zwischen Teilchen. Wie eine geometrische Figur symmetrisch sein kann (also invariant unter einer Transformation von Punkten im Raum), so kann auch eine Theorie der subatomaren Welt symmetrisch sein (invariant unter einer Transformation von Teilchen).

Ein wichtiges Merkmal des oben angeführten Beispiels mit den Protonen und den Neutronen besteht in der Bedingung, dass die Teilchentransformationen gleichzeitig in allen Punkten des Raums stattfinden müssen. Die Invarianz physikalischer Prozesse gilt nämlich nur, wenn Protonen und Neutronen *überall* im Raum die Rollen tauschen. Solche Symmetrien werden als *global* bezeichnet. Eine globale Symmetrie aber, in der Teilchen überall im Raum zur selben Zeit transformiert werden, erinnert uns an die Fernwirkung—ein mit der Speziellen Relativitätstheorie gänzlich unvereinbares Konzept. Es überrascht daher nicht, dass die Natur sich wenig um globale Symmetrien zu scheren scheint, die nach derzeitigem Kenntnisstand auch nicht zu den Grundprinzipien der Teilchenwelt gehören.

Angesichts dessen drängt sich die Frage auf, ob eine Theorie der Teilchenphysik eine *lokale Symmetrie* besitzen könnte—eine Symmetrie, die mit Transformationen zwischen Teilchen verknüpft ist, die sich an jedem Punkt in Raum und Zeit unterschiedlich verhalten. Im Unterschied zu den globalen Symmetrien sind die lokalen aufgrund ihrer Eigenschaften gut geeignet, als Grundzutaten einer fundamentalen

Theorie von Materie und Kraft aufzutreten. Daran wird, so nehme ich an, die Globalisierungsgegnerin und Aktivistin Naomi Klein gedacht haben, als sie in einem Interview erklärte: »Daher entstand eine Spannung zwischen Globalem und Lokalem ... Das Globale wurde zunehmend abstrakt.«[14]

Das Attribut »lokal« mag den Eindruck eines stärker eingeschränkten Konzepts erwecken als »global«. Das Vorliegen einer lokalen Symmetrie stellt jedoch sehr hohe Anforderungen an eine Theorie: Die physikalischen Gesetze müssen hier selbst dann invariant bleiben, wenn die Transformation in jedem Punkt anders wirkt. Ein Kreis beispielsweise ist unter einer *lokalen* Rotation, unter einer Transformation also, in der jeder Punkt der Kreislinie um einen anderen Winkel gedreht wird, sicherlich nicht unverändert. Eine solche Transformation könnte den Kreis vollständig sprengen und aus ihm einen Halbkreis oder sogar einen einzelnen Punkt machen. Um lokale Symmetrie zu besitzen, muss ein System ein zusätzliches Element enthalten—fraglos ein ziemlich abstraktes Konzept, das mit einem Beispiel vielleicht besser verständlich wird.

Ein sommerliches Feld leuchtend gelber Sonnenblumen bietet einen spektakulären Anblick. Sämtliche Blütenkörbe sind des Morgens der Sonne zugewandt. Im Laufe des Tages drehen sich die Blüten in perfekter Synchronbewegung gen Westen. Die Eigenschaft »einheitliche Ausrichtung« bleibt erhalten, während die Blumen sich drehen—ein Beispiel für eine *globale* Symmetrie, da eine Invarianz nur dann vorliegt, wenn die Drehung für jede Blume und zu jedem Zeitpunkt identisch ist.

Stellen wir uns nun ein Feld ungebärdiger Sonnenblumen vor, in dem sich jede Pflanze im Tagesverlauf immer wieder anders ausrichtet und ihren Blütenkorb unabhängig vom Stand der Sonne wahllos in irgendeine Richtung hält—die Rotation der Blumen ist nun eine lokale Transformation, da sie von Blume zu Blume unterschiedlich ausfällt. Die Eigenschaft »einheitliche Ausrichtung« bleibt bei dieser lokalen Transformation offensichtlich nicht erhalten.

[14] M. Chihara: »Naomi Klein Gets Global«, *Global Policy Forum News*, 25. September 2002.

Ein fleißiger Bauer beschließt, wieder Ordnung in sein Feld rebellischer Sonnenblumen zu bringen. Er setzt jede Pflanze in einen Topf, den er in die Erde versenkt. Sämtliche Töpfe stattet er mit einer speziellen elektronischen Steuerungsvorrichtung aus. Jedes Mal, wenn nun eine Sonnenblume sich dreht, vollzieht der Topf, in dem sie steht, eine ebenso weite Drehung in die entgegengesetzte Richtung und macht die anfängliche Drehung damit ungeschehen. Durch das System der »rotierenden Töpfe« werden alle Sonnenblumen trotz ihres Hangs zu willkürlichen Bewegungen sorgfältig in derselben Ausrichtung gehalten. Die Eigenschaft »einheitliche Ausrichtung« besitzt nun eine lokale Symmetrie, da sie selbst dann erhalten bleibt, wenn jede einzelne Blume sich unabhängig von allen anderen zu drehen beschließt.

Die Moral von dieser Geschichte ist, dass man eine *globale* Symmetrie durch Hinzufügen eines neuen Elements (der »rotierenden Töpfe«) in den Stand einer *lokalen* Symmetrie erheben kann. In der Sprache der Teilchenphysik firmiert dieses neue Element unter der Bezeichnung *Eichfeld* und die lokale Symmetrie wird *Eichsymmetrie* genannt.

Das Eichfeld ist wie ein elastischer Stoff, der sich überall genau so weit dehnt, dass die Veränderung jedes Elements im System ausgeglichen wird, ebenso wie die »rotierenden Töpfe« die einzelnen Drehbewegungen der Sonnenblumen ausgleichen. Das anpassungsfähige Material des Eichfelds besitzt die Fähigkeit, sich an jedem Punkt im Raum und zu jedem Zeitpunkt neu auszurichten, um die Invarianz des Systems zu gewährleisten und die Eichsymmetrie zu erhalten.

Am erstaunlichsten an der Geschichte ist, dass dieser elastische Stoff nicht einfach eine abstrakte Erfindung und dem Hirn eines durchgeknallten theoretischen Physikers entsprungen ist, sondern sich als eine sehr reale und sehr konkrete Größe erweist. Das Eichfeld ist nichts anderes als das elektromagnetische Feld, mit dem sich das Photon beschreiben lässt.

Der Clou der Geschichte schließlich besteht darin, dass die elektromagnetische Kraft lediglich die Konsequenz aus einer Eichsymmetrie der Natur ist. Mit der Verkündung des Symmetrieprinzips sind die Wechselwirkungen zwischen Teilchen lückenlos definiert, und die Existenz des Photons ist eine unausweichliche Konsequenz. Hierin liegt der revolutionäre Paradigmenwechsel des Eichprinzips: Nicht die Kraft, sondern die Symmetrie ist der uranfängliche Begriff. Mit den Worten des Physikers Chen-Ning Yang: »Die Symmetrie diktiert die Wechselwirkung.«[15]

Aber nicht nur der Elektromagnetismus, auch die Gravitation wird von einem Symmetrieprinzip regiert. Die Allgemeine Relativitätstheorie hat uns gelehrt, dass nicht die Kraft das Urprinzip bildet. Aus den Eigenschaften der Raumzeit—ebenfalls mit einem eichsymmetrischen Prinzip verbunden—ergibt sich die Struktur der Theorie; die Gravitationskraft ist lediglich eine Konsequenz daraus. Alle Kräfte müssen den Gesetzen der Symmetrie gehorchen. »Symmetrien sind Gesetze, denen sich die Naturgesetze unterwerfen müssen«,[16] wie Eugene Wigner prägnant formulierte.

Die Symmetrie, die dem Elektromagnetismus (oder entsprechend der QED) zugrunde liegt, entspricht dem einfachsten Element in der Klassifikation von Lie: Sie ist das Äquivalent der Drehsymmetrie eines Kreises. Doch Lie hat uns die Bausteine für jede Art von kontinuierlicher Symmetrie in die Hand gegeben—selbst solcher, die wir uns im dreidimensionalen Raum nicht vorstellen können. Was geschieht, wenn wir Eichsymmetrien betrachten, die auf komplizierteren Lie-Gruppen aufbauen, als dies bei der Quantenelektrodynamik der Fall ist?

Dieser Frage wollten sich zwei Nachwuchsforscher annehmen: der chinesischstämmige Chen-Ning Yang (Nobelpreis 1957) und der US-Amerikaner Robert Mills (1927–1999). Yang erinnert sich: »Als ich 1953–1954 als Gastwissenschaftler in Brookhaven war, war Bob [Mills] mein Bürokollege. Wir diskutierten über viele Dinge in der Physik. ... In jenem Jahr fanden wir die sehr elegante und einzigartige Verallgemeinerung der Maxwell'schen Gleichungen. Wir freuten uns über die Schönheit der Verallgemeinerung, aber keiner von uns ahnte

[15] C. N. Yang: Selected Papers 1945–1980 with Commentary. Freeman, San Francisco 1983.

[16] E. P. Wigner: The Collected Works of Eugene Paul Wigner (Hrg. J. Mehra), Bd. VI. Springer, Berlin 1995.

damals, welch große Auswirkungen sie zwanzig Jahre später auf die Physik haben würde.«[17]

Yang und Mills entdeckten eine Verallgemeinerung der QED auf eine durch eine beliebige Lie-Gruppe beschriebene Eichsymmetrie. Die Struktur dieser Theorie ist sehr einfach und elegant. Von der Theorie der Quantenelektrodynamik unterscheidet sie sich vor allem in der Anzahl der Eichfelder: Während in der QED ein einzelnes Eichfeld (das Photon) die elektromagnetische Kraft übermittelt, führen die komplexeren Symmetriestrukturen zu Theorien mit vielen »Photonen«. Diese »Photonen«—die Eichbosonen—sind die Träger der Eichkraft, die in der Theorie beschrieben wird. Anders als in der QED treten die »Photonen« der Yang-Mills-Theorie in Wechselwirkung. Diese Eigenschaft ließ Yang und Mills hoffen, ihre Theorie werde sich zur Erklärung der starken Kraft und zur Beschreibung von Yukawas Pion verwenden lassen.

Doch ihre Hoffnung war leider unbegründet, und die Theorie nahm einen wenig erfolgreichen Start. Im Februar 1954 lud Oppenheimer Yang zu einem Seminarvortrag nach Princeton ein, an den Yang sich folgendermaßen erinnert: »Pauli verbrachte das Jahr in Princeton und interessierte sich sehr für Symmetrien und Wechselwirkungen. Kurz nachdem ich mit meinem Vortrag begonnen und meine erste Gleichung an die Tafel geschrieben hatte . . ., fragte Pauli: ‚Welche Masse hat dieses Feld?' Ich antwortete, das wüssten wir nicht. Dann fuhr ich mit meiner Präsentation fort, doch Pauli stellte bald dieselbe Frage noch einmal. Ich sagte ungefähr, das sei ein sehr kompliziertes Problem, wir hätten uns damit beschäftigt und seien zu keinen definitiven Schlussfolgerungen gekommen. Ich erinnere mich noch an seine umgehende Replik: ‚Das ist keine hinreichende Entschuldigung.' Ich war so baff, dass ich nach ein paar Augenblicken des Zögerns beschloss mich hinzusetzen. Es herrschte allgemeine Betretenheit. Schließlich sagte Oppenheimer: ‚Wir sollten Frank [Yang] fortfahren lassen.' Ich nahm meinen Vortrag dann wieder auf, und Pauli stellte während des Vortrags keine weiteren Fragen mehr. Ich weiß nicht mehr, was nach dem Seminar geschah.

[17] C. N. Yang in G. 't Hooft (Hrg.): 50 Years of Yang-Mills Theory. World Scientific, Singapur 2005.

Am nächsten Tag aber fand ich die folgende Nachricht vor: ‚24. Februar. Sehr geehrter Yang, ich bedaure, dass Sie es mir nahezu unmöglich gemacht haben, nach dem Seminar mit Ihnen zu sprechen. Alles Gute. Hochachtungsvoll, W. Pauli'.«[18]

Pauli hatte sofort auf die Achillesferse der Yang-Mills-Theorie gezeigt. Er hatte wissen wollen, welche Masse das Teilchen hat, das mit dem Eichfeld korrespondiert. Und diese Frage stellte die Wissenschaftler tatsächlich vor ein massives Problem.

EIN MASSIVES PROBLEM

Kein Problem ist so groß oder so kompliziert, dass man nicht davor weglaufen könnte.

LINUS ZU CHARLIE BROWN[19]

Heute wissen wir, dass elektromagnetische, schwache und starke Kraft durch das Standardmodell erklärt werden, bei der es sich um eine Eichtheorie wie die von Yang und Mills handelt. Diese Weisheit ist die Frucht grandioser experimenteller Entdeckungen und fundamentaler theoretischer Durchbrüche, von denen in Kap. 3 einige umrissen wurden. Dem Standardmodell liegt das profunde Prinzip zugrunde, dass alle bekannten Kräfte sich aus der Symmetrie ergeben.

In dem abstrakten Konzept des Eichfelds—dem elastischen Material, das sich dehnt, um die Erhaltung von Symmetrien in ihrer höchsten Form zu gewährleisten—sind die Träger enthalten, die alle bekannten Kräfte der realen Welt vermitteln. Gluonen, W- und Z-Teilchen und Photonen sind die Eichbosonen, die sich aus der Symmetrie des Standardmodells ergeben. Das Symmetrieprinzip beschreibt auf elegante Weise sämtliche Kräfte der Natur. Doch dieses idyllische Bild der Teilchenwelt ist mit einem Fehler behaftet.

Die Eichsymmetrie ist ein überaus leistungsstarkes Prinzip, das über sämtliche Eigenschaften der Kräfte regiert. Sein Mangel an Flexibilität

[18] C. N. Yang: Ebd.

[19] C. M. Schultz: Die Peanuts, 27. Februar 1963.

jedoch bringt ein Problem mit sich. Dem Grundsatz der Eichsymmetrie zufolge müssen sämtliche Trägerteilchen die Masse null besitzen. Während nun Photon und Gluon tatsächlich masselos sind, haben W- und Z-Teilchen große Massen. Dieses Problem verfolgt die Eichtheorien seit ihren Anfängen, wie Pauli mit seiner Frage zu Yangs Seminarvortrag deutlich machte. Wie lässt sich die Eichsymmetrie mit massiven Trägerteilchen wie dem W- und dem Z-Teilchen vereinbaren? Diese Frage, die als *Problem der elektroschwachen Symmetriebrechung* bezeichnet wird, steht im Zentrum der heutigen teilchenphysikalischen Forschung, und ihre Beantwortung ist eine der Hauptaufgaben des Large Hadron Collider.

Die Unvereinbarkeit des Eichsymmetrieprinzips mit den massiven W- und Z-Teilchen gründet auf einer entscheidenden Trennlinie zwischen masselosen und massereichen Trägerteilchen. Diesen Unterschied möchte ich im Folgenden erläutern. Getreu dem quantenmechanischen Erklärungsansatz des Welle-Teilchen-Dualismus sind Photonen zugleich auch elektromagnetische Wellen. Empirisch belegt ist ferner die Tatsache, dass elektromagnetische Wellen gekoppelte Schwingungen elektrischer und magnetischer Felder sind, die senkrecht zur Ausbreitungsrichtung der Wellen stehen; eine Oszillation in Richtung der Ausbreitung erfolgt nicht. Wellen, die senkrecht zur Ausbreitungsrichtung schwingen, werden *Transversalwellen* genannt. Demgegenüber bezeichnet man Wellen, die in Richtung der Ausbreitung schwingen, etwa durch wechselweisen Luftüber- und -unterdruck erzeugte Schallwellen, als *Longitudinal-* oder *Längswellen.*

Im Allgemeinen weisen Wellen gleichermaßen transversale wie longitudinale Elemente auf. Wasserwellen beispielsweise vereinen beide Komponenten in sich, da Wassermoleküle sich mit der Fortpflanzung der Welle kreisförmig bewegen. Demgegenüber haben elektromagnetische Wellen ausschließlich Transversalcharakter (siehe Abb. 7.2). Dass elektromagnetische Wellen keine Longitudinalkomponenten aufweisen, ist kein Zufall, sondern eine unmittelbare Konsequenz aus der Eichsymmetrie. Die Eichsymmetrie filtert in Längsrichtung verlaufende Schwingungen der elektromagnetischen Welle heraus, wie Polarisationsfilter in einer Sonnenbrille das Licht polarisieren, indem sie Reflexionen teilweise unterdrücken.

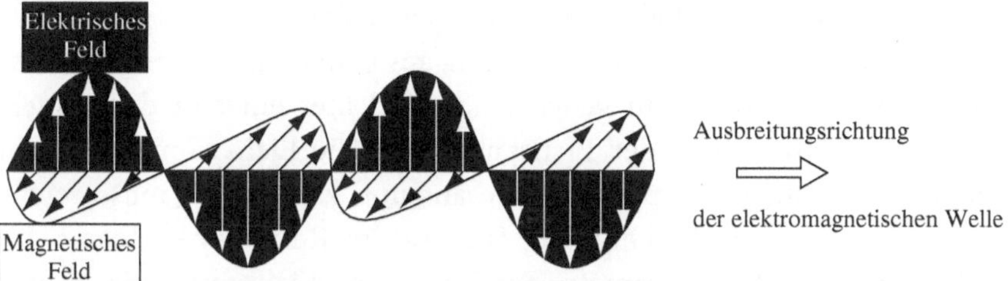

Abb. 7.2 Elektromagnetische Wellen verlaufen rein transversal, da elektrisches und magnetisches Feld ausschließlich senkrecht zur Ausbreitungsrichtung schwingen

Die Spezielle Relativitätstheorie bekräftigt, dass wir, ganz gleich wie schnell wir uns bewegen, einen Lichtstrahl nie einholen können. Diese gleichermaßen kurios wie harmlos klingende Feststellung hat weitreichende Konsequenzen und bildet den Ausgangspunkt all der unlogisch erscheinenden und verwirrenden Aspekte der Speziellen Relativitätstheorie. Nehmen wir beispielsweise einmal an, wir leihen uns das HSCT des Generaldirektors vom CERN aus—die Hochgeschwindigkeitsmaschine aus Dan Browns *Illuminati,* die »mit flüssigem Wasserstoff« betrieben wird und »locker Mach fünfzehn« schafft.[20] Selbst wenn wir mit dem HSCT einem Lichtstrahl hinterherjagen, werden wir exakt dieselbe Lichtgeschwindigkeit messen wie ein Freund von uns, der gemütlich im Labor sitzt und dem Lichtstrahl hinterherguckt. Ganz gleich, wie schnell wir unterwegs sind—Licht breitet sich in Relation zu uns stets mit derselben Geschwindigkeit aus. Anders ausgedrückt: Man wird niemals ein Photon im Ruhezustand beobachten.

Anders stellt sich die Situation dar, wenn wir statt des Photons massereiche Übermittler wie das W- oder das Z-Teilchen betrachten. Da die Geschwindigkeit massiver Teilchen unweigerlich unterhalb der Lichtgeschwindigkeit liegt, können wir sie einholen. An einem massereichen Teilchen, das sich im Ruhezustand befindet, ist eine Unterscheidung zwischen Transversal- und Longitudinalkomponenten der zugehörigen Welle nicht möglich, da eine Ausbreitungsrichtung nicht gegeben ist.

[20] D. Brown: Illuminati (Angels and Demons, 2000). Dt. v. A. Merz, 2000.

Folglich müssen die Wellen massereicher Trägerteilchen transversale *und* longitudinale Komponenten haben, aus dem einfachen Grund, dass alle Richtungen im Raum gleich sind. Und hier entsteht der Widerspruch zum Grundsatz der Eichsymmetrie: Die Eichsymmetrie filtert die longitudinalen Komponenten heraus und kann daher massereiche Trägerteilchen nicht beschreiben. Dies ist der Kern des Problems der elektromagnetischen Symmetriebrechung: Die Eichsymmetrie ist mit den massereichen W- und Z-Teilchen unvereinbar. Schwache Wechselwirkungen aber lassen sich mit der Eichsymmetrie offenbar angemessen beschreiben.

Dieser grundlegende Widerspruch wächst sich schlagartig zu einem Problem aus, wenn wir in Bereiche geringer Entfernungen vordringen. Die konkrete Erkundung mikroskopisch kleiner Räume ist Sache der experimentellen Forschung; noch bevor jedoch die reale Suche beginnt, können wir uns mithilfe unseres Vorstellungsvermögens und anhand theoretischer Berechnungen in kleine Distanzen vorwagen. Wie virtuelle Raumschiffe ermöglichen uns theoretische Berechnungen, in die Tiefe des Raums vorzudringen, indem wir unser Wissen auf unerforschte Welten übertragen. In diesem imaginären virtuellen Raumschiff wollen wir uns einmal zu immer kleineren Distanzen aufmachen. Kaum dass wir das Eintrittstor zum Zeptoraum passieren, wird auf unserer Kontrolltafel eine rote Alarmlampe zu blinken beginnen: Der Motor ist ausgefallen und wir können nicht weiter. Die Kontrolltafel in unserem virtuellen Raumschiff teilt uns mit, dass die Longitudinalwellen der massereichen W- und Z-Teilchen mit einer Wahrscheinlichkeit von über 100% miteinander interagieren. Das ist natürlich kompletter Unsinn, denn eine Wahrscheinlichkeit von 100% bedeutet Gewissheit und ein Wahrscheinlichkeitswert kann folglich nicht größer sein als 100%. Das angezeigte Ergebnis deutet darauf hin, dass in der theoretischen Berechnung irgendetwas aus dem Ruder läuft. Daraus folgt, dass im Land des Zeptoraums neue Phänomene, die sich durch simple Extrapolierung unseres physikalischen Wissens nicht erklären lassen, auftreten *müssen*.

Dieses Ergebnis ist einer der Hauptgründe für die große Spannung, mit der die Forschergemeinschaft auf den Large Hadron Collider blickt. Durch die Erkundung des Zeptoraums mit dem echten Raumschiff (dem LHC) werden wir herausfinden, warum das virtuelle Raumschiff (die theoretischen Berechnungen) am Eingangstor den Dienst versagt hat. Es *muss* im Zeptoraum neue Teilchen oder neue Kräfte geben, die das Problem der elektroschwachen Symmetriebrechung lösen.

Dem LHC wird die Rolle des unanfechtbaren und letzten Richters zufallen, der das Urteil über das Wesen der mit dem Problem der elektroschwachen Symmetriebrechung verbundenen Phänomene spricht. Gleichzeitig liegen aus früheren Experimenten genügend Hinweise vor, dass die theoretischen Physiker sich relativ sicher sein können, die richtige Antwort auf das Problem bereits zu kennen. Diese Antwort ist der Higgs-Mechanismus. Um nachvollziehen zu können, wie dieser Mechanismus das Problem löst, müssen wir jedoch zunächst ein neues Konzept einführen.

SPONTANE SYMMETRIEBRECHUNG

> *Wie in dem Skiort voller Mädels auf der Jagd nach Ehemännern und Ehemännern auf der Jagd nach Mädels ist die Situation weniger symmetrisch, als es den Anschein haben mag.*
>
> ALAN MACKAY[21]

So obskur der Fachbegriff klingen mag, das Phänomen der *spontanten Symmetriebrechung* ist selbst der klassischen Physik geläufig. Begeben wir uns zunächst in die Zeit Newtons zurück. Das Gravitationsgesetz der umgekehrten Proportionalität zum Quadrat des Abstands war bereits vor Newton vom französischen Notar und Hobbyastronom Ismaël Bullialdus (Boulliau) in dessen *Astronomia Philolaica* aus dem Jahr 1645 und später vom englischen Physiker Robert Hooke, einem Erzfeind Newtons, vermutet worden. Vor Newton jedoch hatte niemand erkannt, dass sich mit diesem Gesetz die Bewegung der Planeten erklären ließ.

[21] A. L. Mackay 1964 in einer Vorlesung am Birkbeck College der University of London; zitiert in A. L. Mackay: The Harvest of a Quiet Eye. Institute of Physics Publishing, Bristol 1977.

Der Stolperstein in diesem Konzept hatte viel mit Symmetrien zu tun. Betrachten wir einmal die Gravitationskraft der Sonne: Ist diese Kraft zentripetal—das heißt, hängt sie ausschließlich von der Entfernung ab—, so ist das System perfekt drehsymmetrisch um die Sonne und jede Planetenumlaufbahn müsste kreisförmig verlaufen. Diese Schlussfolgerung widerspricht jedoch den Beobachtungen Keplers, dass Planeten sich auf elliptischen Bahnen bewegen. Newtons simple und gleichzeitig profunde Beobachtung bestand darin, dass Planeten Eingangsgeschwindigkeiten haben, die der Drehsymmetrie um die Sonne nicht folgen. Dementsprechend liegen elliptische Umlaufbahnen nicht im Widerspruch zu den Zentripetalkräften. In moderne Terminologie gefasst lernen wir: Die Symmetrie einer Gleichung (des Gravitationsgesetzes) ist nicht zwingend die Symmetrie ihrer Lösung (der Planetenumlaufbahn).

Betrachten wir die Geschichte eines unglückseligen Menschen, der seit seiner Geburt in einer fensterlosen Kammer eingesperrt ist. Diese bedauernswerte Kreatur entwickelt ein wissenschaftliches Interesse und möchte die Gesetze der Physik entdecken. Experimente, die er in seiner Kammer durchführt, bringen ihn zu der Schlussfolgerung, dass die senkrechte Richtung etwas Besonderes ist, weil Objekte nach unten fallen. Unterscheidet sich aber diese vertikale Richtung von den übrigen, dann ist der Raum unter Rotation nicht symmetrisch, ebenso wie ein Zylinder nicht rotationsinvariant ist, eine Kugel jedoch sehr wohl.

Die Philosophen der Antike, wenngleich nicht seit ihrer Geburt in einem Raum gefangen, tappten in dieselbe logische Falle wie unser imaginärer Hobbywissenschaftler und sprachen der Senkrechtbewegung eine besondere Bedeutung zu. Es bedurfte des Genies von Galilei und Newton, um zu erkennen, dass die fundamentalen Gesetze keine einzelne Richtung auszeichnen, sondern dass wir nur zufällig an einem Ort leben, an dem die Anziehungskraft der Erde wirkt. Wir lernen: Bestimmte physikalische Systeme (das Innere der Kammer) offenbaren nicht alle Symmetrien der fundamentalen Gesetze, denen sie unterworfen sind.

Diese Beispiele zeigen, dass Symmetrie in den Gesetzen der Physik zwar vorhanden ist, unter den spezifischen Gegebenheiten eines

Systems aber nicht zwingend zutage treten muss. Ob eine Symmetrie sich in einem System manifestiert oder verborgen bleibt, kann sich aus dem Zufall der besonderen Bedingungen dieses Systems ergeben. Das Ziel der physikalischen Grundlagenforschung besteht jedoch darin, die Symmetrien der Naturgesetze zu bestimmen, ganz gleich, ob diese Symmetrien sich in einem gegebenen System manifestieren oder nicht.

Besonders interessant wird es, wenn das System spontan in einen Zustand versetzt wird, der die Symmetrien der physikalischen Gesetze teilweise missachtet. Dieses Phänomen nennt man *spontane Symmetriebrechung*, wobei das Wort »Brechung« hier eindeutig irreführend ist, da die Symmetrie sich im vorliegenden Zustand des Systems lediglich nicht manifestiert, in den physikalischen Gesetzen, denen es unterliegt, aber dennoch exakt vorhanden ist.

Als klassisches Beispiel zur Veranschaulichung des Phänomens der spontanen Symmetriebrechung dient der Ferromagnetismus. Ferromagnetische Materialien sind natürliche Dauermagnete. Das von einem Ferromagneten erzeugte Magnetfeld richtet sich im Material in einer bestimmten Richtung aus (in der Verbindung zwischen magnetischem »Nord«- und »Süd«-Pol). Diese besondere Richtung bricht die Drehsymmetrie. Die Gesetze des Elektromagnetismus, denen Ferromagnete unterliegen, sind unter Drehungen jedoch perfekt symmetrisch. Hier sehen wir uns mit dem Phänomen der spontanen Symmetriebrechung konfrontiert.

Atome verhalten sich aufgrund der Ladungsbewegungen in ihrem Innern wie mikroskopisch kleine Magnete. Innerhalb eines Materials sind diese atomaren Magnete gewöhnlich willkürlich ausgerichtet und heben einander auf, ohne im makroskopischen Bereich Wirkung zu zeigen. In einem ferromagnetischen Material dagegen bewirken die Wechselwirkungen zwischen den Atomen, dass sämtliche der winzigen Magnete in dieselbe Richtung zeigen, weil dies die energetisch bevorzugte Konfiguration ist (siehe Abb. 7.3). Diese globale Ausrichtung verursacht eine natürliche Magnetisierung des Materials. In welche Richtung die Atome zeigen, ist vom Standpunkt der Energie aus betrachtet nicht wirklich von Bedeutung; wichtig ist lediglich, dass

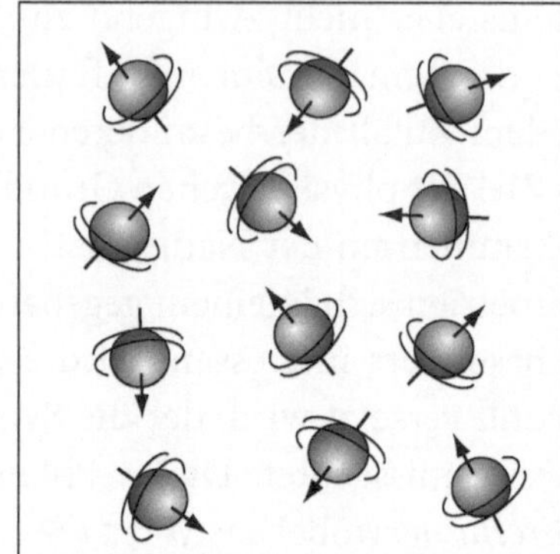

Abb. 7.3 Die atomaren Magnete in einem Ferromagneten weisen sämtlich in dieselbe Richtung und bewirken eine natürliche Magnetisierung des Materials (*linkes Bild*). Oberhalb einer kritischen Temperatur sind die Ausrichtungen der atomaren Magnete willkürlich, und die Magnetisierung verschwindet (*rechtes Bild*)

die Richtung für alle dieselbe ist. Nun könnte man ganz naiv vermuten, dass die Konfiguration, in der alle Atome gleich ausgerichtet sind, »symmetrischer« sei, weil ein höherer Grad der Ordnung vorliegt. Tatsächlich aber trifft das Gegenteil zu: Die Konfiguration mit willkürlicher Ausrichtung der atomaren Magnete ist drehsymmetrisch, weil das System sich unter Drehung nicht verändert. Ein Ferromagnet dagegen sieht anders aus, wenn man ihn dreht; die gleichmäßige Konfiguration in einem Ferromagneten ist daher wie bei unserem imaginären Hobbywissenschaftler in seiner Kammer nicht drehsymmetrisch.

Mikroskopisch kleine Lebewesen in einem Ferromagneten würden angesichts der akkuraten Ausrichtung der Atome um sich herum glauben, der Raum sei nicht drehsymmetrisch. Die Gesetze des Elektromagnetismus aber *sind* symmetrisch, obwohl das System spontan in einen Zustand versetzt wird, der *nicht* symmetrisch ist. Das ist das Phänomen der spontanen Symmetriebrechung. Wird ein Ferromagnet über eine kritische Temperatur erhitzt (bei Eisen 770 °C), bewirkt die Wärmebewegung, dass die atomaren Magnete sich willkürlich ausrichten—die Drehsymmetrie ist wiederhergestellt, die natürliche Magnetwirkung dagegen verschwindet.

Warum sollte die spontane Symmetriebrechung für die elektroschwache Kraft von Bedeutung sein? Das Problem der elektroschwachen Symmetriebrechung besteht in der Versöhnung der beiden anscheinend konträren Konzepte von Eichsymmetrie und massereichen W- und Z-Teilchen. Mit der spontanen Symmetriebrechung aber nimmt der Begriff der Symmetrie eine neue Form an. Wir müssen daher die Eichsymmetrien im Licht der spontanen Symmetriebrechung betrachten.

DER HIGGS-MECHANISMUS

Manchmal denke ich mir, dass ein Vakuum verdammt viel besser ist als das ganze Zeug, mit dem die Natur es ausfüllt.
TENNESSEE WILLIAMS[22]

Mit einem Sonderfall der spontanen Symmetriebrechung haben wir es im Fall der Eichtheorie zu tun—dieser Sonderfall wird nach dem britischen Physiker Peter Higgs als *Higgs-Mechanismus* bezeichnet. Die Kernaussage des Higgs-Mechanismus besagt, dass ein neues Quantenfeld, das sogenannte Higgs-Feld, den gesamten Raum durchdringt. Wir haben bereits gesehen, dass jedes Teilchen, das wir beobachten, in Wirklichkeit nur die Manifestation kleiner Wellen in einem Quantenfeld ist. Insofern ist das also nichts Neues.

Die Besonderheit des Higgs-Felds besteht darin, dass der Raum selbst nach Entfernen sämtlicher Teilchen nicht leer, sondern vielmehr gleichförmig mit dem Higgs-Feld ausgefüllt ist, das wir hier als *Higgs-Substanz* bezeichnen wollen (auch wenn man im Physikerjargon vom *Vakuumerwartungswert des Higgs-Felds* spricht). Dieses ungewöhnliche Verhalten des Higgs-Felds kommt dadurch zustande, dass die Energie des mit Higgs-Substanz gefüllten Raums niedriger ist als die Energie des leeren Raums. Wo wir »Vakuum« normalerweise mit »Nichts« assoziieren, ist es in der Physik der Zustand des Systems bei minimaler

[22] T. Williams: Die Katze auf dem heißen Blechdach (Cat on a Hot Tin Roof, 1955); Dt. v. J. v. Dyck, 1956.

Energie. Dieser Zustand wird gemeinhin erreicht, indem man jegliche Form von Materie oder Energie aus dem System entfernt, sodass ein Vakuum dem Nichts gleichkommt. Anders beim Higgs-Feld: Die Natur spart Energie, indem sie den Raum mit Higgs-Substanz füllt, anstatt ihn leer zu belassen. Das Vakuum—die Konfiguration mit der minimalen Energie—ist nicht einfach »nichts«, sondern ein mit Higgs-Substanz durchsetztes Medium.

Ebenso wie in ferromagnetischem Material spontan ein Magnetfeld erzeugt wird, durchdringt die Higgs-Substanz spontan den gesamten Raum. Die Magnetisierung in einem Ferromagneten erkennt eine bestimmte Richtung im Raum. Ähnlich erkennt die Higgs-Substanz eine bestimmte Richtung nicht im physikalischen, sondern im abstrakten Raum der Quantenfelder. Ebenso wie die durch die Magnetisierung erkannte Richtung spontan die Drehsymmetrie bricht, bricht die von der Higgs-Substanz erkannte besondere Richtung spontan die Eichsymmetrie, die Invarianz also unter Drehung im abstrakten Raum der Quantenfelder.

Es ist viel leichter, auf einem Fußweg zu laufen als in einem Schwimmbecken, in dem einem das Wasser bis zum Hals steht. Der Widerstand des Wassers ist viel höher als der Luftwiderstand und verlangsamt unsere Bewegung. Die Higgs-Substanz lässt sich als eine zähe Flüssigkeit vorstellen, die den gesamten Raum ausfüllt. Ein Teilchen, das sich durch dieses dickflüssige Medium bewegt, wird in seiner Bewegung beeinträchtigt und erfährt einen Widerstand, der seine Trägheit verändert. Die Verlangsamung, die das Teilchen in der Higgs-Substanz erfährt, entspricht dem Begriff der *Masse*. Diese Analogie stimmt zwar insofern nicht ganz, als die Higgs-Substanz im Gegensatz zum Flüssigkeitswiderstand auch bei Teilchen im Ruhezustand wirksam wird; sie vermittelt jedoch hoffentlich ein konkretes Bild vom Higgs-Mechanismus.

Ohne die Higgs-Substanz wären alle uns bekannten Elementarteilchen masselos und würden sich daher mit Lichtgeschwindigkeit frei im leeren Raum bewegen und nie zur Ruhe kommen. Teilchen entwickeln Masse in Reaktion auf den mit Higgs-Substanz gefüllten Raum, der sie umgibt. Aber nicht alle Teilchen reagieren gleich, wenn sie in die

Higgs-Substanz getaucht werden. Manche Menschen bewegen sich mit der Leichtigkeit eines Delfins durchs Wasser, andere schwimmen unbeholfen wie ein Nilpferd. Ebenso sind manche Teilchen schwer, weil sie stark mit dem Higgs-Feld interagieren, und andere leicht, weil sie nur schwach wechselwirken. Die Masse eines Elementarteilchens ist ein messbares Zeichen der Stärke seiner Wechselwirkung mit dem Higgs-Feld. W- und Z-Teilchen werden in der Higgs-Substanz zu Nilpferden, wohingegen Photonen und Gluonen keinerlei Auswirkungen spüren: Für sie ist die Higgs-Substanz vollkommen durchlässig, und ihre Massewerte sind auch dann gleich null, wenn sie in diesem zähen Medium umherschwimmen (siehe Abb. 7.4).

Der Higgs-Mechanismus ist der Schlüssel zur Überwindung des Problems der elektroschwachen Symmetriebrechung und zur Lösung des Widerspruchs zwischen Eichsymmetrie und massiven Trägerteilchen. W- und Z-Teilchen, die sich im Raum bewegen, werden durch die Präsenz der Higgs-Substanz behindert und können die schwache Kraft nur in einem eingeschränkten Entfernungsspektrum vermitteln; sie verhalten sich wie massive Trägerteilchen. Dennoch liegt in den Gesetzen der Physik die Eichsymmetrie verborgen, auch wenn sie sich in dem mit Higgs-Substanz gefüllten Raum nicht manifestiert.

Ohne den Higgs-Mechanismus ist das virtuelle Raumschiff theoretischer Berechnungen am Eingang zum Zeptoraum liegen geblieben. Sein Motor war ohne den Schutz der Eichsymmetrie den gefährlichen Auswirkungen der Längswellen ausgesetzt. Durch den Higgs-Mechanismus ist die Eichsymmetrie der physikalischen Gesetze selbst dann wiederhergestellt, wenn W- und Z-Teilchen zugegen sind. Der Trick besteht in der Fähigkeit des Higgs-Felds, einige seiner Teile so zu tarnen, dass sie wie die Längswellen von W- und Z-Teilchen aussehen. Auf den ersten Blick erscheinen *W* und *Z* uns so als massereiche Teilchen, die ebenso mit Transversal- wie mit Longitudinalwellen ausgestattet sind. Erst wenn wir uns auf sehr kleine Entfernungen nähern, um die Binnenstruktur der beiden Teilchen zu untersuchen, lassen ihre Längswellen die Masken fallen und zeigen ihr wahres Gesicht: Sie sind nichts weiter als Teile des Higgs-Felds. Und so trifft das virtuelle Raumschiff bei seiner Einfahrt in den Zeptoraum nicht mehr auf gefährliche Längswellen, sondern auf ein

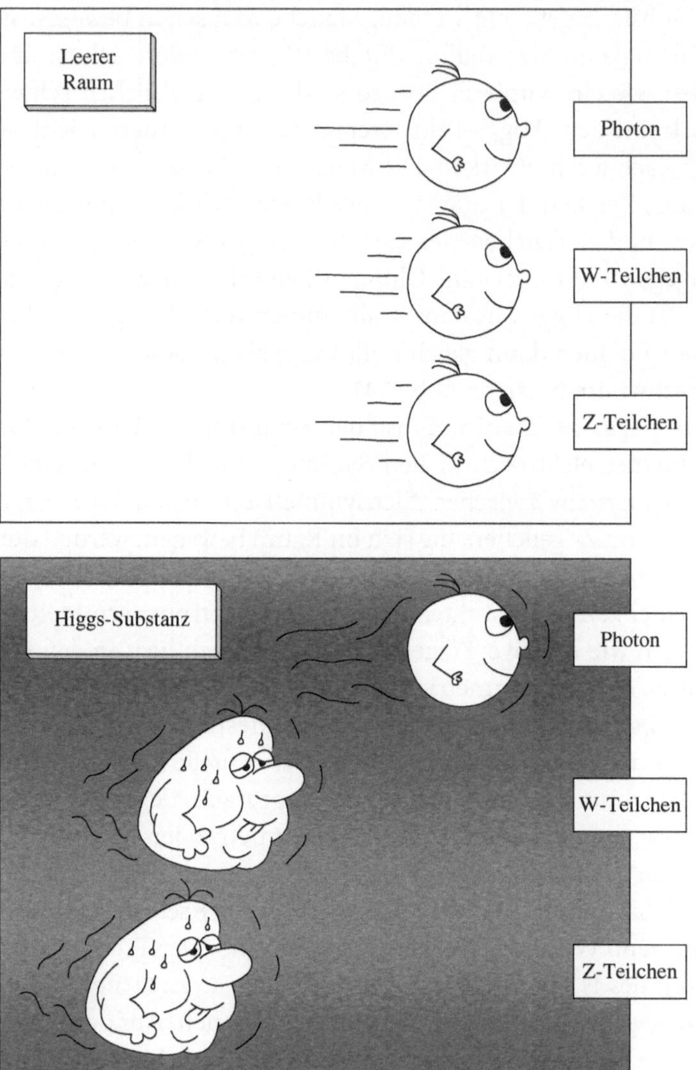

Abb. 7.4 In leerem Raum würden Photon, W- und Z-Teilchen sich auf dieselbe Weise ausbreiten. In die Higgs-Substanz getaucht jedoch erhalten W- und Z-Teilchen eine Masse, wohingegen das Photon unbeeinflusst bleibt

harmloses Higgs-Feld. Dank dem Higgs-Mechanismus kann die Reise des virtuellen Raumschiffs in den Zeptoraum und selbst zu noch geringeren Abständen völlig ungehindert weitergehen. Eichsymmetrie und massereiche W- und Z-Teilchen sind durch den Higgs-Mechanismus nicht länger unvereinbar.

Der Higgs-Mechanismus erklärt nicht nur den Ursprung der Teilchenmassen, er erhellt auch die Bedeutung der elektroschwachen Vereinheitlichung: Was wir als Unterschied zwischen schwacher und elektromagnetischer Kraft wahrnehmen, ist lediglich eine Folge der unterschiedlichen Reaktion von *W*, *Z* und Photon auf die Higgs-Substanz. Grundsätzlich besteht zwischen elektromagnetischer und schwacher Kraft kein Unterschied, nur leben wir zufällig in einem Raum, der mit einem zähflüssigen Medium ausgefüllt ist, in dem sich W- und Z-Teilchen nur mit großer Mühe bewegen.

Gäbe es die Higgs-Substanz nicht, käme in unserer Welt die elektroschwache Symmetrie zum Tragen. Neuartige Wellen aus der schwachen Kraft könnten über große Entfernungen übertragen und von entsprechenden Antennen empfangen werden, wie Radios die Funkwellensignale elektromagnetischer Wellen auffangen. Von der Higgs-Substanz umgeben, können wir die herrliche Symmetrie der Kräfte in der Teilchenwelt nicht erkennen und müssen uns mit der Macht unserer Fantasie und der Möglichkeiten der Mathematik behelfen, um die Existenz einer echten Vereinheitlichung der elektroschwachen Kräfte herzuleiten.

Der Higgs-Mechanismus mag uns ziemlich abstrakt vorkommen, er deckt sich aber inhaltlich vollkommen mit einem greifbaren Phänomen, das für den Betrieb des Large Hadron Collider von maßgeblicher Bedeutung ist: die Supraleitfähigkeit. Um diese Analogie nachzuvollziehen, betrachen wir ein Photon, das sich in einem Supraleiter fortpflanzt. Photonen sind elektromagnetischen Wellen oder, anders ausgedrückt, Schwingungen elektrischer und magnetischer Felder zugeordnet. Supraleiter jedoch besitzen, wie wir in Kap. 5 gesehen haben, die Eigenschaft, das Magnetfeld in ihrem Innern zu verdrängen—das Phänomen des Meißner-Ochsenfeld-Effekts. Wenn sich Photonen in Supraleitern fortpflanzen, reagiert das Material mit dem Versuch, die oszillierenden Magnetfelder aufzuheben. Dies schränkt die Beweglichkeit der Photonen ein, die ihre elektromagnetische Kraft nur noch über kurze Entfernungen weiterzugeben imstande sind und sich wie massereiche Trägerteilchen verhalten. Photonen in einem Supraleiter erleben denselben Effekt wie W- und Z-Teilchen in der Higgs-Substanz. Tatsächlich bricht die Konfiguration in einem Supraleiter spontan die dem Elektromagnetismus zugeordnete Eichsymmetrie und verleiht dem Photon Masse. Der Higgs-Mechanismus ist in dieser Hinsicht also nicht nur eines der Hauptziele der Experimente am LHC, sondern bringt den Beschleuniger auch zum Laufen, denn Supraleitfähigkeit ist das Resultat der spontanen Brechung einer Eichsymmetrie.

Die Supraleitfähigkeit bildete auch den Hintergrund, vor dem der theoretische Physiker Philip Anderson (Nobelpreis 1977), der sich mit der Physik der kondensierten Materie beschäftigt, erstmals die Existenz des Higgs-Mechanismus postulierte. Die eigentliche Entdeckung des Higgs-Mechanismus in der Quantenfeldtheorie dagegen erfolgte 1964 durch Robert Brout und François Englert von der Freien Universität Brüssel sowie durch Peter Higgs von der Universität Edinburgh.

Robert Brout erzählte mir einmal, der Gedanke der spontanen Brechung von Eichsymmetrien sei ihm unter der Dusche gekommen. So seltsam dies klingen mag: Theoretische Physiker haben ihre bahnbrechenden Ideen in den seltensten Fällen an einem ordentlich aufgeräumten Schreibtisch mit einem weißen Blatt Papier vor sich. Lange Zeitspannen beharrlichen Lernens und mühseligen Rechnens sind notwendige Voraussetzungen; die richtige Eingebung aber trifft einen unvermutet, wenn der Geist offener ist für zuvor unbeschrittene Wege.

Von François Englert erzählt Martin Veltman: »Bei einem Abendessen, bei dem auch Englert zugegen war, stellte ich ausgehend von den statistischen Angaben zu einer Person (der meinen) eine Hypothese auf, derzufolge eine Geburt im Sommer, vorzugsweise im Juni, hinsichtlich der Intelligenz am besten sei. Englert, der im November geboren wurde, antwortete mit dem Hinweis, er sei Jude und habe das nicht nötig. Anschließend lachte er sich halbtot und ich begann um sein

Leben zu fürchten.«[23] Auf ihre ganz eigene Art und Weise haben Physiker viel Spaß, wenn sie auf Konferenzen zusammentreffen, um über ihre Theorien zu diskutieren.

Peter Higgs ist ein eher zurückgezogen arbeitender Wissenschaftler, der nur selten auf den Konferenzen anzutreffen ist, zu denen sich die theoretischen Physiker regelmäßig zusammenfinden. Seine historische Veröffentlichung hat eine besondere Entstehungsgeschichte. Im Juli 1964 reichte er zwei kurze Beiträge zu dem Phänomen ein, das wir heute Higgs-Mechanismus nennen. Der zweite Artikel wurde von der Zeitschrift abgelehnt. Higgs schickte ihn an ein anderes Forschungsmagazin und fügte im Rahmen der Nachbearbeitung einen kurzen Absatz hinzu, in dem er auf die Existenz eines neuen Teilchens in Verbindung mit dem Mechanismus hinwies: Das Higgs-Teilchen war geboren. 47 Jahre später suchen wir immer noch nach einer experimentellen Bestätigung dafür, dass der Higgs-Mechanismus für die elektroschwache Symmetriebrechung verantwortlich ist.

DIE EXPERIMENTELLE SUCHE

Es ist etwas Fürchterliches für einen Menschen, wenn er plötzlich entdeckt, dass er sein Leben lang die Wahrheit gesagt hat.

OSCAR WILDE[24]

Wie kann der Large Hadron Collider die reale Existenz des Higgs-Mechanismus überprüfen? Da der Higgs-Mechanismus auf dem Vorhandensein einer neuen Substanz aufbaut, die den gesamten Raum ausfüllt, wäre der überzeugendste Beweis, wenn man diese Substanz etwa aus einem kleinen Bereich des Raums entfernen und anschließend nachschauen würde, was mit der Materie in diesem Raum geschieht.

23 M. Veltman: Facts and Mysteries in Elementary Particle Physics. World Scientific, Singapur 2003.

24 O. Wilde: Bunbury oder Ernst muss man sein (The Importance of Being Earnest, 1895). Dt. v. P. Baudisch, 1970.

Wie an späterer Stelle noch zu erklären sein wird, würde die Masse mikroskopisch kleiner Objekte mit dem Entfernen der Higgs-Substanz nicht verschwinden, weil der Higgs-Mechanismus zur Masse eines Durchschnittsmenschen weniger als ein Kilogramm beiträgt.

Nun mag man im Entfernen der Higgs-Substanz ein einfaches Mittel sehen, um mühelos ein paar überflüssige Pfunde loszuwerden. Aus gesundheitlichen Erwägungen ist von einem Absaugen der Higgs-Substanz jedoch dringend abzuraten. Schon eine geringfügige Modifikation der Dichte der Higgs-Substanz würde eine beträchtliche Verschiebung der Massendifferenz von Neutronen und Protonen nach sich ziehen, mit dramatischen Auswirkungen auf unsere Welt, da es keine stabilen Moleküle mehr gäbe, keine chemischen oder atomaren Prozesse mehr aufrechterhalten werden könnten und die gesamte Materie in einfache tote Atome zerfallen würde. Ohne die Higgs-Substanz könnten wir nicht leben.

Ganz ungeachtet der katastrophalen Konsequenzen ist eine Veränderung der Dichte der Higgs-Substanz ohnehin praktisch unmöglich. Um sie zu bewerkstelligen, müssten wir das Universum auf über 10^{15} Grad erhitzen, wodurch es einhundert Millionen Mal heißer wäre als das Zentrum der Sonne. Dass im Beisein der Menschheit je solche Extremtemperaturen erreicht werden, gilt selbst in den düstersten Hochrechnungen zur Erderwärmung als höchst unwahrscheinlich. Die Higgs-Substanz wird es immer geben und kein Mensch wird sie je verändern können. Für die experimentelle Suche nach dem Higgs-Mechanismus muss daher eine Alternativstrategie entwickelt werden.

Jedes Quantenfeld kann kleine Wellen hervorbringen, die wir Teilchen nennen, indem es in einem kleinen Bereich des Raums Energie lokalisiert. Das Higgs-Feld bildet da keine Ausnahme. Der Higgs-Substanz ist eine gleichförmige Verteilung des Higgs-Felds im Raum zugeordnet; dennoch ist es möglich, das Feld zu stören und auf der ruhigen See der Higgs-Substanz kleine Wellen zu erzeugen. Diese kleinen Wellen entsprechen einem neuen Teilchen namens *Higgs-Boson*.

Obwohl kein Higgs-Boson je beobachtet wurde, ist die Theorie in der Lage, alle seine Eigenschaften vorherzusagen—mit Ausnahme einer Größe: seiner Masse. Da die Masse eines Elementarteilchens einen messbaren Ausdruck seiner Wechselwirkung mit dem Higgs-Feld darstellt, überrascht nicht, dass die Masse des Higgs-Bosons der Wechselwirkung des Higgs-Felds mit sich selbst zugeordnet ist. In Experimenten vor dem LHC wurde das Higgs-Boson gesucht, aber nicht gefunden. Diese erfolglosen Experimente wurden genutzt, um den Massebereich des Higgs-Bosons einzugrenzen. Am LEP-Beschleuniger wurde seine Existenz unterhalb einer Masse von 114 GeV ausgeschlossen. Experimente am Tevatron im Jahr 2010 berichteten, dass die Existenz eines Higgs-Bosons im Massebereich zwischen 162 und 166 GeV nicht in Frage kommt. Darüber hinaus sprechen theoretische Argumente, die sich auf die Widerspruchsfreiheit der Vorhersagen des Standardmodells und der Messergebnisse des LEP stützen, gegen eine Higgs-Bosonenmasse von mehr als etwa 200 GeV.

Ganz gleich, welche Masse es besitzt: Am Large Hadron Collider kann das Higgs-Boson, so es denn existiert, erzeugt und detektiert werden. Direkt beobachten lassen wird sich das neue Teilchen aufgrund seiner hohen Instabilität allerdings nicht. Binnen weniger als 10^{-22} Sekunden wandelt es seine Energie in andere Teilchen um: Es zerfällt, wie die Physiker sagen. Die Existenz des Higgs-Bosons kann am LHC nur über die Detektion der Teilchen bewiesen werden, die bei seinem Zerfall entstehen: Hadronenjets, Leptonen und Photonen. Problematisch ist dabei, dass bei den Kollisionen am LHC natürlich viele andere Quellen auch Jets, Leptonen und Photonen hervorbringen und die Schwierigkeit darin besteht, die Produkte eines Higgs-Zerfalls von identischen Teilchen aus anderen, gewöhnlichen Vorgängen zu unterscheiden. Diese Ereignisse, die das tatsächliche Entstehen eines neuen Teilchens wie des Higgs-Bosons—ein sogenanntes *Signal*—verbergen können, werden in der Physik als *Hintergrund* bezeichnet.

Die Auslese der potenziell interessanten Ereignisse erfordert die Analyse einer sehr großen Anzahl von Kollisionen. Dazu vergleicht man die experimentellen Daten mit den Ergebnissen ausgefeilter Computerprogramme, in denen hochenergetische Protonenkollisionen und die Reaktion der LHC-Detektoren simuliert und Hintergrund wie Signal vorhergesagt werden (siehe Abb. 7.5). Diese Simulationsprogramme sind das Ergebnis komplexer theoretischer Berechnungen, gepaart mit

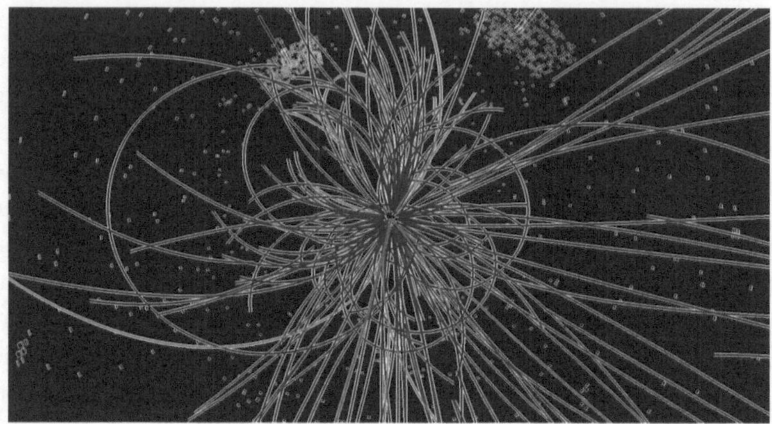

Abb. 7.5 Simulation eines LHC-Ereignisses mit der Produktion des Higgs-Bosons im CMS-Detektor
Quelle: CERN/CMS Collaboration.

der jahrelangen Erprobung der in Teilchendetektoren eingesetzten Instrumentation. Sie sind hochentwickelte Werkzeuge, deren Methodik sich bei der Auswertung von Daten aus früheren Experimenten an den Beschleunigern LEP, HERA und Tevatron als wirkungsvoll und zuverlässig erwiesen hat. Bevor man jedoch eine Neuentdeckung behauptet, müssen in zahlreichen Gegenproben Analysen durchgeführt werden, die über den schlichten Abgleich von Messdaten und Simulationen hinausgehen.

Zur internen Validierung ihrer Resultate bedienen sich Experimentalphysiker unterschiedlicher Verfahren. Ist die Reaktion der einzelnen Instrumente in den Detektoren erst einmal vollständig getestet und verstanden, wird mithilfe verschiedener Methoden überwiegend aus den Messdaten und mit möglichst wenig Rückgriff auf numerische Simulationen die Hintergrundauswertung extrahiert. Erst nach einem langen und schwierigen Prozess aus Untersuchung der Detektorleistung und Datenanalyse können die Experimentalphysiker sicher sein, dass sie über dem Hintergrund ein Signal beobachtet haben, und der Welt nach jahrelanger harter Arbeit endlich verkünden, dass das Higgs-Boson entdeckt ist.

WIE MAN NICHTS VERSTEHT

Denken ist schwierig. An nichts zu denken ist schwieriger, als an etwas zu denken.

LEV OKUN[25]

Das Ziel der Collider-Experimente besteht nicht einfach in der Entdeckung neuer Teilchen, sondern in der Benennung der Prinzipien, die uns den Weg weisen können, die Natur und ihre fundamentalen Gesetze zu verstehen. In den 1950er und 60er Jahren wurde eine Flut von neuen Hadronen entdeckt; die Erschließung ihrer Bedeutung dagegen kam nur geringfügig voran. Willis Lamb erklärte damals: »Der Entdecker eines neuen Teilchens wurde früher mit einem Nobelpreis belohnt, heute aber sollte eine solche Entdeckung mit einem Strafgeld von 10.000 Dollar belegt werden.«[26] Je tiefer wir jedoch in das Wesen der Materie vordringen, desto deutlicher zeigt sich, dass neue Prinzipien mit neuen Teilchen einhergehen. Manchmal zieht die Detektion eines neuen Teilchens daher tatsächlich eine fundamentale Entdeckung nach sich. Sollte das Higgs-Boson gefunden werden, wäre dies ganz sicher der Fall.

Die Entdeckung des Higgs-Bosons würde unsere Vorstellungen zur spontanen Symmetriebrechung oder, anders ausgedrückt, zum Wesen des Vakuums bestätigen, das seit der Antike diskutiert wird. Aristoteles stellte sich den Atomisten entgegen und behauptete, einen leeren Raum könne es in der Natur nicht geben: »Dass es ein Leeres in dieser selbständig für sich bestehenden Weise, wie einige das behaupten, nicht gibt, wollen wir nochmal vortragen.«[27] Er legte sogar einen Beweis für seine Behauptung vor, der bei der »offenkundigen«, auf empirischer Beobachtung gründenden Aussage ansetzt, dass jeder Körper in Bewegung zum Stillstand komme, wenn nicht eine äußere Kraft auf ihn wirke. In einem leeren Raum jedoch, so Aristoteles' Argumentation, seien alle

[25] L. B. Okun: Vacua, Vacuum: The Physics of Nothing; in H. B. Newman und T. Ypsilantis: History of Original Ideas and Basic Discoveries in Particle Physics. Plenum Press, New York 1996.

[26] W. E. Lamb: Nobelpreisrede am 12. Dezember 1955.

[27] Aristoteles' Physik. Vorlesung über Natur; Buch IV. Dt. v. H. G. Zekl, 1987.

Punkte gleich und ein Körper könne nicht wissen, wo er zum Stillstand kommen solle; die Bewegung müsse demnach ewig andauern, was absurd sei. Folglich, schließt Aristoteles, könne es einen leeren Raum nicht geben. Mit seinen eigenen Worten: »Niemand könnte wohl sagen, weswegen denn im Leeren etwas in Bewegung Gesetztes einmal irgendwo zum Stillstand kommen sollte: warum hier eher als da? Also, entweder, wird alles in Ruhe sein, oder es muss notwendig ins Unbegrenzte fortgehende Bewegung sein, wenn nicht etwas Stärkeres hindernd dazwischentritt.«[28] In Abwesenheit jeglicher Einwirkung von außen, so Aristoteles weiter, folgten Körper zudem ihrer natürlichen Bewegung, weswegen die schweren Elemente (Erde und Wasser) nach unten fielen und leichte (Luft und Feuer) nach oben stiegen. Wie könne es im leeren Raum Bewegung geben, wo die Begriffe »Oben« und »Unten« keinerlei Bedeutung hätten?

Interessanterweise hätte Aristoteles, wäre er in Umkehrung seiner Argumentation von der Existenz eines leeren Raums ausgegangen, das Prinzip der Trägheit entdeckt und wäre damit seiner Zeit um zwei Jahrtausende voraus gewesen. Stattdessen aber wurde seine Schlussfolgerung zum Prinzip erhoben, das später die lateinische Bezeichnung *horror vacui* (Abscheu vor der Leere) erhielt. Was nach der obskuren Abart einer pathologischen Phobie klingt, besagt in Wirklichkeit, dass die Kräfte der Natur bestrebt sind die Erzeugung eines Vakuums zu vermeiden.

Vor Aristoteles hatte im 5. Jahrhundert vor unserer Zeitrechnung Empedokles einen experimentellen Beweis für das Prinzip des *horror vacui* geführt, der mitunter als Klepshydra des Empedokles bezeichnet wird, da das Experiment mithilfe eines Wasserhebers durchgeführt wurde. Man nehme dazu einen Behälter mit zwei Öffnungen, eine oben und eine unten, und fülle ihn mit Wasser. Solange man die obere Öffnung zuhält, fließt aus der unteren Öffnung kein Wasser. Warum? Der *horror vacui* ist stärker als die Gravitation und hält das Wasser im Behälter, in dem anderenfalls ein Vakuum entstünde. Kaum gibt man jedoch die

[28] Aristoteles, ebd.

obere Öffnung frei, läuft das Wasser ungehindert nach unten, da nun keine Gefahr eines Vakuums besteht.

Galilei schreibt in seinem *Dialog* explizit von seinem Glauben an die mögliche, zumindest ideelle Existenz des Vakuums als der Grenze eines zunehmend verdünnten Mediums. Die tatsächliche physikalische Realität des Vakuums—die der scholastischen Tradition widersprochen hätte—wird nicht erörtert. Dennoch glaubte Galilei auch an den *horror vacui*, nicht als absolutes Prinzip, sondern als quantifizierbare Kraft, und führte zahlreiche interessante Experimente zur Messung seiner Auswirkungen durch.

1644, zwei Jahre nach Galileis Tod, erbrachte Evangelista Torricelli, ein Schüler Galileis, in einem entscheidenden Experiment den Nachweis für die Möglichkeit, bestimmte Bereiche des Raums zu evakuieren. Er füllte mehrere lange, dünne Behälter bis an den Rand mit Quecksilber, einer Flüssigkeit, die viel schwerer ist als Wasser. Diese Röhren stülpte er anschließend mit der Öffnung nach unten in ein ebenfalls mit Quecksilber gefülltes Gefäß. Er beobachtete, dass das Quecksilber ungeachtet des freiwerdenden Volumens in allen Röhren auf dieselbe Höhe fiel. Damit hatte Torricelli den *horror vacui* widerlegt, der in den einzelnen Behältern nach Maßgabe des jeweiligen leeren Raums unterschiedliche Kräfte bewirkt hätte.

In späteren Experimenten, insbesondere von Blaise Pascal, wurde endgültig demonstriert, dass die meisten dem *horror vacui* zugeschriebenen Phänomene in Wirklichkeit auf den Luftdruck zurückzuführen sind. Damit war das Ende des *horror vacui* besiegelt: Die Natur empfindet keinen Abscheu vor der Leere. Für uns Menschen von heute ist das Konzept des Vakuums relativ einleuchtend und alles andere als rätselhaft. Auch wenn wir Luft nicht sehen können, ist unser intuitives Verständnis an den Effekt des atmosphärischen Drucks gewöhnt. Wenn man alles wegnimmt, bleibt nichts übrig: Das ist Vakuum.

Die moderne Wissenschaft jedoch hat gezeigt, dass die Dinge nicht ganz so einfach liegen. Nimmt man eine Höhle und entfernt sämtliche Materie aus ihrem Innern, einschließlich der Luft, bleibt nicht »nichts« übrig. Die Wände der Höhle emittieren eine elektromagnetische Strahlung, die das Höhleninnere durchdringt. Diese Strahlung wird von der

Abb. 7.6 Torricellis Experiment zur Widerlegung des *horror vacui*: Ungeachtet der Länge der leeren Röhrenabschnitte fallen die Quecksilbersäulen in allen Röhren auf dieselbe Höhe
Quelle: Abteilung für Fotografie, Institut und Museum für Wissenschaftsgeschichte, Florenz/ Aufnahme: Eurofoto.

Temperatur der Wände bestimmt und lässt sich mit keiner Pumpe der Welt entfernen. Sie heißt *Schwarzkörperstrahlung*. Unser Universum ist bis in seine entlegensten und leeren Regionen hinein mit einer nahezu gleichförmigen Schwarzkörperstrahlung angefüllt, die man *Kosmische Hintergrundstrahlung* nennt und die sich seit dem Urknall auf mittlerweile –270 °C abgekühlt hat.

Selbst wenn wir uns vorstellen, dass wir einen Bereich des Raums auf den absoluten Nullpunkt herunterkühlen und so auch die Schwarzkörperstrahlung eliminieren, bleibt nicht »nichts« übrig. Mithilfe eines

Phänomens, das in Kap. 8 erläutert wird, verursacht die Quantenmechanik kontinuierliche Feldfluktuationen, die für sehr kurze Zeit Teilchen erzeugen. Im quantenmechanischen Vakuum herrscht ein sehr geschäftiges Treiben, ganz anders als im leeren Raum. Die Quantenfelder stehen niemals absolut still, sondern fluktuieren unaufhörlich und erzeugen wie das Meer kleine Wellen, die in schneller Abfolge entstehen und vergehen.

Falls der Large Hadron Collider das Higgs-Boson entdeckt, wird die Komplexität des Vakuums um ein neues Element erweitert. In der Physik ist Vakuum kein leeres Nichts: Das Vakuum ist der Zustand des Systems bei minimaler Energie. Mit der Entdeckung des Higgs-Bosons wird der Beweis erbracht sein, dass die Natur sich für ein Vakuum entschieden hat, das nicht aus »Nichts« besteht, sondern aus »Etwas«, weil auf diese Weise Energie bewahrt wird. Dieses »Etwas« ist eine Größe, die gleichförmig den gesamten Raum ausfüllt: die Higgs-Substanz. Der LHC versucht diese Substanz durch energiereiche Protonenkollisionen in leichte Vibration zu versetzen, ein paar kleine Wellen auf ihr zu erzeugen und diese in der Gestalt eines Higgs-Bosons aufzuzeichnen. Mit der Entdeckung dieser neuen Facette des physikalischen Vakuums wird der LHC herausgefunden haben, dass die Natur das Nichts verabscheut und bestrebt ist, die Leere zu füllen. Paradoxerweise wird der Large Hadron Collider zeigen, dass der Grundgedanke des *horror vacui* letztlich nicht ganz falsch war.

OFFENE FRAGEN

> *Wer fragt, ist fünf Minuten lang ein Narr; wer nicht fragt, bleibt für immer einer.*
>
> Chinesisches Sprichwort

Der unpassendste Name, mit dem das Higgs-Boson je belegt wurde, ist »das Gottesteilchen«. Er vermittelt den Eindruck, als stünde das Higgs-Boson im Zentrum des Standardmodells und definierte dessen Struktur. Das ist jedoch ganz und gar nicht zutreffend. Dennoch scheint diese

Bezeichnung, die in keiner physikalischen Terminologie je verwendet wird, unter Journalisten sehr beliebt zu sein.

Sheldon Glashow hat das Higgs-Boson sehr viel treffender definiert: »Manchmal vergleiche ich die heutige sehr erfolgreiche Theorie der Elementarteilchenphysik mit einer prachtvollen und elegant gearbeiteten Villa. Aber jeder Wohnsitz, ob bescheiden oder luxuriös, hat unweigerlich ein Objekt von wenig großer Schönheit ... Das Wasserklosett ist ein ziemlich hässliches Ding, doch es funktioniert und niemand ist auf eine glaubhafte Alternative gekommen.«[29] Das Higgs-Boson ist wie die Toilette im Standardmodell-Gebäude. So unverzichtbar sie für den funktionierenden Haushalt ist, werden wir sie dennoch kaum stolz den Gästen vorführen.

Unsere derzeitigen Kenntnisse über Materie und Kräfte fußen auf drei Elementen: der Allgemeinen Relativitätstheorie (zur Beschreibung der Gravitation), der Yang-Mills-Eichtheorie (zur Beschreibung der starken und der elektroschwachen Kraft sowie der Zusammensetzung der Materie) und dem Higgs-Sektor (zur Beschreibung der spontanten Brechung der elektroschwachen Symmetrie). Eleganz und Einfachheit der Allgemeinen Relativitätstheorie und der Yang-Mills-Eichtheorie sind unbestreitbar. Beide sind in Gänze von der logischen Schlussfolgerung aus der Eichsymmetrie diktiert, besitzen nur wenige veränderliche Parameter und halten dem Vergleich mit experimentellen Daten hervorragend stand. Trotz unserer vergeblichen Versuche, diese beiden Elemente überzeugend in einer einzigen Theorie zusammenzuführen, besteht wenig Zweifel, dass Allgemeine Relativitätstheorie und Eichtheorie einer der höchsten Sprossen auf Jakobs Himmelsleiter angehören.

Der *Higgs-Sektor* ist jener Teil der Theorie, der den Higgs-Mechanismus beschreibt und das Higgs-Boson enthält. Im Gegensatz zum restlichen Teil der Theorie ist er ziemlich willkürlich und seine Form keinem tiefgründigen fundamentalen Prinzip unterworfen. Aus diesem Grund wirkt seine Struktur furchtbar improvisiert. In der

[29] S. Glashow: Interactions. Warner Books, New York 1988.

gängigen Implementation des Higgs-Sektors in das Standardmodell ist er in seiner einfachstmöglichen Strukturvariante umgesetzt. Diese Minimallösung führt zur Schlussfolgerung, dass es ein einzelnes Higgs-Boson geben muss. Nichts spricht jedoch gegen andere, aufwendigere Strukturen des Higgs-Sektors, die unterschiedliche Higgs-Bosonen oder sogar neue Phänomene vorhersagen.

Neben der Tatsache, dass er Massen für W- und Z-Teilchen hervorbringt, erklärt der Higgs-Sektor die Struktur der von uns beobachteten Quark- und Leptonenmassen, dies allerdings um den Preis der Einführung von dreizehn veränderlichen und durch experimentelle Messungen bestimmten Eingangsparametern. Sicherlich erklärt der Higgs-Sektor die Massen von Quarks und Leptonen; ihre Werte vorherzusagen jedoch vermag die Theorie leider nicht. Und obwohl der Higgs-Sektor die spontane Brechung der elektroschwachen Symmetrie hervorbringen kann, liefert er keine tief reichende Erklärung der Kraft, die für dieses Phänomen letztlich verantwortlich ist.

Anders als Allgemeine Relativitätstheorie und Eichtheorie ist der Higgs-Sektor bislang noch nicht experimentell bestätigt. Das lässt uns hoffen, dass all die unbefriedigenden Aspekte des Higgs-Sektors lediglich auf unser mangelndes Wissen zurückgehen und nicht von einer schlecht getroffenen Wahl der Natur zeugen. Die experimentelle Erforschung des Higgs-Bosons am LHC ist daher von ausschlaggebender Bedeutung für eine Weiterentwicklung unserer Kenntnis der Teilchenwelt, und seine Entdeckung könnte Überraschungen bereithalten, die zeigen, dass dieses Teilchen ganz anders ist, als wir dies heute erwarten. Damit wir den richtigen Pfad finden können, der uns zu einer tiefer reichenden Erklärung des Phänomens der elektroschwachen Symmetriebrechung führt, sind neue experimentelle Informationen dringend vonnöten.

Es heißt bisweilen, die Entdeckung des Higgs-Bosons werde das Rätsel um den Ursprung der Masse lüften. Diese Aussage bedarf mehrerer Einschränkungen. Die Masse gewöhnlicher Materie wird zu einem überwiegenden Anteil von den Atomkernen getragen, die aus Protonen und Neutronen bestehen, welche sich ihrerseits aus Quarks zusammensetzen. Doch die Massen von Protonen und Neutronen sind nicht einfach die Summe der Massen der Quarks, aus denen sie bestehen—diese machen nur etwa 1% der Gesamtmasse aus. Masse ist (wir erinnern uns: $E = mc^2$) die einem Körper im Ruhezustand innewohnende Energie. Rund 98% der Masse von Protonen und Neutronen stammen also aus der wilden Bewegung der in ihrem Innern gefangenen Quarks und Gluonen, genauer gesagt, aus der Bindungskraft der QCD. Ein weiteres Prozent geht auf das Konto elektromagnetischer Effekte.

Letztlich ist der Higgs-Mechanismus für die Erzeugung der Quarkmassen verantwortlich, nicht aber für den QCD-Effekt. Deshalb hieß es oben, dass die Higgs-Substanz weniger als ein Kilogramm unserer Körpermasse ausmacht. Hinzu kommt, dass der überwiegende Teil der Materie im Universum in Form Dunkler Materie vorliegt, wie Kap. 11 erläutert. Auch wenn wir das Wesen der Dunklen Materie noch nicht ergründet haben, ist unwahrscheinlich, dass seine Masse aus der Higgs-Substanz herrührt. Zusammenfassend können wir festhalten: Der Higgs-Mechanismus macht etwa 1% der Masse gewöhnlicher Materie und nur 0,2% der Masse im Universum aus. Das ist nicht einmal annähernd genug, um die Behauptung zu rechtfertigen, mit dem Higgs-Boson werde sich der Ursprung der Masse erklären lassen.

Andererseits erzeugt der Higgs-Mechanismus die Massen sämtlicher bekannten Elementarteilchen und ist in dieser Hinsicht eine zentrale Massequelle in der Teilchenwelt. Das eigentliche Rätsel um den Ursprung der Elementarteilchenmassen aber besteht in der Struktur der Quark- und Leptonenmassen. Diese Struktur folgt einem sehr charakteristischen Muster, das nach Erklärung schreit. Doch leider konnte die theoretische Physik das Problem auch in jahrzehntelanger Forschung bis heute nicht knacken und ist einer Theorie, mithilfe derer sich die beobachteten Massenmuster aus Grundprinzipien herleiten ließen, kaum ein Stück näher gekommen. Dass die Entdeckung des Higgs-Bosons allein den Schlüssel zum Geheimnis der Quark- und Leptonenmassen liefern könnte, ist sehr unwahrscheinlich.

Die Bedeutung des Higgs-Mechanismus liegt im Ursprung einer fundamentalen Längenskala, die wir als *schwache Skala* bezeichnen. Die schwache Skala wird von der Dichte der Higgs-Substanz bestimmt und definiert die Reichweite der schwachen Kraft auf etwa 10^{-18}

Meter. Die fundamentalen Längenskalen sind für die Physik von zentraler Bedeutung, da sie die Position der Sprossen in der Jakobsleiter festlegen. Anders ausgedrückt: Sie bestimmten die Übergänge zwischen den verschiedenen effektiven Theorien zur Beschreibung der physikalischen Welt. Sie sind die Eingangstore zu einem tiefer gründenden Verständnis der Natur.

Es ist kaum zu bezweifeln, dass die Entdeckung des Higgs-Bosons einen grundlegenden Fortschritt in unserem Verständnis der Teilchenwelt darstellen wird, auch wenn es eher das Problem der elektroschwachen Symmetriebrechung beleuchten wird als das der Masse. Doch das Higgs-Boson lässt zu viele Fragen offen, um glaubhaft als die letztgültige Antwort gelten zu können. Die vielen Unzulänglichkeiten, mit denen der Higgs-Sektor behaftet ist, deuten darauf hin, dass die Entdeckung des Higgs-Bosons eher der Ausgangspunkt für neue Forschungsreisen sein wird als der letzte Landeplatz des Wissens.

8

Vom Umgang mit der Natürlichkeit

Das Leben ist voller unermesslicher Absurditäten, die seltsamerweise nicht einmal plausibel scheinen müssen, da sie wahr sind.

Luigi Pirandello[1]

Als Neil Armstrong und Buzz Aldrin am 20. Juli 1969 mit der Mondfähre auf der Oberfläche des Mondes landeten, erwarteten sie keine Begrüßung durch seltsame Wesen mit grüner Haut und langen Antennen. Man wusste bereits genug über den Mond, um eine Begegnung dieser sonderbaren Art ausschließen zu können. Die Erkundung des Zeptoraums durch den Large Hadron Collider ist eher mit der Fahrt vergleichbar, die Marco Polo unternahm. Der venezianische Reisende wusste von der Existenz des Reichs von Kublai Khan, hatte aber nur eine vage Vorstellung von den »fabelhaften Städten und seltsamen Bestien«, die er unterwegs zu finden hoffte. Ähnlich wissen wir, dass im Zeptoraum etwas Neues existieren muss: das Element, das für die elektroschwache Symmetriebrechung verantwortlich ist. Dieses Element wird aller Voraussicht nach die Gestalt eines Higgs-Bosons haben. Dennoch sind viele Physiker überzeugt, dass das Higgs-Boson nicht das

[1] L. Pirandello: Six Characters in Search of an Author, 1921.

G.F. Giudice, *Odyssee im Zeptoraum*, DOI 10.1007/978-3-642-22395-2_8,

Ende der Geschichte darstellen kann und dass der Zeptoraum von anderen »fabelhaften Teilchen und seltsamen Phänomenen« bevölkert sein muss.

Dieses Kapitel erläutert den Hauptbeweggrund für die Annahme, dass im Zeptoraum neue Teilchen jenseits des Higgs-Bosons auf uns warten; demgegenüber beschreiben die beiden darauffolgenden Kapitel einige der Vorstellungen, die sich Physiker vom Aussehen des Zeptoraums machen. Während ich bis hierhin überwiegend Fakten der Physik dargestellt habe, überquere ich nun die Grenze zwischen Realität und Spekulation und betrete das Land reiner theoretischer Hypothesen. Die Theorien, denen wir begegnen werden, fußen zwar auf stichhaltigen physikalischen Grundsätzen und auf der spärlichen experimentellen Information früherer Ringbeschleuniger über den Zeptoraum, sie sind aber dennoch lediglich Mutmaßungen, Versuche, unser derzeitiges Wissen auf das unkartierte Land des Zeptoraums zu extrapolieren. Der letzte Richter—der LHC-Ringbeschleuniger—wird die meisten (wenn nicht sogar alle) dieser Ideen ausschließen. Vielleicht aber wird der LHC auch eine von ihnen bestätigen und ein weiteres Mal in der Geschichte der Wissenschaft die Macht der menschlichen Fantasie demonstrieren. Es könnte jedoch durchaus ebenso gut sein, dass die Natur sich als sehr viel schöpferischer erweist als unser Geist und dass die Gestaltung des Zeptoraums unser derzeitiges Vorstellungsvermögen noch übersteigt. Ein solches Ergebnis würde die Reise des LHC in den Zeptoraum zu einem noch faszinierenderen Abenteuer machen.

DIE HIERARCHIE

Ich bin schlecht im Zählen der Silben, ich verstehe nicht die Kunst, meine Seufzer zu berechnen.

William Shakespeare[2]

Während die Experimentalphysiker ihr Raumschiff—den Large Hadron Collider—über die Grenze zwischen bekannter Welt und Zeptoraum

[2] W. Shakespeare: Hamlet, 2. Aufzug, 2. Szene. Dt. v. E. Fried.

navigieren, laufen die theoretischen Physiker heimlich voraus und träumen von den Gegebenheiten in viel kleineren Entfernungen. Angenommen, das Higgs-Boson wird am LHC entdeckt. Dann ließe sich das Standardmodell stichhaltig weit über den Zeptoraum hinaus extrapolieren, auf sehr kleine Entfernungen. Nur—auf wie kleine?

Nichts verbietet den Theoretikern, sich Beschleuniger vorzustellen, die in ihrer Leistungsfähigkeit den LHC weit hinter sich lassen. In Gedanken können sie Protonen in Speicherringen beschleunigen, die größer sind als die Erde, können die Strahlen mithilfe monumentaler Magnetfelder ablenken und Kollisionen von sagenhaften Energien erzeugen. Diese wunderbaren Collider gleichen dem virtuellen Raumschiff, das in unvorstellbar kleine Distanzen vordringen kann. An einem bestimmten Punkt aber rennt selbst die blühendste Fantasie gegen eine Wand und kommt nicht weiter. Bei Räumen, die gerade einmal 10^{-35} Meter klein sind, bei der sogenannten *Planck-Skala* (oder *Planck-Länge*), versagt der Motor unseres virtuellen Raumschiffs gänzlich den Dienst. Bei Entfernungen unterhalb der Planck-Skala kann die Theorie der Teilchenphysik keine physikalische Größe mehr beschreiben. Tatsächlich wird, wenn unser idealer Ringbeschleuniger leistungsfähig genug ist, um Teilchen zu zerschmettern und in die Planck-Skala zu packen, die gravitative Anziehungskraft der Teilchen so groß, dass das System zu einem Schwarzen Loch kollabiert. Dieses Schwarze Loch schluckt jegliche Information und wir haben keinerlei Möglichkeit herauszufinden, was sich in Entfernungen unterhalb der Planck-Skala abspielt. Unsere Vorstellungen von Raum und Zeit greifen bei diesen Distanzen nicht. Die Gravitation wird so stark, dass an die Stelle des Standardmodells eine neue, kohärente Beschreibung von allgemeiner Relativität und Quantenmechanik, von Gravitation und Eichkraft treten muss.

Die Planck-Skala ist unglaublich klein. Sie ist selbst im Vergleich zu den vertrauten winzigen Entfernungen der Teilchenphysik klein. Die kleinste bisher im unmittelbaren Experiment erforschte Distanz entspricht ungefähr der *schwachen Skala*, der Reichweite der schwachen Kernkraft, die bei rund 10^{-18} Metern liegt. Die Planck-Skala ist um ein 10^{17}-Faches kleiner als die schwache Skala und verhält sich damit zu ihr wie die Größe eines Menschen zur Strecke von hier bis zum Himmelskörper Sirius im Sternbild Großer Hund. Die Größe des Verhältnisses zwischen schwacher Skala und Planck-Skala (10^{17}) wird üblicherweise als *Hierarchie zwischen schwacher Kraft und Gravitation* bezeichnet.

Schwache Skala und Planck-Skala messen jeweils die Stärke von schwacher Kraft und Gravitation bei physikalischen Prozessen mit vergleichsweise niedrigenergetischen Teilchen. Im Phänomen der Hierarchie wird die Tatsache deutlich, dass die Gravitation in teilchenphysikalischen Experimenten von einer Geringfügigkeit ist, die sie hinsichtlich der schwachen und damit auch der elektromagnetischen und der starken Kraft völlig unerheblich werden lässt. Die Gravitation ist in der Teilchenwelt die schwächste aller Kräfte. Das astronomisch große Missverhältnis zwischen Gravitation und den übrigen Kräften wirft eine Frage auf: Gibt es eine grundlegende Ursache für diese riesige Lücke zwischen schwacher Kraft und Gravitation?

Diese Frage gehört zu jenem Kreis von Fragen, die nicht untersuchen wollen, *wie* die Dinge funktionieren, sondern *warum* die Dinge so funktionieren, wie wir sie beobachten. Wir wenden uns dieser Frage zu, weil wir glauben, dass jede physikalische Konstante irgendwann ihre letztgültige Erklärung innerhalb einer wahrhaft vereinheitlichten Theorie finden wird, in der sich sämtliche Parameter berechnen lassen. Die Zahl, mit der die Hierarchie zwischen schwacher Kraft und Gravitation beschrieben wird, ist so auffällig groß, dass sie vielleicht nicht einfach aus einem Zufall hervorgegangen ist, sondern auf einen verborgenen Aspekt der abschließenden Theorie hindeutet. Das Verwirrendste an der Größe der Hierarchie jedoch wird erst sichtbar, wenn wir die seltsame Welt der Quantenmechanik betrachten.

EIN QUANTENRÄTSEL

Wer über die Quantentheorie nicht entsetzt ist, hat kein einziges Wort verstanden.

NIELS BOHR[3]

[3] N. Bohr, zitiert in M. J. Wheatley: Leadership and the New Science: Discovering Order in a Chaotic World. Berrett-Koehler, San Francisco 1999.

Das *Heisenberg-Prinzip* besagt, dass zwei komplementäre physikalische Größen sich generell nur über einen Kompromiss bestimmen lassen. Je exakter wir eine der beiden Größen bestimmen, desto unschärfer wird die andere. Messen wir beispielsweise die Energie eines Teilchens in einem spezifischen Zeitintervall, können wir nicht Energie *und* Zeit mit absoluter Genauigkeit bestimmen. In der Praxis bringt die Bestimmung der Energie eines Systems daher ungeachtet der Qualität der verwendeten Messinstrumente stets eine intrinsische Unschärfe mit sich. Die physikalische Realität eines Phänomens lässt sich selbst ideell nicht mit absoluter Sicherheit und Präzision feststellen.

Abb. 8.1 Werner Heisenberg (*Mitte*) mit Wolfgang Pauli (*links*) und Enrico Fermi 1927 bei einer Bootsfahrt auf dem Comer See
Quelle: Pauli Archive/CERN.

Das Heisenberg'sche Unschärfeprinzip, das den Kern des indeterministischen Wesens der Quantenmechanik verkörpert, ist keine Spekulation, sondern eine gesicherte Eigenschaft der Natur, die einige augenscheinlich paradoxe Phänomene der Teilchenphysik erklärt. Zu den besten Beispielen hierfür gehört die Alpharadioaktivität. Bei relativ niedrigen Energien emittieren radioaktive Kerne Alphateilchen

(Heliumkerne). Im Uranisotop ^{238}U beispielsweise hat die radioaktive Emission eine Energie von 4,2 MeV. Werden aber deutlich energiereichere Alphateilchen auf Urantargets abgeschossen, können sie nicht ins Kerninnere vordringen und werden von der elektromagnetischen Abstoßungskraft, die zwischen gleichnamigen Ladungen wirkt, zurückgeworfen. Wie kann es sein, dass die durch die Radioaktivität emittierten Alphateilchen durch diese Abstoßungskraft nicht auf Energien beschleunigt werden, die viel größer sind als 4,2 MeV? Das ist so unverständlich wie ein von einem fünfstöckigen Gebäude herabfallender Dachziegel, der sacht wie ein Herbstblatt auf unserem Kopf landet— warum beschleunigt sich der Ziegel nicht infolge der Gravitation und zerschmettert unseren Schädel?

Was in der klassischen Physik widersinnig erscheint, ist für die Quantenmechanik vollkommen legitim. Aufgrund des Heisenberg-Prinzips kann die Energie des Alphateilchens selbst auf hohe Werte fluktuieren, sofern diese Fluktuation von ausreichend kurzer Dauer ist. Das Alphateilchen borgt sich die Energie, um den Kern zu verlassen zu können, und gibt sie nach kürzester Zeit wieder zurück, gerade rechtzeitig, um dem Heisenberg-Prinzip zu genügen.

Ähnlich wie die Alpharadioaktivität verhalten sich skrupellose Börsenmakler bei sogenannten »Baissespekulationen«. Dabei veräußert ein Broker Aktienanteile, die ihm eigentlich gar nicht gehören, um sie später zu einem günstigeren Preis zu kaufen. Diese Transaktion muss so schnell bewerkstelligt werden, dass der Anteilseigner das kurzfristige Defizit nicht bemerkt. In der Physik wird dieser Vorgang als *Tunneleffekt* bezeichnet, weil hier bildlich gesprochen ein Berg überwunden wird, ohne dass die Energie zu seiner Besteigung vorhanden wäre. Was im gewohnten Umfeld dem intuitiven Empfinden zuwiderläuft, ist in der Quantenmechanik ein vertrautes Phänomen. So wird der Tunneleffekt beispielsweise in hochfrequenztechnischen Komponenten wie den von Leo Esaki (Nobelpreis 1973) erfundenen Halbleiterdioden eingesetzt. Diese Dioden schalten Ströme so schnell an und aus, dass sie für den Bau von Oszillatoren mit Frequenzen über 100 GHz verwendet werden können.

Auf das Heisenberg-Prinzip gehen auch bizarre Phänomene bezüglich der Existenz *virtueller Teilchen* zurück. Einem virtuellen Teilchen wohnen exakt dieselben Eigenschaften inne wie einem gewöhnlichen Teilchen (identische Masse, identische Ladung und so fort), aber eine vollkommen anormale Energie. Der Energiewert eines virtuellen Teilchens ist schlicht und einfach »falsch«. Die »richtige« Energie eines Teilchens ergibt sich eindeutig aus seiner Masse und seiner Geschwindigkeit. Je schneller ein Teilchen sich bewegt, desto größer ist seine Energie. Für ein virtuelles Teilchen aber gilt dies nicht mehr: Seine Energie ist völlig unabhängig von seiner Geschwindigkeit und kann jeden beliebigen Wert annehmen. Ein virtuelles Elektron etwa kann eine gigantische Energiemenge mit sich führen und sich dabei sehr langsam bewegen. Noch der berühmteste brasilianische Fußballspieler würde im Spiel mit einem »virtuellen« Ball ein totales Fiasko riskieren: Trotz der großen Energie seines kraftvollen Schusses würde sich der Ball möglicherweise kaum von der Stelle bewegen, so als hätte ein Kleinkind geschossen, das gerade laufen gelernt hat.

Das Leben eines virtuellen Teilchens ist von extrem kurzer Dauer. Gemäß dem Heisenberg-Prinzip existiert es umso kürzer, je größer seine Energie ist. Dadurch sind virtuelle Teilchen für uns praktisch nicht wahrnehmbar, womit der Ruf der brasilianischen Fußballer gerettet wäre.

Virtuelle Teilchen sind für viele ungewöhnliche Phänomene in der Welt der Teilchenphysik verantwortlich. Insbesondere im leeren Raum ist dank ihnen eine Menge los: Paare aus virtuellen Teilchen und Antiteilchen entstehen und verschwinden schnell genug, um dem Heisenberg-Prinzip zu genügen. Das Quantenvakuum—der leere Raum der Quantenmechanik—ist von solchen unablässig entstehenden und vergehenden Paaren bevölkert, denn der Energieerhaltungssatz steht ihrem kurzlebigen Dasein nicht entgegen. Wie vorüberhuschende Gespenster in den leeren Gemächern eines alten schottischen Schlosses tauchen im schrägen Haus des Quantenvakuums aus dem Nichts virtuelle Teilchen-Antiteilchen-Paare auf, um gleich wieder zu verschwinden.

In der Komplexität des Quantenvakuums wird eine neue und viel dramatischere Facette der Hierarchie zwischen schwacher Kraft und Gravitation offenbar: das *Natürlichkeitsproblem*. Die Mehrzahl der Traumvorstellungen von den »fabelhaften Städten und seltsamen Bestien«, die es im Zeptoraum geben könnte, sind aus Versuchen entstanden, dieses Problem zu lösen.

DAS NATÜRLICHKEITSPROBLEM

Alles ist natürlich: Wäre es das nicht, so wäre es nicht—natürlich.

MARY CATHERINE BATESON[4]

Dem Higgs-Mechanismus zufolge ist der Raum mit einer gleichförmig dichten Higgs-Substanz angefüllt. Infolge der Komplexität des Quantenvakuums aber wird die ruhige See der Higgs-Substanz durch die rasche Produktion und Auslöschung von unterschiedlichsten virtuellen Teilchen pausenlos gestört. Das unablässige Treiben der virtuellen Teilchen wirkt sich auf die Dichte der raumfüllenden Higgs-Substanz aus. Ebenso wie Gespenster, die aus dem Jenseits kommen und gehen, im Gehirn empfänglicher Menschen lebhafte Erinnerungen hinterlassen, drücken auch die virtuellen Teilchen der Higgs-Substanz ihren unauslöschlichen Stempel auf. Das Wirbeln virtueller Teilchen steuert letztlich einen gigantischen Beitrag zur Dichte der Higgs-Substanz bei, die extrem dickflüssig wird.

Theoretische Berechnungen zeigen, dass sich dieser Beitrag zur Dichte der Higgs-Substanz proportional zum Energiemaximum der virtuellen Teilchen verhält. Da diese riesige Energiemengen besitzen können, wird die zähe Higgs-Substanz, wenn man die quantenmechanischen Effekte berücksichtigt, fester als Lehm oder sogar so hart wie Stein. Gewöhnliche Teilchen, die in diesem Medium unterwegs sind,

[4] M. C. Bateson: On the Naturalness of Things; in J. Brockman und K. Matson (Hrg.): How Things Are: A Science Toolkit for the Mind. William Morrow & Co., New York 1995.

müssten einen gewaltigen Widerstand spüren oder, physikalisch genauer ausgedrückt, gigantische Massewerte annehmen. Berechnungen auf Grundlage einer einfachen Extrapolation des Standardmodells bis hinunter zur Planck-Skala führen zu dem Ergebnis, dass Elektronen um ein Million-Milliarden-Faches massereicher sein müssten, als wir dies beobachten—so schwer wie Bakterien. Da Elektronen aber eindeutig nicht so schwer sind wie Bakterien, stehen wir vor einem Rätsel: Warum ist die Higgs-Substanz trotz der natürlichen Tendenz der virtuellen Teilchen, sie zu verdicken, so dünnflüssig?

Dieses Dilemma wird allgemein als *Natürlichkeitsproblem* bezeichnet. Die Dichte der Higgs-Substanz legt fest, wie weit W- und Z-Teilchen die schwache Kraft vermitteln können; mit anderen Worten: Sie definiert die schwache Skala. Wenn virtuelle Teilchen daher die Higgs-Substanz dickflüssiger machen, verkürzen sie damit letztlich die schwache Skala. Das Natürlichkeitsproblem nun bezieht sich auf den Widerspruch zwischen der Tendenz der virtuellen Teilchen, die schwache Skala auf die Länge der Planck-Skala zu reduzieren, einerseits und der Beobachtung andererseits, dass sich die beiden Längenskalen um den gigantischen Faktor 10^{17} unterscheiden. Mithilfe einer Analogie wollen wir das Problem einmal anders formulieren.

Nehmen wir an, wir legen einen Eiswürfel in einen heißen Backofen. Nach einer Weile schauen wir nach und stellen fest, dass das Eis vollkommen fest geblieben und überhaupt nicht geschmolzen ist. Ist das nicht sonderbar? Die Luftmoleküle im heißen Ofeninnern müssten eigentlich ihre Wärmeenergie auf den Eiswürfel übertragen, seine Temperatur rasch gesteigert und das Eis zum Schmelzen gebracht haben. Das aber haben sie nicht getan.

Nicht minder sonderbar ist das Natürlichkeitsproblem. Die energiereichen virtuellen Teilchen verhalten sich wie die heißen Luftmoleküle in unserer Ofenanalogie, die Higgs-Substanz wie der Eiswürfel. Die wilde Bewegung der virtuellen Teilchen wird auf die Higgs-Substanz übertragen, die eigentlich hart wie Stein werden müsste—und doch äußerst dünnflüssig bleibt. Die schwache Skala müsste auf die Länge der Planck-Skala schrumpfen—und doch unterscheiden sich die beiden Skalen um den Faktor 10^{17}.

Im Innern eines heißen Backofens wird nichts auf Dauer viel kälter bleiben als die Umgebungstemperatur. Gleichermaßen nehmen im Quantenvakuum virtuelle Teilchen es nicht hin, dass die schwache Skala viel größer bleibt als die Planck-Skala. Das eigentlich Rätselhafte ist daher, dass es zwischen schwacher Kraft und Gravitation gar keine Hierarchie geben dürfte und erst recht keinen Unterschied um den Faktor 10^{17}. Im Kern besteht das Natürlichkeitsproblem darin, dass das anarchistische Verhalten der virtuellen Teilchen keine Hierarchien toleriert.

An dieser Stelle ist eine sehr wichtige Warnung angebracht. Das Natürlichkeitsproblem ist keine Frage der logischen Folgerichtigkeit. Wie schon das Wort sagt, geht es ausschließlich um *Natürlichkeit.* Die virtuellen Teilchen steuern einen Teil der in der Higgs-Substanz gespeicherten Energie bei. Nichts spricht dagegen, dass die Natur mit Bedacht eine Eingangsdichte der Higgs-Substanz wählt, welche die Wirkung der virtuellen Teilchen nahezu kompensiert. Unter diesen Umständen könnte sich die enorme Disparität zwischen schwacher und Planck-Skala schlicht aus einer exakten Kompensation unterschiedlicher Effekte ergeben. So wenig sich diese Möglichkeit logisch ausschließen lässt, scheint sie doch sehr konstruiert. Die meisten Physiker tun sich schwer damit, derartig akkurate Kompensationen beziehungsloser Effekte hinzunehmen, und betrachten sie als extrem *unnatürlich.*

Es mag überraschen, dass etwas so Vages und Subjektives wie das Konzept der Natürlichkeit in rigorosen physikalischen Theorien mit der ihnen eigenen höchst anspruchsvollen Mathematik Platz findet. Doch wie in der Kunst oder in anderem spekulativen menschlichen Handeln lassen sich die theoretischen Physiker bei der Formulierung ihrer Ideen oft von einem Gefühl für ästhetische Schönheit, Reinheit und Einfachheit leiten. Das Seltsame dabei ist nicht, dass die theoretischen Physiker Schönheit und Einfachheit als Quellen der Inspiration nutzen, sondern dass auch die Natur diesen Prinzipien zu folgen scheint. Als man Einstein fragte, was er getan hätte, wenn Eddingtons Beobachtung der Sonnenfinsternis von 1919 seine Theorie widerlegt und nicht bestätigt hätte, antwortete er schlicht: »Dann hätte ich den lieben Herrgott bedauert.«[5] Ganz offensichtlich war er sich sicher, dass die Allgemeine Relativitätstheorie zu schön war, als dass die Natur sich ihr hätte entziehen können.

Ästhetische Schönheit und Natürlichkeit sind mächtige Inspirationsquellen; zur Validierung einer Theorie aber kann man sie selbstverständlich nicht heranziehen, zumal sie, philosophischen Einflüssen unterworfen, bisweilen sogar in die Irre führen können. Nehmen wir das kopernikanische und das ptolemäische Weltbild als Beispiel. Noch jenseits aller empirischen Belege erleben moderne Wissenschaftler eine heliozentristische Theorie, in der die Bewegung der Planeten durch einfache elliptische Umlaufbahnen beschrieben wird, gegenüber einer geozentrischen Theorie, die die Einführung unterschiedlicher Epizyklen für jeden Planeten verlangt, als die *natürlichere* Erklärung des Sonnensystems. Kopernikus' Vorläufern und Zeitgenossen jedoch wird eine geozentrische Theorie *natürlicher* erschienen sein. Tycho Brahe verwarf eine heliozentrische Beschreibung des Sonnensystems mit dem subjektiven Argument, die Erde sei »ein wuchtiger, fauler Körper, zur Bewegung ungeeignet«.[6] Fallstricke in Form falscher Vorurteile sind in der Geschichte der Wissenschaft reichlich zu finden.

Das Natürlichkeitsproblem hinsichtlich der Dichte der Higgs-Substanz aber hat sonderbare Eigenheiten, aufgrund derer die meisten Physiker es nicht als auf einem falschen Vorurteil gegründet sehen und eine tiefe Wahrheit in ihm vermuten. Logisch ausschließen können wir eine zufällige Kompensation der unterschiedlichen Beiträge mit dem Ergebnis einer stark verdünnten Higgs-Substanz sicherlich nicht. Eine solche Kompensation würde jedoch einen erstaunlichen Zufall oder, nach dem üblichen Sprachgebrauch der Physiker, eine erstaunliche *Feinabstimmung* voraussetzen.

Von Feinabstimmung (oder, vom Englischen entlehnt, Feintuning) ist die Rede, wenn unterschiedliche Parameter einer Theorie infolge

[5] A. Einstein, zitiert in I. Rosenthal-Schneider: Reality and Scientific Truth: Discussions with Einstein, von Laue, and Planck. Wayne State University Press, Detroit 1980.

[6] J. L. E. Dreier (Hrg.): Tychonis Brahe Dani Opera Omnia. Hauniæ: In Libraria Gyldendaliana, Kopenhagen 1913–1929.

eines rein zufälligen Zusammenspiels ineinanderarbeiten und sehr filigrane und präzise Aufhebungen bewerkstelligen, die zu einer deutlich geringeren Gesamtwirkung führen, als durch die individuellen Beiträge zustande käme. Das Natürlichkeitsproblem hat letztlich mit der Frage der Feinabstimmung zu tun. Die Aufrechterhaltung der großen Lücke zwischen schwacher und Planck-Skala im Quantenvakuum ist logisch nicht unmöglich, erfordert jedoch eine Feinabstimmung—die abstrus zufällig und unerklärt erscheint—der Parameter im Standardmodell mit einer Genauigkeit von einem Teil in 10^{34}. Wie lächerlich konstruiert eine solche Feinregulierung wirkt, möchte ich anhand eines Beispiels verdeutlichen.

Nehmen wir an, wir betreten ein Zimmer und bemerken, dass jemand auf dem Tisch einen Bleistift hinterlassen hat, der auf seiner Spitze balanciert. Diese überaus instabile Position des Bleistifts wirkt sehr unnatürlich. Jemand muss den Stift so ausbalanciert haben, dass sich sein Massezentrum exakt in der Spitze befindet. Je länger der Bleistift ist, desto höher fällt der Grad der Feinabstimmung aus, die erforderlich ist, um den Bleistift in dieser unbequemen Position zu halten. Ein Feintuning von einem Teil in 10^{34} aber entspricht der Ausbalancierung eines Bleistifts von der Länge des Sonnensystems auf einer Spitze von 0,1 Millimeter Durchmesser!

Dass unser Universum auf einem derart ungewöhnlichen Zufall beruhen sollte, scheint schlichtweg nicht plausibel. Die Teilchenphysiker sind mehrheitlich der Meinung, dass hinter jedem augenscheinlich rätselhaften Zufall und hinter jedem unglaublich präzisen Feintuning eine gute Erklärung stecken muss. Die Hierarchie zwischen schwacher Kraft und Gravitation kann nicht nur bloßer Zufall sein; hinter ihr muss sich vielmehr eine tiefe Bedeutung verbergen. Es muss eine unsichtbare Hand geben, die den Bleistift in seiner Position hält und einen scheinbar unvorstellbaren Zufall in ein vollkommen logisches Resultat verwandelt.

Dass die meisten Physiker an eine große Bedeutung des Natürlichkeitsproblems glauben, hat noch einen weiteren Grund. Virtuelle Teilchen können beliebige Energiemengen übermitteln. Würden die unterschiedlichen Beiträge zur Dichte der Higgs-Substanz per Zufall kompensiert, müsste es zwischen Phänomenen, die sich in stark voneinander abweichenden Energieskalen abspielen, besondere Korrelationen geben. Bildlich gesprochen müssten alle Sprossen der Jakobsleiter mit akribischer Präzision aufeinander abgestimmt sein. Diese Option ist zwar logisch nicht ausgeschlossen, widerspricht jedoch unserem intuitiven Empfinden, dass jede Sprosse der Jakobsleiter einzeln betrachtet werden kann, und stellt unsere Grundvorstellungen zu effektiven Feldtheorien in Frage.

Im Kern steckt das Natürlichkeitsproblem im unbotmäßigen Verhalten der virtuellen Teilchen. Ihre Einstellung lässt sich mit einem alten Prinzip der Physik umreißen: »Alles, was nicht verboten ist, ist Pflicht.« Wie zappelige Kinder stellen die virtuellen Teilchen jeden erdenklichen Unfug an, der nicht streng untersagt ist. Der Unfug, der uns beschäftigt, besteht in einer absurd hohen Verdichtung der Higgs-Substanz, die zur Reduzierung der schwachen Skala auf die Kürze der Planck-Skala führt.

Für die Mehrzahl der Physiker ist das Natürlichkeitsproblem ein Anzeichen für die Unvollständigkeit des Standardmodells. Eine neue Theorie müsste bei unserem Eintritt in den Zeptoraum an seine Stelle treten, eine Theorie, die das Verhalten der virtuellen Partikel so modifiziert, dass sie in der Higgs-Substanz kein Unheil mehr anrichten. Was könnte die virtuellen Teilchen dazu bringen, sich mit mehr Disziplin und Gehorsam zu verhalten?

Ein Gesetz gibt es, dem sich die anarchistischen virtuellen Teilchen unterwerfen: das der Symmetrie. Virtuelle Teilchen respektieren ausschließlich physikalische Mengen, die an Symmetrietransformationen beteiligt sind; alle anderen ignorieren sie ganz einfach. Dummerweise ist der Parameter, der die Dichte der Higgs-Substanz festlegt, an keiner Symmetrie beteiligt, und darin wurzelt das Natürlichkeitsproblem.

Die Symmetrie könnte die unsichtbare Hand sein, die das Dilemma auflöst. Der Gedanke, die Lösung des Natürlichkeitsproblems könnte in einer neuen Symmetrie oder in einem neuen theoretischen Element liegen, hat sich bei den theoretischen Physikern in den letzten Jahrzehnten als eine der ergiebigsten Inspirationsquellen erwiesen und viele einfallsreiche und originelle Lösungsvorschläge hervorgebracht.

9

SUPERSYMMETRIE

Wenn ich Ihnen übermäßig einleuchtend erscheine, müssen Sie mich falsch verstanden haben.

ALAN GREENSPAN[1]

Die Raumzeit ist die Bühne, auf der sich die Naturerscheinungen abspielen. Unter Aufbietung unserer Vorstellungskraft aber wollen wir uns einen größeren Raum denken, der sich in Dimensionen jenseits der drei Richtungen im Raum und der einen in der Zeit erstrecken. Wir wollen uns weiterhin vorstellen, die Geometrie des Raums, den diese neuen Dimensionen beschreiben, weiche vollkommen von der Norm ab. Ein Quadrat, wie lang seine Seiten auch sein mögen, hat stets den Flächeninhalt null. Ein Rechteck kann eine Fläche von ungleich null haben, ist jedoch auch mit ungewohnten Eigenschaften ausgestattet. Wie Abb. 9.1 illustriert, wechselt seine Fläche, wenn die Seiten des Rechtecks vertauscht werden, das Vorzeichen und wird negativ. Die Geometrie in diesem Raum ist verstörender als ein Bild von M. C. Escher oder ein Gemälde von Dalí. Auf einem Blatt Papier lässt sich dieser Raum unmöglich in einfachen Bildern darstellen, da seine

[1] A. Greenspan 1987 in einer Rede vor einem Senatsausschuss; zitiert im *Wall Street Journal*, 22. September 1987.

G.F. Giudice, *Odyssee im Zeptoraum*, DOI 10.1007/978-3-642-22395-2_9,

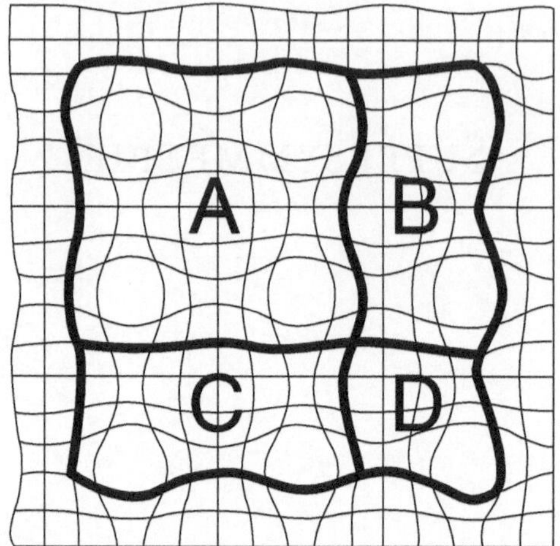

Abb. 9.1 Quadrate im Superraum haben den Flächeninhalt null. Daher gilt Flächeninhalt(A) = 0 und Flächeninhalt(D) = 0, aber ebenso Flächeninhalt(A + B + C + D) = 0. Daraus folgert man, dass Flächeninhalt(B) = –Flächeninhalt(C). Die Fläche eines Rechtecks wechselt das Vorzeichen, wenn seine Seitenlängen vertauscht werden, und negative Flächeninhalte sind möglich. Da sich der Superraum nicht ohne Weiteres visualisieren lässt, soll die Zeichnung lediglich als Illustration dienen

Dimensionen wahrhaft »quantenmechanischer« Natur sind. Doch die Macht der Mathematik reicht über unser visuelles Vorstellungsvermögen hinaus und erlaubt die Erforschung dieses surrealistischen Raums, der als *Superraum* bezeichnet wird.

Obwohl man ihn sich seltsamer nicht ausmalen könnte, ist der Superraum ein logisch schlüssiges Gebilde, und wir können in Träumen schwelgen, wie Materie im Superraum aussehen würde. Die Teilchen im Superraum unterscheiden sich so sehr von den Teilchen im gewöhnlichen Raum, dass ihnen ein eigener Name zusteht: *Superteilchen*. Ein Superteilchen ist ein komisches Gebilde. Man kann es sich wie Janus vorstellen, den römischen Gott des Anfangs und des Endes, der mit zwei Gesichtern in entgegengesetzte Richtungen blickte. Jedes Superteilchen hat wie Janus eine zweifache Identität, es ist gleichzeitig zwei Teilchen mit unterschiedlichem Spin.

Mit »Spin« wird das intrinsische Drehmoment von Teilchen bezeichnet. Die niederländischen Studenten Samuel Goudsmit (1902–1987) und George Uhlenbeck (1900–1988) postulierten 1925 das Konzept des Teilchenspins, wobei sie sich Elektronen als winzige Drehkreisel dachten. Sogleich jedoch wies Hendrik Lorentz die beiden Nachwuchsphysiker zurecht, das Konzept kreiselnder Elektronen berge zahlreiche logische Widersprüche und sei vollkommen unhaltbar. Unter anderem machte Lorentz den beiden klar, dass die Ränder eines solchermaßen rotierenden Elektrons sich mit Überlichtgeschwindigkeit drehen würden, was im krassen Widerspruch zum Relativitätsprinzip stehe. Die Argumentation des Altmeisters der niederländischen Physik brachte Goudsmit und Uhlenbeck so aus der Fassung, dass sie umgehend ihren Mentor Paul Ehrenfest baten, ihren Artikel zurückzuziehen. Ehrenfest aber teilte ihnen mit, dass es dafür zu spät sei, da er den Artikel bereits abgeschickt habe, und fügte hinzu: »Sie sind beide jung genug, um sich eine Dummheit leisten zu können.«[2]

Doch man lebte im Zeitalter der Quantenmechanik, in dem ein Quäntchen Tollkühnheit nicht schaden konnte, wollte man Entdeckungen machen. Im Sinne der klassischen Physik vollkommen einleuchtend, waren Lorentz' Argumente in der Quantenmechanik, wo die Phänomene unserem intuitiven Verständnis zuwiderlaufen, nicht stichhaltig. Der Teilchenspin ist eine physikalische Tatsache, obwohl er mit den Begriffen der klassischen Physik nicht zu greifen ist. Der Spin ist wie eine fortwährende, den Teilchen innewohnende Drehbewegung, die sich einer einfachen klassischen Beschreibung entzieht. Das Tempo, in dem ein Teilchen rotiert, verändert sich nie, was die Spinzahl ebenso wie seine elektrische Ladung oder seine Masse zu einem unveränderlichen Kennzeichen eines Teilchens macht. Zudem kommt der Spin ebenso wie andere physikalische Größen in der Quantenmechanik nur als ganzzahliges Vielfaches einer Grundmenge (die man Spin ½ nennt) vor. Teilchen, deren Drehimpuls ein ungerades Vielfaches dieser Menge beträgt, werden—in Anlehnung an Enrico Fermi, der ihre statistischen

[2] G. E. Uhlenbeck: »Fifty Years of Spin: Personal Reminiscences« *Physics Today* 29, 43 (1976).

Eigenschaften untersucht hat—als *Fermionen* bezeichnet. Teilchen mit einem Spin von null oder einem geraden Vielfachen der Grundmenge heißen nach dem indischen Physiker Satyendra Nath Bose (1894–1974) *Bosonen.* Quarks und Leptonen haben den Spin ½ und gehören zur Familie der Fermionen. Gluon, Photon, W- und Z-Teilchen haben den Spin 1 und sind Bosonen. Das Higgs-Boson hat den Spin 0 und ist, wie sein Name schon sagt, ein Boson. Die beiden Gesichter des janusköpfigen Superteilchens, denen zwei Teilchen mit unterschiedlichem Spin entsprechen, sind stets ein Boson und ein Fermion.

Die Symmetrie des Superraums bezeichnet man als *Supersymmetrie.* Die Supersymmetrie hat ganz besondere Eigenschaften, die sie von jeder anderen bisher bekannten Symmetrie unterscheiden. Normalerweise beinhalten Symmetrien entweder Transformationen im Raum (etwa Rotationen oder Translationen) oder Teilchentransformationen (wie den Austausch von Protonen und Neutronen). Die Supersymmetrie dagegen ist anders. Sie stellt eine Verbindung zwischen Teilchen mit unterschiedlichen Spinzahlen her, und der Spin wird mit Rotationen im physikalischen Raum assoziiert. Die Supersymmetrie muss daher gleichzeitig Teilchen- und Raumeigenschaften betreffen. Das ist das ungewöhnliche Merkmal der Supersymmetrie—sie ist tief mit den Eigenschaften des Raums verknüpft, zieht gleichzeitig jedoch Transformationen zwischen Teilchen nach sich.

Reelle Zahlen, positive wie negative, lassen sich auf einer Geraden darstellen. Algebraische Operationen (beispielsweise Addition oder Multiplikation) überführen Zahlen in andere Zahlen. An die Existenz der Quadratwurzel aus einer negativen Zahl jedoch glaubte niemand, bis Ende des 16. Jahrhunderts die italienischen Mathematiker Gerolamo Cardano und Rafael Bombelli die imaginären Zahlen ersannen. Die reellen und die imaginären Zahlen erstrecken sich über eine Ebene und nicht nur entlang einer Geraden. Durch die »unmögliche« Operation der Quadratwurzel aus einer negativen Zahl erschloss sich eine neue Dimension im Zahlenraum.

Es ist ein Kuriosum der Mathematik, dass wir durch das (salopp formuliert) Ziehen der Quadratwurzel aus einer Translation im gewöhnlichen Raum—einer Operation, die man für widersinnig hielt—eine Translation in die neuen Dimensionen des Raums erhalten. Wie bereits im Fall der imaginären Zahlen erschließt auch hier eine »unmögliche« Quadratwurzel neue Dimensionen. Im vorliegenden Fall sind dies die Dimensionen des Superraums.

Die neuen Dimensionen des Superraums sind eng mit dem Spin verknüpft, da dieser ein notwendiger Bestandteil für den Bau der Supersymmetrie ist. Der klassischen Physik dagegen ist das Konzept des Teilchenspins fremd; ihn kann es nur in der Welt der Quantenmechanik geben. Aus diesem Grund sind die neuen Dimensionen des Superraums quantenmechanischer Natur. Die Koordinaten der quantenmechanischen Dimensionen sind so ungewöhnlich, dass sie sich mit gewöhnlichen Zahlen gar nicht beschreiben lassen; dazu braucht es spezielle Zahlen, die seltsamen algebraischen Regeln folgen.

Die Vorstellung von einem Superraum klingt ziemlich ungewöhnlich und erstaunlich, und man mag sich fragen, warum ein solcher Raum für unsere Welt von Bedeutung sein sollte, in der schließlich jedes Kind weiß, dass Quadrate Flächeninhalte haben und Teilchen nicht wie römische Gottheiten aussehen. Doch die spontane Symmetriebrechung hat uns gelehrt, dem Schein zu misstrauen. Symmetrien können unsere einfachen Sinne mitunter täuschen und sich in den fundamentalen Gesetzen verbergen, ohne sich ganz zu zeigen. Ebenso wie der in der Kammer eingesperrte Wissenschaftler davon überzeugt ist, dass der Raum nicht drehsymmetrisch sei, sehen womöglich wir den Superraum nicht, der uns umgibt.

In seinem Höhlengleichnis stellt Platon sich eine Gruppe Gefangener vor, die von Geburt an in einer Höhle festgekettet sind und deren Blickfeld sich auf eine Felswand beschränkt. Diese Gefangenen sehen nur die Schatten dessen, was hinter ihrem Rücken im Licht eines riesigen Feuers vor sich geht. Für sie sind die grauen Abbilder an der Wand die Realität. Irgendwann aber kann sich ein Gefangener von seinen Fesseln befreien und die Höhle verlassen. Erst jetzt begreift er, dass alles, was er bislang für real gehalten hat, nichts als eine Illusion ist, nur ein Schatten der wirklichen Welt.

Falls die Supersymmetrie spontan gebrochen wird, sind wir womöglich in einer ganz ähnlichen Situation wie die Gefangenen in Platons Höhle. Der Superraum bleibt uns verborgen und wir sehen nur die Schatten, die er auf unseren gewöhnlichen Raum wirft. Und eigentlich wirft jedes janusköpfige Superteilchen nicht nur einen, sondern gleich zwei verschiedene Schatten auf die Wand des »realen« Raums—ein Schatten stammt von einem Boson-Teilchen, der zweite von einem Fermion (siehe Abb. 9.2).

Abb. 9.2 Platons (Super-)Höhle. Die beiden Wissenschaftler können das im Superraum schwebende Superteilchen (hier als kringelförmiges Gebilde dargestellt) nicht direkt wahrnehmen, sie sehen lediglich die zwei Schatten (ein Boson und ein Fermion), die es auf den gewöhnlichen Raum (die Höhlenwand) wirft

Die theoretischen Physiker stellen sich vor, dass es sich beim Standardmodell um eine im Superraum formulierte Theorie handeln könnte. Die Quarks, die Leptonen und die Eichteilchen zur Kräfteübermittlung sind nur die halbe Wirklichkeit. Jedes bekannte Teilchen ist nur einer der beiden Schatten eines janusköpfigen Superteilchens, das den Superraum durchstreift. Die zweite Hälfte der Wirklichkeit haben wir nie beobachten können, weil die zweite Hälfte der Superteilchen infolge der spontanen Symmetriebrechung für eine experimentelle Detektion bislang zu schwer ist. Der Large Hadron Collider könnte das Werkzeug sein, mit dem wir unsere Ketten aufbrechen und ungehindert in die Realität des Superraums eintreten werden.

Die Supersymmetrie ist zweifellos ein ungewöhnliches und erstaunliches Konzept; dennoch mag man sich immer noch fragen, wieso es irgendetwas mit unserer Welt zu tun haben soll. Eine wirklich gute und zulässige Frage. Bald nach der Entdeckung der Supersymmetrie begannen die Physiker genau diese Frage zu stellen, eine gute Antwort aber wusste niemand. Wie Pater Brown in den Geschichten Chestertons einmal sagte: »Nicht die Lösung können sie nicht erkennen; sie sehen das Problem nicht.«[3] Dieser Satz beschreibt auch die theoretischen Physiker in den Anfangszeiten der Supersymmetrie. Die Theorie war elegant und ansprechend, doch man wusste nicht, wie sie zu verwenden sei. Die Supersymmetrie war die Lösung, aber niemand kannte das Problem.

Die Geschichte der Supersymmetrie war von ihrem allerersten Beginn an eigentümlich, denn in den frühen 1970er Jahren wurde sie gleich drei Mal entdeckt. Der französische Physiker Pierre Ramond, später in Zusammenarbeit mit André Neveu und John Schwarz, machte die Entdeckung allerdings in einem recht abstrakten Zusammenhang, in dem die Verbindung zur Teilchenwelt nicht offenbar war. Ungefähr zur selben Zeit entdeckten in der Sowjetunion Jurij Gol'fand und Evgenij Lichtman sowie später Dmitrij Volkov und Vladimir Akulov die Supersymmetrie, die hinter dem Eisernen Vorhang jedoch verborgen blieb. Erst die wegweisende Arbeit von Julius Wess und Bruno Zumino weckte bei vielen Physikern ein merkliches Interesse an der Idee.

Zu Beginn wurde die Supersymmetrie vorwiegend um der reinen und theoretischen Spekulation willen untersucht, was manche verwerflich fanden. Diese Haltung wird in zwei Begebenheiten deutlich, die Michael Duff als Dozent am Imperial College in London erlebte. Gordon Kane erinnert sich: »1979 beantragte die dortige Theoriegruppe Mittel zur Forschungsförderung insbesondere für Postdoktoranden. Ihr Antrag wurde unter der Maßgabe bewilligt, dass die Gelder *nicht* für Supersymmetrieforschung zu verwenden seien. Einige Jahre später beantragte Duff einen Zuschuss für die Teilnahme an einer Konferenz über Supergravitation, die Stephen Hawking in Cambridge ausrichtete. Der

[3] G. K. Chesterton: The Point of a Pin; in: The Scandal of Father Brown [dt. Titel: Father Browns Skandal]. Cassell, London 1935.

Antrag wurde mit der Erklärung abgelehnt, dass solcherlei Forschung keine geeignete Verwendung von Fördermitteln in der theoretischen Teilchenphysik darstelle.«[4]

Die theoretische Physik ist gerade dann besonders leistungsstark und effektiv, wenn man sie im Reich der ungehinderten Spekulationen frei umherstreifen lässt. Natürlich führen die meisten der so geborenen Ideen in eine Sackgasse, doch um einen Fortschritt zu erzielen, genügt es, wenn nur eine einzige von ihnen ins Schwarze trifft. Bahnbrechende Ideen werden selten geboren, wenn ein theoretischer Physiker ausgetretenen Pfaden folgt, sie entspringen vielmehr der Freiheit, instinktiven Eingebungen zu folgen. Das Konzept der Supersymmetrie war so reizvoll, dass sich nur schwer vorstellen ließ, die Natur könnte sich die Harmonie dieser neuen Art von Symmetrie nicht zunutze machen.

SUPERSYMMETRIE UND NATÜRLICHKEIT

Ich kann nicht verstehen, warum man sich vor neuen Ideen fürchtet. Ich fürchte mich vor den alten.

JOHN CAGE[5]

Letztlich sollten diese Gedanken nicht vergebens gewesen sein. Anfang der 1980er Jahre fand man ein Problem, das sich mithilfe der Supersymmetrie gut lösen ließ. Die Supersymmetrie eignet sich zur Lösung des Natürlichkeitsproblems, weil sich die virtuellen Teilchen im Rahmen einer supersymmetrischen Theorie sehr viel disziplinierter verhalten, wo ein Symmetrieprinzip sie zügelt, die einzige Sprache, auf die sie hören. Wie Supersymmetrie das Natürlichkeitsproblem beheben konnte, soll im Folgenden anhand einer Analogie verständlich werden.

Zum Geburtstag unseres Sohnes richten wir ein Fest aus, zu dem alle seine Klassenkameraden eingeladen sind. Um eine festlichere Atmosphäre zu schaffen, hängen wir im ganzen Haus sorgfältig und in gleichförmiger Farbabfolge bunte Luftballons auf. Kaum treffen jedoch

[4] G. Kane: Supersymmetry. Perseus Publishing, Cambridge 2000.

[5] J. Cage, zitiert in R. Kostelanetz: Conversing with Cage. Routledge, New York 2003.

die kleinen Gäste ein, bricht völliges Chaos aus. Die Meute quirliger Kinder ist nicht zu bändigen; sie rennen pausenlos durchs ganze Haus, laufen gegen sämtliche Möbel, treten gegen alles, was ihnen in den Weg kommt und schieben alles hin und her. Unsere fein säuberlich arrangierte gleichförmige Ballondekoration ist im Nu hin: Die Luftballons fliegen im ganzen Haus umher und gelangen binnen Sekunden von einem Ende zum andern.

Die ungebärdigen Kinder sind wie virtuelle Teilchen; das gleichförmige Ballonarrangement ist die Higgs-Substanz. Die virtuellen Teilchen übertragen ihre Energie auf die Higgs-Substanz, die gestört wird, sich verdichtet und so die schwache Skala verkürzt. Wir haben ein Natürlichkeitsproblem.

Nach vergeblichen Versuchen, Ordnung ins Geburtstagschaos zu bringen, lassen wir uns resigniert in einen Sessel sinken und fallen in tiefen Schlaf. Wir träumen, dass jedes Kind sich in einen kleinen Janus verwandelt. Und nun geschieht etwas noch viel Außergewöhnlicheres: Jedes Mal, wenn die eine Seite eines Kindes gegen einen Ballon tritt, tritt die andere sofort mit gleicher Kraft in die entgegengesetzte Richtung dagegen. Die beiden Tritte heben einander exakt auf und wie durch ein Wunder bleibt jeder Ballon genau dort, wo er ist. Die kleinen Januskinder stürmen mit unveränderter Wildheit weiter durchs Haus, doch unsere sorgfältig arrangierte Ballondeko bleibt in ihrer ursprünglichen gleichförmigen Anordnung erhalten. Von diesem tröstlichen Traumbild beruhigt, lächeln wir im Schlaf.

Auf ganz ähnliche Weise löst die Supersymmetrie das Natürlichkeitsproblem. Jedes der beiden Teilchen, die ein Superteilchen bilden, trägt viel zur Dichte der Higgs-Substanz bei. Ihre Beiträge sind exakt gleich, haben jedoch entgegengesetzte Vorzeichen und heben einander daher auf, wie die beiden entgegengesetzten Tritte unserer Januskinder einander in der Summe neutralisieren. Wer die eigentliche Kalkulation zu ersten Mal durchführt, dem erscheint diese vollkommene Aufhebung großer Beiträge wie ein Wunder. Es handelt sich hierbei jedoch nicht um einen Zufall—was sich hier manifestiert, ist die Macht der Symmetrien. Die Higgs-Substanz, im gewöhnlichen Raum durch die virtuellen Teilchen gestört, bleibt in der fabelhaften Weite des Superraums vollkommen unberührt. Die wilde Geschäftigkeit der virtuellen

Superteilchen hat keinerlei Auswirkungen auf die Higgs-Substanz, denn so steht es in den Gesetzen der Supersymmetrie geschrieben.

Durch die spontane Brechung der Supersymmetrie wird das Doppelwesen des Superteilchens leicht verändert, und eines der beiden Teilchen wird schwerer. Die Aufhebung der Wirkung virtueller Teilchen im Superraum ist daher nur annähernd exakt. Aus der Anforderung, dass durch den verbleibenden Effekt nicht wieder ein Natürlichkeitsproblem eingeführt wird, ergibt sich die Schlussfolgerung, dass die neuen, von der Supersymmetrie vorhergesagten Teilchen eine Masse von nicht mehr als etwa 1 TeV haben dürfen, was deutlich innerhalb der Grenzen des Zeptoraums liegt. Aus diesem Grund blicken Supersymmetriefans so gespannt auf den Large Hadron Collider: Die Supersymmetrie sagt vorher, dass jedes Teilchen des Standardmodells einen massiveren Doppelgänger hat, der damit im Zugriffsbereich des LHC liegen muss. Wenn die Theorie stimmt, wird der LHC beweisen, dass wir es beim Zeptoraum mit nichts weiter als einer Ausprägung des Superraums zu tun haben.

SUPERSYMMETRIE UND VEREINHEITLICHUNG

Der Erdboden der Physik ist übersät mit den Leichen vereinheitlichter Theorien.

FREEMAN DYSON[6]

Der Beweggrund für die theoretische Erforschung der Supersymmetrie ist nicht nur das Natürlichkeitsproblem, sondern auch die Suche nach weiterer Vereinheitlichung. Superteilchen besitzen das duale Wesen von Spin-½-Teilchen (dazu gehören Quarks und Leptonen) und Spin-1-Teilchen (wie Gluonen, Photonen, W- und Z-Teilchen). Daher heißt es mitunter, die Supersymmetrie vereinheitliche die Konzepte von Materie und Kraft. Doch Materie- und Kraftteilchen gehören nicht demselben Superteilchen an, weshalb eine Vereinheitlichung von Kraft und

[6] F. Dyson: Disturbing the Universe. Harper & Row, New York 1979.

Materie über das in der gewöhnlichen Feldtheorie bereits erreichte Maß hinaus nicht vorliegt. Die Supersymmetrie erhebt das Standardmodell in den Superraum; in seiner Beschreibung der Kräfte aber behält es dieselbe Eichstruktur. Dennoch hat die Supersymmetrie möglicherweise eine Menge mit der Vereinheitlichung der Kräfte zu tun.

Wir haben bereits gesehen, wie die Supersymmetrie mit den Eigenschaften des Raums verwoben ist. Die Eigenschaften des Raums aber stehen, wie Einsteins Allgemeine Relativitätstheorie gezeigt hat, mit der Kraft der Gravitation in Verbindung. Tatsächlich nämlich ist die Gravitation automatisch Teil einer neuen Theorie, in der die Supersymmetrie als lokale, nicht als globale Symmetrie fungiert. Diese Theorie, auf die erstmals 1976 von Sergio Ferrara, Daniel Freedman und Peter van Nieuwenhuizen hingewiesen wurde, trägt die sehr passende Bezeichnung *Supergravitation.* Die Supergravitation stellt eine potenzielle Verbindung zwischen Gravitation und den übrigen Kräften her.

Das größte Problem bei der Vereinheitlichung der Gravitation mit den übrigen Eichkräften besteht in der Zusammenführung der Allgemeinen Relativitätstheorie und der Quantenmechanik. Die einzige bekannte Theorie, die diese Aufgabe in einem schlüssigen Rahmen bewältigt, ist die *Stringtheorie.* In der Stringtheorie gibt es keine Teilchen, sondern winzige, fadenförmige Objekte—sogenannte Strings—, die sich im Raum ausbreiten und durch Schwingung Vibrationen erzeugen, die wir als Teilchen detektieren. In lebhaften Bemühungen wird derzeit versucht die Komplexität dieser Theorie zu erfassen, und es gibt Hinweise darauf, dass die Stringtheorie möglicherweise eine höhere (oder sogar die letzte) Sprosse auf der Jakobsleiter darstellt.

Die Supersymmetrie kommt als notwendiger Bestandteil einer schlüssigen Stringtheorie ins Spiel, weshalb man letztere häufig auch als *Superstringtheorie* bezeichnet. Die Supersymmetrie könnte somit tatsächlich ein Schlüsselelement im Bauplan der Natur sein. Doch dieses Argument allein liefert keine hinreichende Rechtfertigung für die Erwartung, man werde am LHC die Supersymmetrie entdecken. Superstrings, so sie denn existieren, gehören vermutlich einer Welt an, die weit jenseits des Zeptoraums und damit außerhalb der Reichweite des LHC liegt.

Bei der Suche nach einer Vereinheitlichung könnte die Supersymmetrie noch in einem weiteren Zusammenhang wichtig sein. Lange bevor sie in den physikalischen Werkzeugkasten aufgenommen wurde, hatten Howard Georgi und Sheldon Glashow vorgeschlagen, die starke und die elektroschwache Kraft könnten unterschiedliche Facetten einer einzigen Kraft sein. Ihr Vorschlag wurde mit dem imposanten Namen *Große Vereinheitlichte Theorie* (*engl.* grand unified theory, GUT) belegt.

Auf den ersten Blick erscheint dieser Vorschlag vollkommen lächerlich. Dass der Vorschlag einer großen Vereinheitlichung undurchführbar klingt, wird deutlich, wenn wir uns noch einmal die Struktur der Eichtheorie vor Augen führen. Wir haben bereits gesehen, wie Symmetrien bestimmte geometrische Formen definieren. So ist intuitiv nachvollziehbar, dass die Rotationssymmetrie im Raum die Kugel bezeichnet, da diese den einzigen (einfach verbundenen) unter Rotationen vollkommen invarianten Festkörper darstellt. Die Form des Festkörpers wird vollständig und ausschließlich vom Symmetrieprinzip bestimmt; nur eine Zahl—der Radius der Kugel—bleibt beliebig. Dasselbe geschieht, wenngleich intuitiv weniger leicht nachvollziehbar, bei der Eichtheorie. Die Eichtheorie bestimmt die gesamte Struktur der Wechselwirkungen zwischen Teilchen, mit Ausnahme einer Zahl. Diese Zahl, die sogenannte *Kopplungskonstante*, zeigt die Stärke der Eichkraft an. Der Rest ist unumstößliches Gesetz, in Stein gehauen mit dem Meißel der Symmetrie.

Das Standardmodell beschreibt die starke, die schwache und die elektromagnetische Kraft durch die Eichsymmetrie, die sich in drei Lie-Gruppen ausdrückt, und besitzt somit drei Kopplungskonstanten. Diese drei Kopplungskonstanten bestimmen die Stärke der starken, der schwachen und der elektromagnetischen Kraft und sind sehr exakt gemessen worden. Es überrascht nicht, dass die Kopplungskonstante der starken Kraft größer ist als die der schwachen. Hieraus ergibt sich sofort ein Einwand gegen das Konzept einer Großen Vereinheitlichten Theorie: Wie soll eine einzige Eichkraft, die nur eine Kopplungskonstante hat, drei Kräfte beschreiben können, die von unterschiedlicher Stärke sind?

Die Antwort auf diesen Einwand steckt in der Quantenmechanik und, exakter formuliert, im Vorhandensein der allgegenwärtigen virtuellen Teilchen. Betrachten wir hierzu zunächst die elektromagnetische Kraft. Gemäß der klassischen Physik übt ein elektrisch geladenes Objekt—ein Elektron zum Beispiel—eine Kraft aus, die sich, wenn wir uns von dem Objekt wegbewegen, mit dem Quadrat der Entfernung verringert. In der Quantenmechanik dagegen wird die Sache komplizierter. Der quantenmechanische Raum ist mit aufsässigen Horden virtueller Teilchen durchsetzt, die ein Elektron sofort bemerken. Das Elektron stößt die negativ geladenen virtuellen Teilchen ab und zieht gleichzeitig die positiv geladenen an. Im Ergebnis ist das Elektron von einem Schwarm positiver Ladungen umgeben. Durch diese Wolke positiv geladener virtueller Teilchen, die unaufhörlich erscheinen und wieder verschwinden, ist die Stärke der Ladung des Elektrons von ferne gemessen gewissermaßen reduziert. Nähern wir uns dem Elektron, messen wir eine stärkere Ladung, da die virtuelle Teilchenwolke vor uns kleiner ist. Dieser Effekt lässt sich mit dem Licht der Genfer Straßenbeleuchtung an einem nebligen Winterabend vergleichen: Der Nebel dämpft das Licht; nähern wir uns jedoch der Laterne, verringert sich der Verdunkelungseffekt.

Dieses Phänomen führt zu einem einzigartigen Ergebnis. In der klassischen Physik hängt die elektromagnetische Kraft von der Entfernung ab, die elektrische Ladung aber ist eine konstante Zahl. In der Quantenmechanik hingegen hängt die elektrische Ladung von der Entfernung ab, aus der wir sie beobachten, da sie von der Wolke aus virtuellen Teilchen abgeschirmt wird. Doch damit nicht genug der Überraschungen.

Wir wollen unsere Überlegungen vom Elektromagnetismus (QED) auf die starke Kraft (QCD) ausdehnen. In der Quantenelektrodynamik kommt der elektrischen Ladung die Rolle der Kopplungskonstante zu. Demgegenüber hat die Quantenchromodynamik zur Beschreibung der starken Kraft eine andere Kopplungskonstante. Erwartungsgemäß hängt auch die Kopplungskonstante der QCD von der Entfernung ab, aus der sie gemessen wird. Mit zunehmender Entfernung von einem Quark aber nimmt die Kopplungskonstante der QCD zu, anstatt wie im

Falle der QED abzunehmen, da die virtuellen Gluonen die Ladung der QCD verstärken und nicht abschirmen. Der Nebel der QCD lässt die Straßenlaterne heller leuchten, wenn wir uns von ihr entfernen. Dieses überraschende Resultat brachte Gross, Politzer und Wilczek den Nobelpreis ein und bahnte, wie wir in Kap. 3 gesehen haben, den Weg zum Verständnis der starken Kraft im Rahmen der QCD.

Kopplungskonstanten sind nicht konstant, sondern verändern sich mit der Entfernung, aus der sie gemessen werden. An dieser Stelle mag man an der Stimmigkeit von Benennung und Bedeutung zweifeln, doch die Physik ist berühmt für ihren Reichtum an veränderlichen Konstanten. Der Wandel der Kopplungskonstanten mit der Entfernung ist der Schlüssel zur Vereinheitlichung der Eichkräfte.

Besteigen wir unser virtuelles Raumschiff für theoretische Berechnungen und begeben uns auf eine Reise in die Tiefen des unvorstellbar Kleinen. Soeben haben wir gesehen, dass die Kopplungskonstante der QCD kleiner wird, wenn wir uns auf geringere Entfernungen hinzubewegen, während die der QED sich vergrößert. Auf unserer Reise werden wir also entdecken, wie die starke Kraft schwächer wird und die elektromagnetische stärker. Im Verlauf unserer Reise in kleinere Distanzen werden die drei Kopplungskonstanten des Standardmodells für die elektromagnetische, die schwache beziehungsweise die starke Kraft einander schrittweise immer ähnlicher. In einer Entfernung von etwa 10^{-32} Metern, bei der sogenannten *Großen Vereinheitlichten Skala*, sind die drei Kopplungskonstanten nahezu gleich.

Der Versuch, sich die physikalische Realität der Großen Vereinheitlichten Skala vorzustellen, erfordert gleichsam einen Quantensprung unserer Fantasie. Die Große Vereinheitlichte Skala entspricht einem Hundertstel Milliardstel Zeptometer, was weit unterhalb der Entfernungen liegt, die am Large Hadron Collider erforscht werden können. Am LHC die Große Vereinheitlichte Skala erspähen zu wollen, entspricht dem Versuch, mit einem herkömmlichen Fernglas Moleküle auf der Mondoberfläche zu suchen.

Dass die Werte von starker, schwacher und elektromagnetischer Kraft in der Großen Vereinheitlichten Skala nahezu identisch werden, ist absolut verblüffend. Diese empirische Tatsache deutet darauf hin, dass die Kräfte in diesen sensationell kleinen Distanzen zu einer Einheit verschmelzen. Georgi und Glashow sahen in dieser Einheit eine Große Vereinheitlichte Theorie, eine Eichtheorie also, die über die Symmetrie einer einzige Lie-Gruppe mit einer einzigen Kopplungskonstante beschrieben wird. Nicht nur werden in einer Großen Vereinheitlichten Theorie schwache, starke und elektromagnetische Kraft zu verschiedenen Facetten einer einzigen Kraft; auch Quarks und Leptonen lassen sich als verschiedene Facetten vereinheitlichter Teilchen interpretieren. Die Vereinheitlichung der Kräfte bewirkt auch eine teilweise Vereinheitlichung der Materie. Die Idee der Vereinheitlichung, wiewohl in einer Welt gefangen, die weit außerhalb der unmittelbaren experimentellen Beobachtbarkeit liegt, ist wahrlich faszinierend.

Die experimentellen Messungen der drei Kopplungskonstanten des Standardmodells sind heute sehr viel präziser als noch zur Zeit der Formulierung der ersten Großen Vereinheitlichten Theorien. Rechnet man diese Messungen (die sich auf eine Entfernung von etwa zwei Milliardstel Nanometern beziehen) durch theoretische Kalkulationen auf Entfernungen von etwa 10^{-32} Metern hoch, laufen die drei Kopplungskonstanten zwar nicht exakt, aber doch fast in einem Punkt zusammen, wie der obere Teil von Abb. 9.3 zeigt. Bereits diese annähernde Übereinstimmung könnte als ein guter Hinweis auf eine Große Vereinheitlichte Theorie gelten. Schließlich sind unsere Kenntnisse über die Welt bei 10^{-32} Metern gelinde gesagt bescheiden, und bislang unbekannte Zutaten könnten die notwendige Korrektur beisteuern, die zu einer perfekten Vereinheitlichung der Stärke der Kräfte fehlen.

Doch jetzt kommt die Überraschung. Eine Berechnung, welche die Kopplungskonstanten im Superraum und nicht im gewöhnlichen Raum extrapoliert, führt die drei Kopplungskonstanten innerhalb der experimentellen Fehlergrenzen wie durch Zauberhand auf einem einzigen Punkt zusammen, wie der untere Teil von Abb. 9.3 zeigt. Die Supersymmetrie ist genau die fehlende Zutat zur Verschmelzung sämtlicher Kräfte zu einem einzigen vereinheitlichten Gebilde. Dieses Ergebnis hat in der Physik für große Aufregung gesorgt, lässt es sich doch als Zeichen deuten, dass die Supersymmetrie Teil der Natur ist. Natürlich könnte

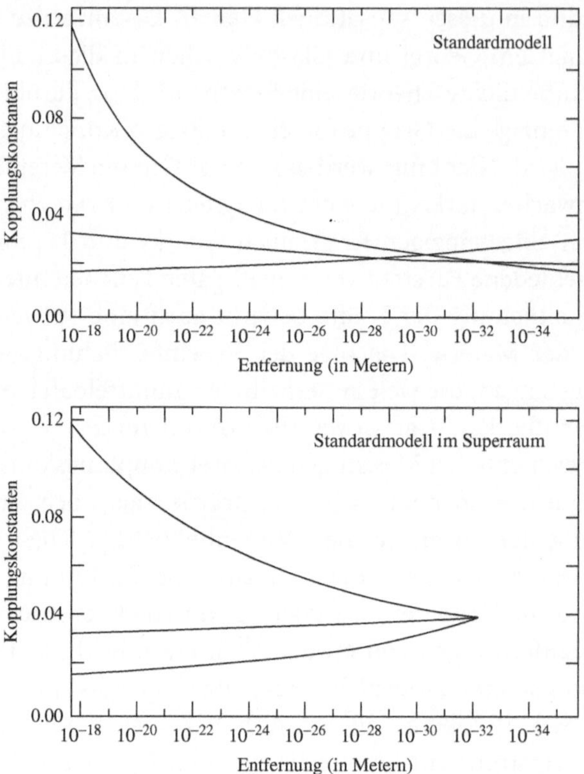

Abb. 9.3 Die drei Kopplungskonstanten der starken, der schwachen und der elektromagnetischen Kraft als Funktion der Entfernung ihrer Messung. Experimentelle Messungen der Kopplungskonstanten reichen bis zu einer Entfernung von rund 10^{-18} Metern; die Extrapolierung auf geringere Distanzen gründet auf theoretischen Berechnungen. Im oberen Bild ist das Standardmodell im herkömmlichen Raum dargestellt, das untere zeigt das Standardmodell im Superraum

das exakte Zusammenfallen der drei Kopplungskonstanten ein rechnerisches Zufallsprodukt sein, ein grausamer Scherz der Natur auf Kosten der leichtgläubigen theoretischen Physiker. Doch wie sagte Miss Marple einmal: »Jeder Zufall verdient Beachtung. Später kann man ihn immer noch verwerfen, wenn es nur Zufall war.«[7]

[7] A. Christie: Miss Marple: The Complete Short Stories. Penguin Putnam, New York 1985.

Die Akkuratesse, mit der starke, schwache und elektromagnetische Kraft zu einem einzigen Gebilde verschmelzen, ist im Falle der Supersymmetrie so auffällig, dass sich dieser peinigende Fingerzeig nur schwer abtun lässt. Sollten wir es tatsächlich nicht nur mit einem rechnerischen Zufall zu tun haben, ist dies die Fanfare, mit der sich die nahende Revolution ankündigt. Mit dem Schritt über die Schwelle zum Zeptoraum wird der LHC das Gelände der Supersymmetrie erschließen, in dessen Tiefen der Schatz der Großen Vereinheitlichung der Kräfte verborgen liegt.

DIE ENTDECKUNG DER SUPERSYMMETRIE AM LHC

Ich suche nicht. Ich finde.

PABLO PICASSO[8]

Wenn die Gedanken zur Supersymmetrie stimmen, dann existiert für jedes Teilchen des Standardmodells ein Doppelgänger, ein neues Teilchen mit anderem Spin. Quarks und Leptonen haben bosonische Partner, die *Squarks* und *Sleptonen* genannt werden. Gluonen haben fermionische Partner, die man als *Gluinos* bezeichnet. Aufgrund einer Komplikation bezüglich der gleichzeitigen Brechung von Supersymmetrie und Eichsymmetrie werden die fermionischen Partner von W- und Z-Teilchen sowie von Photon und Higgs-Boson unter der Bezeichnung *Charginos* (wenn sie elektrische Ladung, im Englischen »charge«, übermitteln) und *Neutralinos* (wenn sie ladungsneutral sind) zusammengefasst (siehe Abb. 9.4).

Die Namen, die den supersymmetrischen Teilchen verpasst wurden, geben die Eleganz der Theorie nur sehr unzureichend wieder. Die Nomenklatur der Physik unterliegt jedoch Modetrends. Bis zum Zweiten Weltkrieg wurde in den aus dem Altgriechischen abgeleiteten Bezeichnungen für neue Teilchen ein Sinn für Tradition deutlich (Proton, Photon, Meson, Baryon, Hadron, Lepton, ...). Anschließend brach

[8] P. Picasso in einem Interview für *The Art*, 25. Mai 1923.

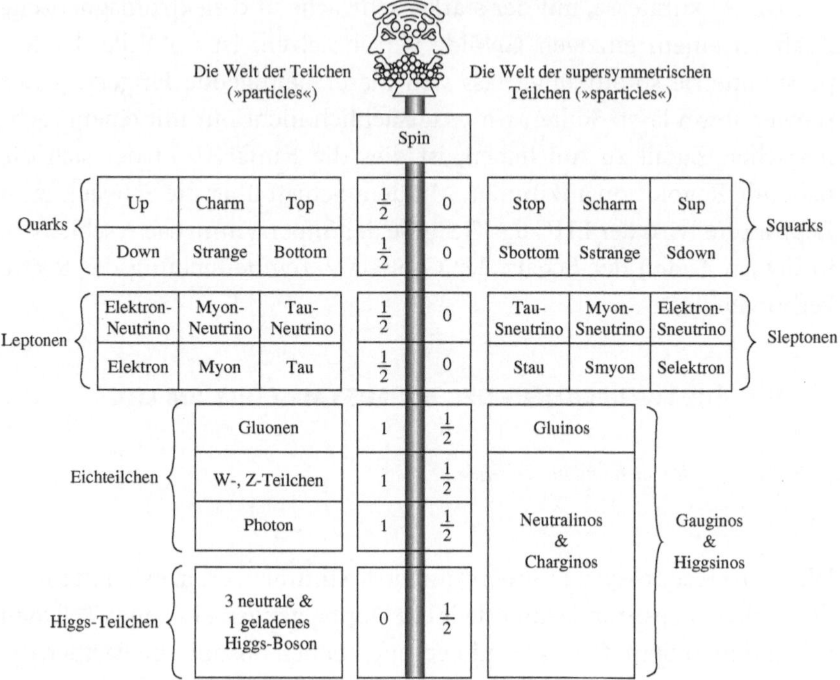

Abb. 9.4 Die Teilchen des Standardmodells im Superraum

man, allen voran Gell-Mann, mit der Tradition und prägte in der Teilchenphysik fantasievollere und abwegigere Namen (Strangeness, Quark, Farbladung, Charm, Beauty, Ghost, ...). Noch später geriet die Namensgebung mitunter zur spielerischen Suche nach einem geistreichen Wortspiel. Mit den Abkürzungen TOE und GUT etwa sind nicht etwa der Zeh oder der Darm gemeint, sondern die »Theory of Everything«, die Theorie von Allem, und eben die »Grand Unified Theories«, die Großen Vereinheitlichten Theorien, und auch die Namen Technicolour und WIMP, das Weichei, sind zu finden. Der Teilchentheorienzoo ist voller absonderlicher Kreaturen mit abstrusen Namen. Doch »was ist ein Name? Was uns Rose heißt, Wie es auch hieße, würde lieblich duften«.[9] Verlassen wir daher die Nomenklatur und wenden uns wieder der Supersymmetrie zu.

Die von der Theorie der Supersymmetrie diktierte Verdopplung der Teilchen gleicht Diracs Vorhersage, dass jedes Teilchen ein Antiteilchen als Partner haben müsse. Die Antimaterie, der eine exakte Symmetrie zugeordnet ist, muss exakt dieselbe Masse haben wie die Materie. Die supersymmetrischen Teilchen hingegen sind schwerer als ihre Partner aus der normalen Welt des Standardmodells, denn die Supersymmetrie ist eine gebrochene Symmetrie. Wie schwer die supersymmetrischen Teilchen sind, wissen wir nicht, weil wir den genauen Mechanismus der Supersymmetriebrechung nicht kennen. Die Lösung des Natürlichkeitsproblems aber lässt uns hoffen, dass die supersymmetrischen Teilchen leicht genug sind, um durch Teilchenkollisionen am LHC erzeugt werden zu können.

Durch die starke Vermehrung der Teilchen, welche die Supersymmetrie vorhersagt, mag diese Theorie auf den ersten Blick eher komplizierter als einfacher erscheinen. Doch dieser Eindruck ist nur das Trugbild der vielen Schatten an der Wand unseres Höhlengefängnisses. Allein über den direkten Blick in den Superraum wird die Schönheit der Symmetrie in der Teilchenwelt für uns erkennbar.

Eine Entdeckung der Supersymmetrie am Large Hadron Collider bedeutet, die fehlende Hälfte der Superwelt, Janus' zweiten Kopf, zu finden. Es ist, als würde man die Rückseite des Mondes erkunden und dabei feststellen, dass er eine Kugel ist und nicht einfach eine Scheibe am Himmel. Wie jedoch die Supersymmetrie am LHC genau zu finden sei, wird unter Theoretikern weiterhin heiß diskutiert.

Zu den am stärksten nachgefragten Angeboten auf dem Ideenmarkt gehört die Variante, derzufolge alle supersymmetrischen Teilchen umgehend zerfallen, nur das leichteste nicht: ein Neutralino, also ein massives, stabiles und ladungsneutrales Teilchen. Das Neutralino gleicht dem gewöhnlichen Neutrino, ist aber viel schwerer. Ebenso wie die Neutrinos sind auch die Neutralinos für den LHC unsichtbar und passieren

[9] W. Shakespeare: Romeo und Julia (Romeo and Juliet); 2. Aufzug, 2. Szene. Dt. v. A. W. Schlegel, D. Tieck, W. Graf Baudissin u. N. Delius, 1988.

die Detektoren, ohne auch nur die geringste Spur zu hinterlassen. Im Experiment aber kann man die Anwesenheit des Neutralinos über seine »Abwesenheit« nachweisen. Dieses Konzept möchte ich mithilfe einer Analogie erklären.

Stellen wir uns einen dieser automatischen Münzwechsler vor, die man mit einem Zehn-Euro-Schein füttert und dafür zehn Ein-Euro-Münzen in die Hand bekommt. Nun zählen wir, nachdem wir einen Schein in den Spalt gesteckt haben, aber nur neun Münzen. Die logische Schlussfolgerung lautet: Entweder ist der Automat defekt oder eine der Münzen ist nicht in unserer Hand gelandet.

Auf dieselbe Weise entspricht die Summe der Energien aller Teilchenprodukte aus einer Kollision am LHC nicht den Energien der eingehenden Protonen. Energie bleibt, ebenso wie Geld dies (im Prinzip) tut, erhalten. Entweder also funktioniert der Detektor des LHC nicht richtig und misst für die Partikel falsche Energiewerte, oder dem Detektor entgeht, dass ihn ein »unsichtbares« Teilchen passiert hat. Nach der sorgfältigen Kalibrierung sämtlicher Instrumente und bei detaillierter Kenntnis der Detektorfunktionen bleibt nur die zweite Möglichkeit übrig. Bei der Kollision wurde ein unsichtbares Teilchen erzeugt, das den Apparat völlig unbemerkt passierte. Ein neues, schwach wechselwirkendes Teilchen kann so über seine »Abwesenheit« entdeckt werden.

Fachsprachlicher ausgedrückt, beobachten die Experimente ein Ungleichgewicht der Teilchen in Kollisionsereignissen, die gegen Energie- und Impulserhaltung zu verstoßen scheinen. Die zur Wiederherstellung der Energieerhaltung »fehlende Energie« wird sodann einem nicht detektierten Teilchen, eventuell einem Neutralino zugeschrieben. In der Praxis ist die Energie von Teilchen, die sich entlang der Protonenstrahlrichtung bewegen, nicht messbar, sodass man sich auf jenen Anteil der Teilchenbewegung stützen muss, der senkrecht zur Strahlrichtung verläuft. Am Grundgedanken aber ändert dies nicht wirklich etwas.

Die Suche nach der »fehlenden Energie« erinnert an Paulis Herleitung der Existenz von Neutrinos (dargestellt in Kap. 2), wobei wir es hier mit der umgekehrten Situation zu tun haben: Pauli kannte das

Phänomen und fand die Erklärung dafür; hier haben wir die Erklärung und suchen nach dem Phänomen. So etwas geschieht, wenn die Theorie schneller ist als das Experiment.

Nicht nur über »fehlende Energie« könnte sich die Supersymmetrie am LHC bemerkbar machen; theroretische Physiker haben zahlreiche weitere Möglichkeiten vorgeschlagen. Supersymmetrische Theorien sind wie Chamäleons: Im Angesicht eines Experiments können sie viele Formen annehmen. Manche Physiker sagen deshalb scherzhaft, die »Supersymmetrie wird am LHC ganz bestimmt entdeckt, selbst wenn sie nicht exisitiert!«. Diese Äußerung bezieht sich darauf, dass die Supersymmetrie in einer ihrer abgewandelten Formen beinahe jedes ungewöhnliche Signal des LHC erklären könnte. Bei allem Sarkasmus bin ich jedoch überzeugt, dass die Experimentatoren nach sorgfältiger und aufmerksamer Analyse der LHC-Daten in der Lage sein werden, die unterschiedlichen theoretischen Alternativen durchzugehen und sicher zu sagen, ob der Superraum in Sichtweite liegt oder nicht.

Ein sehr reizvolles Merkmal der Supersymmetrietheorie besteht darin, dass sie den Higgs-Mechanismus auf interessante Weise in die Eichtheorie integriert. Die Higgs-Substanz erscheint automatisch, ohne dass besondere Wechselwirkungen von Higgs-Feldern mit sich selbst erforderlich wären, wie dies im Standardmodell der Fall ist. In den einfachsten Fällen sagt die Theorie vorher, dass die Masse des Higgs-Bosons unter etwa 120 oder 130 GeV liegen muss. Dieses Resultat gibt den Experimentatoren ein maßgebliches experimentelles Instrument an die Hand, die Supersymmetrietheorie am LHC zu überprüfen. Zudem sieht die Supersymmetrie nicht nur eines, sondern vier Higgs-Bosonen vor: ein elektrisch geladenes und drei neutrale Teilchen.

Die supersymmetrischen Theorien sagen genug neue Teilchen vorher, um die Experimentalphysiker bis zum Rentenalter in Beschäftigung zu halten. Doch bei der Aufregung um die Supersymmetrie geht es nicht um die Entdeckung unbekannter Teilchen. Es geht um ein revolutionäres Konzept der Symmetrie, um die Erkenntnis, dass der Superraum mit neuen Quantendimensionen ausgestattet ist. Im Superraum sind die Dinge nicht nur »hier« und »jetzt«, vielmehr wird ihre Position zusätzlich von anderen Koordinaten bestimmt, die sich mit gewöhnlichen Zahlen gar nicht beschreiben lassen, sondern neue mathematische Gebilde erfordern. Die Entdeckung der Supersymmetrie würde eine der größten Umwälzungen in unserem Verständnis der Raumstruktur bedeuten.

10

Von neuen Dimensionen zu neuen Kräften

Nihil tam absurde dici potest quod non dicatur ab aliquo philosophorum. (Keine Lehre ist so abwegig, dass sie nicht von irgendeinem Philosophen vertreten werden könnte.)
Marcus Tullius Cicero[1]

Unbekannte Welten, die in neuen Raumdimensionen verborgen liegen, sind seit jeher ein Lieblingsthema der Science-Fiction-Autoren. Die Vorstellung, dass sich der Raum über das sinnlich Wahrnehmbare hinaus ausdehnen könnte, existiert jedoch bereits, seit der Mensch denken kann. Fast alle Religionen behaupten die Existenz von Welten, zu denen der Mensch keinen Zugang hat, Welten, in denen die Götter wohnen oder die als Unterwelten dienen. Die klassische Literatur ist voller Bezugnahmen auf Parallelwelten.

Um die Jahrhundertwende vom 19. zum 20. Jahrhundert entwickelte die Faszination für neue Dimensionen differenziertere Aspekte. Sigmund Freud erforschte die verborgenen Dimensionen des Unbewussten. Die Maler des Kubismus und des Surrealismus versuchten das Wesen zusätzlicher Dimensionen auf die zweidimensionale Leinwand zu bannen. H. G. Wells förderte eine neue literarische Gattung,

[1] M. T. Cicero: De Divinatione, Liber II, 119. Dt. v. Chr. Schäublin: Über die Weissagung, 2002.

G.F. Giudice, *Odyssee im Zeptoraum*, DOI 10.1007/978-3-642-22395-2_10,

in der es häufig um die mathematischen Aspekte neuer Dimensionen geht. Edwin Abbott schrieb die berühmte Kurzgeschichte *Flatland* (Flächenland), in der ein imaginäres zweidimensionales Wesen in den dreidimensionalen Raum reist und angesichts der dortigen Wunderwerke von Welten mit mehr als drei Dimensionen zu träumen beginnt. Die Geschichte ist eine Allegorie auf die viktorianische Gesellschaft, dient jedoch auch als anregende Denkübung im Umgang mit dem Konzept unterschiedlicher Raumdimensionen.

Es überrascht nicht, dass das damalige Interesse an Extradimensionen mit einem neuen wissenschaftlichen Blick auf Raum und Zeit zusammenfiel: Ungefähr zur selben Zeit erschütterte die Relativitätstheorie unsere Vorstellung von diesen Begriffen. Unsere Wahrnehmung unterscheidet zwischen Raum und Zeit, indem unser Bewusstsein sich unaufhörlich entlang der Zeitrichtung bewegt. In der Relativitätstheorie aber spielen sich die Naturereignisse im physikalischen Gebilde einer vereinheitlichten vierdimensionalen Raumzeit ab.

Mithilfe einer kleinen Vereinfachung wird besser verständlich, wie man die Zeit als eine neue Dimension wahrnehmen kann. Wir borgen uns dazu Abbotts Analogie und stellen uns ein flaches Wesen, einen Flächenländer vor, der in einem zweidimensionalen Raum, etwa einem Blatt Papier lebt. Was geschieht, wenn eine Kugel im dreidimensionalen Raum das Papier passiert? Der Flächenländer, dessen Wahrnehmung auf seinen flachen Raum beschränkt ist, wird nur den Teil der Kugel sehen, der sich mit dem Blatt Papier schneidet. Während die Kugel vorbeizieht, sieht er also einen Kreis, der erst größer, dann wieder kleiner wird und schließlich verschwindet. Mit anderen Worten, der Flächenländer nimmt eine dreidimensionale Kugel als zweidimensionalen Kreis wahr, der im Laufe der Zeit seine Form verändert. Gleichermaßen nehmen wir die vierdimensionale Realität als dreidimensionale Objekte wahr, die sich mit der Zeit verändern. Die Zeit ist jedoch in jeder Hinsicht auch eine Dimension. Auch wenn wir die Einzelbilder eines Spielfilms aufeinanderschichten, stellen wir die Zeit als eine senkrechte Raumrichtung dar.

Die Erweiterung der Raumzeit um neue Dimensionen ist eine einfache mathematische Übung. Neue Zeitdimensionen allerdings führen physikalisch gesehen zu verwirrenden und paradoxen Ergebnissen; wir werden uns daher auf neue Raumdimensionen beschränken. Dabei können wir schrittweise vorgehen. Durch die Verbindung zweier Punkte entsteht ein eindimensionaler Geradenabschnitt. Durch die Verbindung der Endpunkte von vier Geradenabschnitten entsteht ein zweidimensionales Quadrat. Durch die Verbindung der Seitenlängen von sechs Quadraten entsteht ein dreidimensionaler Würfel. Durch die Verbindung der Seitenflächen von acht Würfeln entsteht ein vierdimensionaler Hyperwürfel. Und so weiter.

Die mathematische Darstellung ist einfach, die Visualisierung über drei Dimensionen hinaus jedoch nicht. Mehr als den Hyperwürfel zu entfalten und auf drei Dimensionen zu reduzieren, ebenso wie wir einen Würfel in eine Ebene oder ein Quadrat in eine Gerade ausbreiten, können wir nicht tun (siehe Abb. 10.1). Einen solchen entfalteten Hyperwürfel übrigens malte Salvador Dalí in seinem Gemälde *Crucifixion* (*Corpus Hypercubus*). Wer mit einem sehr wendigen Vorstellungsvermögen gesegnet ist, kann die unverbundenen Flächen der acht Würfel des entfalteten Hyperwürfels miteinander verbinden und das vierdimensionale Gebilde wiederherstellen. Viel Erfolg dabei.

Während die Mathematik auf die Anzahl der Dimensionen relativ gelassen reagiert, kann sich die Physik in Räumen mit neuen Dimensionen recht stark verändern. Das plötzliche Verschwinden eines Objekts und sein Wiedererscheinen an einem anderen Ort beispielsweise würde uns unweigerlich wie ein Ereignis der übernatürlichen Art vorkommen. Und wie wir unseren Arm auch verbiegen mögen, es wird uns nie gelingen, unsere rechte Hand exakt wie die linke aussehen zu lassen. In einem Raum mit einer neuen Dimension hingegen sind derlei merkwürdige Phänomene durchaus möglich. Wir wollen einmal sehen, wie sich diese Dinge in Flächenland abspielen.

Nehmen Sie einen Stift, der vor Ihnen auf dem Tisch liegt, in die Hand und legen ihn wenige Zentimeter weiter wieder ab. Ein armer Flächenländer, der auf der Oberfläche des Tisches lebt, wird den Stift plötzlich aus seinem Blickfeld verschwinden und an einem anderen Ort wieder auftauchen sehen. Da er von der Existenz einer vertikalen Richtung nichts weiß, wird er seinen Augen nicht trauen. Einem

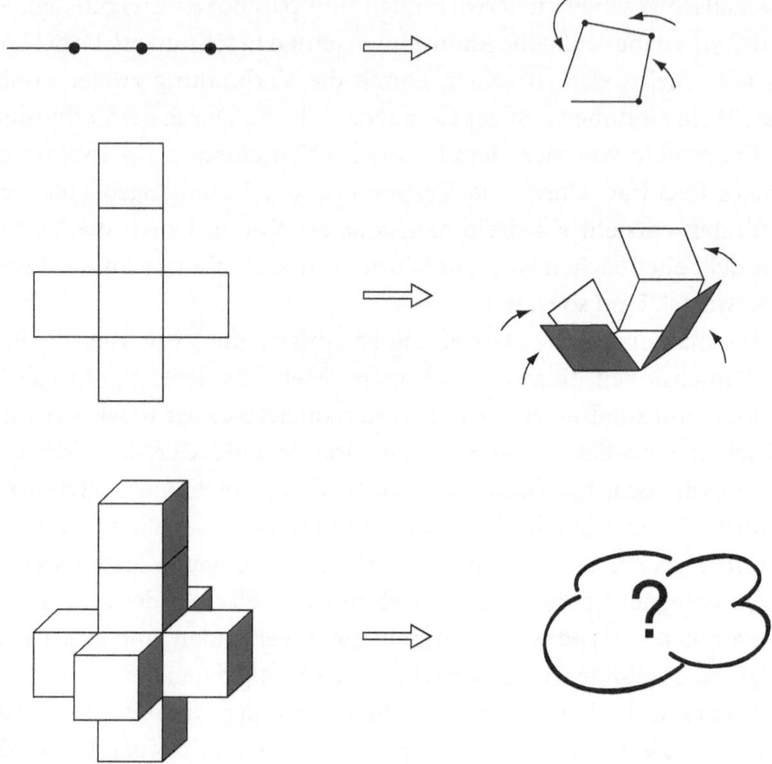

Abb. 10.1 Die Konstruktion von Formen in Räumen mit schrittweise zunehmender Dimensionenzahl

Flächenländer wird es auch unmöglich sein, einen nach rechts weisenden Pfeil (↱) in einen Linkspfeil (↰) zu verwandeln. Versuchen Sie einmal die Pfeile auf einem Blatt Papier zu drehen, Sie werden die Schwierigkeiten des Flächenländers erkennen. Heben wir jedoch einen Pfeil hoch, drehen ihn um seine Querachse und legen ihn auf den Tisch zurück, so lassen sich die beiden Pfeile leicht aufeinanderlegen. Ebenso leicht und für uns vollkommen schmerzfrei könnte ein vierdimensionales Wesen unsere rechte Hand nehmen und in seinem Raum zu einer linken Hand machen.

In Extradimensionen lauern mitunter unerwartete Dinge. Und nichts freut das Hirn eines theoretischen Physikers so sehr wie das

Unerwartete. So ist es ganz natürlich, darüber nachzudenken, ob Extradimensionen Teil der Realität sein können. Natürlich müssen wir uns der Tatsache stellen, dass wir in unserer Wahrnehmung auf die Richtungen »nach vorn«, »nach oben«, »zur Seite« und »später« beschränkt sind und die Anwesenheit jeglicher unbekannten Raumzeitrichtungen schlicht nicht wahrnehmen. Als erstes müssen wir uns daher fragen: Wenn es weitere Raumdimensionen gibt, wo sind sie versteckt? C. S. Lewis versteckte den neuen Raum in seiner Romanserie *Die Chroniken von Narnia* hinter einem alten Schrank. Die Wissenschaft muss das etwas detaillierter formulieren.

Nehmen wir an, ein winziges Insekt aus Flächenland mache Urlaub in einem berühmten Schweizer Skiort. Dort angekommen, beginnt es das Kabelseil entlangzukrabbeln, das zwischen der Seilbahnstation im Ort und der Gipfelstation gespannt ist. Aus dem Blickwinkel des Insekts ist die Oberfläche des Kabelseils eine zweidimensionale Welt. Es besteht jedoch ein Unterschied zwischen den zwei Raumrichtungen: Während der Weg entlang des Kabelseils flach verläuft, ist die Richtung um das Seil herum aufgerollt, denn der Käfer kann zum selben Punkt zurückkehren, indem er immer weiter in diese Richtung läuft. Das Insekt ist jedoch so klein, dass es zwischen den beiden Richtungen kaum einen Unterschied spürt—ebenso wenig wie wir im Normalfall wahrnehmen, dass die Erdoberfläche gekrümmt ist. Schauen wir nun einmal mit den Augen eines Skiläufers, der weit von der Seilbahn entfernt auf einer Piste steht. Dem Skifahrer erscheint das Kabelseil als ein Strich am Himmel. Aus seiner Entfernung nimmt er das Seil als eindimensionalen Raum wahr, weil seine Augen zu schwach sind, um die Seildicke aufzulösen (siehe Abb. 10.2).

Dieses Beispiel zeigt, wie ein und derselbe Raum in der Wahrnehmung unterschiedlicher Beobachter unterschiedlich viele Dimensionen haben kann. Ebenso wie die zweite Dimension des Kabelseils für den Käfer sichtbar, für den Skiläufer aber unsichtbar ist, hat der physikalische Raum möglicherweise mehr als drei Dimensionen, von denen einige jedoch unserer Sinneswahrnehmung und unseren wissenschaftlichen Messinstrumenten verborgen bleiben, da sie sich in winzig kleinen Entfernungen aufrollen. Nur einem Beobachter von der Größe eines winzigen Käfers würde der Raum seine wahre Gestalt zeigen. Das

Abb. 10.2 Aus der Sicht des Käfers ist das Kabelseil eine zweidimensionale Oberfläche. Für einen entfernten Beobachter ist das Kabelseil eine eindimensionale Linie

Verfahren, mit dem räumliche Dimensionen sich in kleinen Regionen zusammenfalten, wird in der Physik *Kompaktifizierung* genannt. Eine Welt mit *kompaktifizierten Dimensionen* enthält einen versteckten Raum, der erst in sehr geringen Entfernungen sichtbar wird. In unserem Beispiel können wir daher sagen, dass eine der beiden Dimensionen der Kabelseiloberfläche auf einem Kreis kompaktifiziert ist, da der Querschnitt des Seils die geometrische Form eines Kreises hat.

Die Annahme einer Kompaktifizierung bestimmter Dimensionen des physikalischen Raums mag ziemlich konstruiert und wie ein gekünsteltes Verfahren erscheinen, um das Unerwartete zu verbergen. Die Allgemeine Relativitätstheorie jedoch hat uns gelehrt, dass die Raumzeit kein statisches und unveränderliches Gebilde ist. Im Gegenteil: Die Raumzeit krümmt sich, dehnt sich aus und zieht sich zusammen. Durch astronomische Beobachtungen konnte bewiesen werden, dass sich Galaxien von uns mit einer Geschwindigkeit entfernen, die sich ungefähr proportional zu ihrer Entfernung verhält. Verursacht wird diese allgemeine Galaxienflucht nicht durch eine besondere Bewegung der Galaxien in Bezug auf die Milchstraße, sondern durch die Dehnung des Raums. Auch gerade jetzt, in diesem Moment, dehnt sich unser Universum aus. Es ist, als lebten wir in einem aufgehenden Hefeteig.

Die Wissenschaftler glauben zudem, wie ich in Kap. 11 erläutern werde, dass das Universum ganz zu Beginn eine Zeit dramatisch rasanter Expansion erlebt hat, die als *Inflation* bezeichnet wird. Der gesamte Raum, den wir mit unseren stärksten Teleskopen überblicken können, hat sich in extrem kurzer Zeit aus einem Raum entwickelt, der kleiner ist als ein Staubkorn. Wäre es daher nicht denkbar, dass, während sich unsere drei Raumdimensionen extrem ausgedehnt haben, andere Raumdimensionen klein geblieben sind oder sich sogar in entgegengesetzter Richtung zu minimal kleinen Regionen zusammengezogen haben? In diesem Zusammenhang betrachtet wird die Hypothese der kompaktifizierten Dimensionen deutlich plausibler.

Dass sich das Geheimnis der Vereinheitlichung der Kräfte hinter zusätzlichen Raumdimensionen verbergen könnte, ist ein Gedanke, der seit der Geburt der Relativitätstheorie in der Physik umgeht. Im Jahr 1921 formulierte der Mathematiker Theodor Kaluza (1885–1954) in einer Arbeit einen inspirierenden Gedanken, den der Physiker Oskar Klein (1894–1977) später umarbeitete. Die von beiden Wissenschaftlern untersuchte Theorie, die man heute als *Kaluza-Klein-Theorie* kennt, ist schlicht eine Formulierung der Allgemeinen Relativitätstheorie für eine fünfdimensionale Raumzeit. Als einzige Kraft wird in der Theorie die Gravitation beschrieben. Nehmen wir aber einmal an, dass die zusätzliche Raumdimension auf einem kleinen Kreis kompaktifiziert sei. Ebenso wie der Skiläufer das Kabelseil als eindimensionalen Strich sieht, würde ein Beobachter, der nicht imstande ist, Entfernungen von der Größe des Radius der kompaktifizierten Dimension aufzulösen, die Wirklichkeit als vierdimensionale Raumzeit wahrnehmen. Das Überraschende ist dabei, dass die Realität diesem Beobachter als eine Welt erscheinen würde, in der zwei Kräfte walten: Gravitation und Elektromagnetismus.

Diese Überlegung führt zu einem erstaunlichen Resultat. Der Kaluza-Klein-Theorie zufolge ist die elektromagnetische Kraft eine von einer verborgenen Extradimension gespiegelte Fata Morgana. Der

Elektromagnetismus ist lediglich die Illusion unserer Wahrnehmung, welcher die visuelle Auflösung fehlt, um beim Betrachten der Gravitation zu erkennen, dass sich der Raum in eine weitere Dimension ausdehnt. Das Geheimnis dieses wundersamen Phänomens liegt in der Symmetrie. Die Symmetrie der fünfdimensionalen Raumzeit bei Translationen in der zusätzlichen Dimension bleibt uns verborgen. Doch diese verborgene Symmetrie ist exakt die Eichsymmetrie der Quantenelektrodynamik. Da sich die physikalischen Gesetze der QED mit der Eichsymmetrie allein vollständig bestimmen lassen, erscheint uns die Gravitationskraft des verborgenen Raums wie die elektromagnetische Kraft.

Die Kaluza-Klein-Theorie steht aus einer Reihe formaler Gründe leider im Widerspruch zu einer geeigneten Beschreibung der realen Welt. Trotz dieses Fehlschlags sind einige Merkmale der Theorie so überzeugend, dass sie zahlreiche Versuche zur Vereinheitlichung der Kräfte in Räumen mit Extradimensionen nach sich gezogen hat. Der Gedanke der Kaluza-Klein-Theorie ist bis heute interessant und wird in anderen theoretischen Zusammenhängen regelmäßig wiederbelebt, etwa in der Supergravitation oder der Stringtheorie. Die Mehrzahl der Physiker aber war der Meinung, die Auswirkungen zusätzlicher Dimensionen seien auf Entfernungen beschränkt, die weit unter den am LHC untersuchten lägen. Im Jahr 1998 sollte sich das Blatt wenden.

GROßE EXTRADIMENSIONEN

Es gibt eine fünfte Dimension jenseits der menschlichen Erfahrung .... Dies ist die Dimension der Fantasie.

ROD SERLING[2]

1998 brüteten Nima Arkani-Hamed, Savas Dimopoulos und Georgi Dvali über dem Natürlichkeitsproblem und beschlossen, es aus einem anderen Blickwinkel anzugehen. Anstatt nach Symmetrien zu suchen,

[2] R. Serling, Vorspann zur Fernsehserie »The Twilight Zone«.

mit denen sich die riesige Lücke zwischen schwacher Skala und Planck-Skala begründen ließe, nahmen sie an, dass diese beiden Längenskalen in der Tiefe des Zeptoraums identisch seien. Das Natürlichkeitsproblem löst sich im Zeptoraum schlichtweg in Nichts auf, da eine Hierarchie dort erst gar nicht existiert. In der Hierarchie jedoch schlägt sich die empirische Tatsache nieder, dass die Gravitation enorm viel schwächer ist als die schwache Kraft. Mit der hypothetischen Annahme, im Zeptoraum gebe es eine solche Rangfolge nicht, wird das eingangs bestehende Problem daher lediglich in ein neues umgemünzt. Die neue Frage lautet, warum die Gravitation uns selbst schwach erscheint, den Elementarteilchen im Zeptoraum aber nicht.

Seit den Zeiten Newtons weiß man, dass die Kraft der Gravitation umgekehrt proportional zum Quadrat der Entfernung abnimmt. Dies gilt jedoch ausschließlich für dreidimensionale Räume. In einem Raum mit zusätzlichen Dimensionen würde die Gravitation viel schneller abnehmen. Hätte Newton beispielsweise in einer Welt mit vier Raumdimensionen gelebt, hätte er festgestellt, dass die Gravitation umgekehrt proportional zur dritten Potenz der Entfernung abnimmt. In einer fünfdimensionalen Welt hätte er das Gesetz der vierten Potenz der Entfernung gefunden, und so fort. Dieses Ergebnis ist unschwer nachzuvollziehen: Man vergleiche die Wasserfontäne aus einem Rasensprenger mit dem Strahl eines Gartenschlauchs. Bei identischen Durchflussmengen nimmt die Wassermenge, die einen bestimmten Punkt erreicht, beim Rasensprenger mit der Entfernung schneller ab als beim Gartenschlauch, weil das Wasser in mehr Richtungen verteilt wird. Betrachten wir nun ein von einer kompakten Masse erzeugtes Gravitationsfeld, das der Sonne etwa: Je zahlreicher die Raumdimensionen sind, desto stärker wird das Gravitationsfeld mit unserer Entfernung von der Sonne abgeschwächt, ebenso wie sich die Dichte des Wassers schneller reduziert, wenn es in viele Richtungen verteilt wird. Im Hyperraum—einem Raum mit Extradimensionen—nimmt die Stärke der Gravitation daher mit zunehmender Entfernung rascher ab.

Im Umkehrschluss ergibt sich aus dieser Argumentation, dass die Gravitation bei zunehmend kleinen Entfernungen schneller zunimmt, wenn der Raum zusätzliche Dimensionen besitzt. Nehmen wir einmal an, in der Wirklichkeit lägen kompaktifizierte Dimensionen verborgen, und besteigen wir in Gedanken das virtuelle Raumschiff, das uns zu kleineren Entfernungen bringen kann. Während wir noch auf mikroskopisch kleine Tiefen zurasen, öffnet sich der Raum mit einem Mal in neue Richtungen und die Gravitation wächst entsprechend schneller an. Bei unserer Ankunft im Zeptoraum könnte ihre Stärke die der übrigen Eichkräfte erreicht haben. Die Planck-Skala, die ein Maß für die Intensität der Gravitationskraft bildet, könnte im multidimensionalen Land des Zeptoraums mit der schwachen Skala ungefähr gleichauf liegen.

Dieser Vorschlag ist ein gewagter Gedanke. Aus ihm folgt die Hypothese, dass wir in einem Raum mit drei Dimensionen leben, ohne uns dabei, Flächenländern gleich, des vieldimensionalen Raums bewusst zu sein, der uns umgibt. Dieser zusätzliche Raum ist ein öder und verlassener Ort, zu dem keines der Teilchen des Standardmodells Zutritt hat. Die Gravitation jedoch ist anders—sie darf diesen unwirtlichen Raum betreten. Da sich ein Großteil ihrer Stärke in den Weiten dieses leeren Raums auflöst, erscheint die Gravitation unserer Wahrnehmung als die schwächste aller Kräfte. Die Hierarchie zwischen schwacher Kraft und Gravitation ist somit nur eine Illusion. Die Gravitation erscheint uns nur deshalb schwach, weil ihre Stärke vom riesigen extradimensionalen Raum dezimiert wird.

Der zur Auflösung der Hierarchie erforderliche riesige Abschwächungsfaktor bedeutet, dass in den Extradimensionen ein großes Raumvolumen vorhanden sein muss. Dieser theoretische Entwurf wird daher auch *große Extradimensionen* genannt, wobei das Wort »groß« natürlich relativ zu den typischen Entfernungen in der Teilchenphysik zu verstehen ist. Die experimentellen Angaben über die Eigenschaften der Gravitation sind jedoch so spärlich, dass die Räume, in die nur die Gravitation schlüpfen kann, womöglich unerwartet groß sind. 1998 konnte man davon ausgehen, dass die kompaktifizierten Dimensionen bis zu einem Millimeter groß sein könnten. Zwischenzeitlich ist die Gravitation in kleinen Entfernungen in neuen Experimenten mit höherer Präzision untersucht worden und wir wissen heute, dass die Größe dieses hypothetischen Raums unter etwa 50 Mikrometern liegen muss. Auch das ist nach dem Maßstab der Elementarteilchen ein sehr großer Raum.

VERZERRTE EXTRADIMENSIONEN

Einmal durch einen neuen Gedanken gedehnt, findet der menschliche Geist nie wieder in seine ursprünglichen Dimensionen zurück.

OLIVER WENDELL HOLMES[3]

Ein Leben wie in Flächenland, eingesperrt in einer dreidimensionalen Welt mit so viel unzugänglichem Raum um uns, mag sich nach einem düsteren Schicksal anhören. Etwas Trost spendet da die Erkenntnis, dass eine solche Situation vor dem Hintergrund der Stringtheorie ziemlich normal ist. Joseph Polchinski entdeckte 1995, dass die Stringtheorie mit *Branen* durchsetzt ist. Branen sind Gebilde mit weniger Dimensionen, als der sie umgebende Raum besitzt, und können Materie und Kräfte in ihrem Inneren einschließen. Ihr Name leitet sich vom englischen Wort »membrane« für Membran her, weil wir uns eine Bran als Membran im Raum oder als unendlich großes, in der Luft schwingendes Blatt vorstellen können. Da die Stringtheorie jedoch gemeinhin für eine zehndimensionale Raumzeit formuliert wird, können Branen mehr als die zwei Dimensionen besitzen, die gewöhnliche Membranen aufweisen. Damit lassen sich mit ihnen dreidimensionale Welten wie die unsere beschreiben, die in einem riesigen multidimensionalen Hyperraum hängen. Das englische Wort »brane« ist außerdem ein reicher Quell für wohlfeile Scherze wie die an seinen Gleichklang mit dem Wort »brain« anspielende Bemerkung, wer nicht an der Stringtheorie arbeite, sei ein »physicist with no brane«, ein Physiker ohne Bran oder eben ohne Hirn.

Branen besitzen die bemerkenswerte Eigenschaft, dass sie automatisch den Käfig mitliefern, in dem sich Teilchen festsetzen lassen. Welten in einem riesigen multidimensionalen Universum, in das einzig die Gravitationskraft vorzudringen vermag, gehören daher zu den gewöhnlichen Tatsachen in der Stringtheorie. Die Existenz von Branen und die

[3] O. W. Holmes Sr.: »The Autocrat of the Breakfast Table«, *The Atlantic Monthly*, Boston 1858.

Lösung des Natürlichkeitsproblems, wie sie durch die großen Extradimensionen formuliert wurden, fachten in theoretischen Physikerkreisen ein außergewöhnlich starkes Interesse an dem Thema an.

Ein neues wichtiges Resultat wurde 1999 erzielt, als Lisa Randall und Raman Sundrum eine von der Branenwelt inspirierten Alternativlösung für das Natürlichkeitsproblem vorlegten. Die Argumentation der beiden Wissenschaftler verläuft analog zu einem bekannten physikalischen Phänomen, der sogenannten *gravitativen Rotverschiebung*. Wie diese funktioniert, möchte ich im Folgenden erklären. (Bitte nicht mit der Rotverschiebung aufgrund einer Relativbewegung verwechseln—mit dem Dopplereffekt hat die gravitative Rotverschiebung nichts zu tun.)

In Newtons Theorie kann ausschließlich die Masse eine gravitative Anziehungskraft ausüben. In der Allgemeinen Relativitätstheorie dagegen spürt jede Form der Energie, nicht nur die Masse, die Auswirkungen der Gravitation. Dieses Ergebnis erstaunt nicht, wenn wir uns vor Augen führen, dass die Masse selbst nichts anderes als eine Form von Energie darstellt (man denke an $E = mc^2$). Doch diese Behauptung markierte eine deutliche Abkehr von der klassischen Theorie. Die Beobachtung während der Sonnenfinsternis von 1919, dass die energietragenden, aber masselosen Lichtstrahlen vom Gravitationsfeld der Sonne abgelenkt werden, lieferte daher die entscheidende Bestätigung der Allgemeinen Relativitätstheorie.

Denken wir uns die Quelle eines starken Gravitationsfelds, einen sehr massereichen Stern beispielsweise. Wenn der Stern einen Lichtstrahl emittiert, muss dieser Energie verbrauchen, um die gravitative Anziehungskraft des Sterns zu überwinden und ihm zu entkommen. Genau dasselbe geschieht, wenn wir einen Stein senkrecht in die Luft werfen: Im Flug nach oben verliert der Stein Bewegungsenergie und wird daher langsamer. Licht jedoch kann nicht langsamer werden, weil seine Geschwindigkeit, wie die Spezielle Relativitätstheorie uns lehrt, stets konstant bleibt. Die Energie des Lichts wird von seiner Wellenlänge bestimmt, nicht von seiner Geschwindigkeit; Lichtstrahlen mit geringerer Energie haben größere Wellenlängen. Wenn also der Lichtstrahl dem massereichen Stern entkommt, verliert er Energie und seine

Wellenlänge vergrößert sich. Die Wellenlänge eines Lichtstrahls ist demnach im Moment seiner Emission aus einem massereichen Stern kleiner als bei seiner Messung durch ein Teleskop auf der Erde. Im Verlauf der Loslösung vom Stern wird die Wellenlänge größer. Dieser Effekt wird als gravitative Rotverschiebung bezeichnet, da die Wellenlänge in Richtung größerer Werte verschoben wird (und dies im optischen Spektrum einer Verschiebung in Richtung der Farbe rot entspricht).

Randall und Sundrum stellten sich eine ähnliche Situation in einem größeren Maßstab vor. Wir, die Erde und das gesamte Universum sind Teil einer Bran, die im Hyperraum eingebettet ist. Weit von uns entfernt (weder vor uns, noch über uns und auch nicht neben uns) ist eine weitere Bran, die wie der Stern im letzten Beispiel als Quelle einer starken Gravitation wirkt. Die Gravitationsquelle ist so stark, dass sie die Extradimension zwischen den beiden Branen verformt. Aus diesem Grund spricht man von der Theorie der *verzerrten Extradimensionen*.

Ebenso wie die Wellenlänge des Lichts aus einem entfernten Stern kürzer ist, als wir sie durch ein Teleskop beobachten, ist die Planck-Skala aufgrund des außergewöhnlich starken Gravitationsfelds der verzerrten Dimensionen auf einer Bran womöglich viel kürzer als auf einer anderen. Bei der Hierarchie zwischen schwacher Skala und Planck-Skala könnte es sich lediglich um eine Illusion handeln, sodass die Gravitation uns nur deshalb schwach vorkommt, weil wir sie durch die Zerrlinse verbogener Extradimensionen sehen.

Dieser neue Vorschlag goss noch mehr Öl ins Feuer der Extradimensionen, das in den Köpfen der theoretischen Physiker loderte. Zahlreiche neue Abwandlungen der Theorie wurden vorgelegt. Die Lösung des Natürlichkeitsproblems auf der Basis verzerrter Extradimensionen verlangt, dass das Higgs-Feld auf die Bran beschränkt sei, ohne jedoch für die übrigen Quantenfelder, jene von Quarks, Leptonen und den Kräfte vermittelnden Eichteilchen beispielsweise, einen Standort zu spezifizieren. Als man außer der Gravitation auch Teilchen des Standardmodells ins Gebiet der verzerrten Extradimensionen aufnahm, hatte dies besonders interessante Ergebnisse zur Folge: Die starke gravitative Kraft der zusätzlichen Dimensionen verzerrte und entstellte viele der ursprünglichen Teilcheneigenschaften. Das überraschendste Resultat jedoch entsprang einer unerwarteten Übereinstimmung.

1997 legte Juan Maldacena eine kühne Vermutung vor. Einige Theorien zur Gravitation in der fünfdimensionalen Raumzeit entsprächen vollständig bestimmten Eichtheorien in der gewöhnlichen vierdimensionalen Raumzeit. Was oberflächlich betrachtet der Kaluza-Klein-Theorie ähneln mag, ist tatsächlich etwas ganz Anderes. Kaluza und Klein zufolge sieht eine Theorie der Gravitation in der fünfdimensionalen Raumzeit *annähernd* aus wie Gravitation *und* Elektromagnetismus in der vierdimensionalen Raumzeit, vorausgesetzt, der Beobachter kann die Größe des verborgenen Raums nicht erkennen. Im Gegensatz dazu sind der neuen Vermutung zufolge zwei Theorien für Räume mit unterschiedlichen Dimensionen zwei *identische* Beschreibungen derselben Realität. Obwohl die Vermutung nie mit mathematischer Rigorosität bewiesen wurde, gibt es immer mehr Beweise, die sie bestätigen.

Dieses Ergebnis ist sehr überraschend, da die Gravitation in Extradimensionen und die Eichtheorie im gewöhnlichen Raum anscheinend nicht viel gemeinsam haben. Das Geheimnis der Übereinstimmung steckt in einem beinahe magischen Phänomen: der Holografie. Ein Hologramm ist das faszinierende Resultat eines raffinierten fotografischen Verfahrens. Bewegt man vor einem Hologramm den Kopf hin und her, werden die verschiedenen Seiten des dargestellten Objekts sichtbar, als wäre es real. Auf einer zweidimensionalen Ebene bannt ein Hologramm sämtliche Informationen zu einer dreidimensionalen Abbildung. Ähnlich kann auch die vierdimensionale Eichtheorie sämtliche Informationen zur Gravitationstheorie des fünfdimensionalen Raums festhalten. Oberflächlich sehr unterschiedlich, sind die beiden Theorien zwei Facetten derselben Wirklichkeit.

Maldacenas Vermutung deutet darauf hin, dass die Ausstattung der Theorie der verzerrten Extradimensionen bestimmten Eichtheorien entspricht, und stellt damit eine unerwartete Verbindung her. Lange bevor die theoretischen Physiker in zusätzlichen Dimensionen ihrer »branes« verlustig gingen, hatten Steven Weinberg und Leonard Susskind die erste Lösung für das Natürlichkeitsproblem vorgelegt. Sie wollten das Higgs-Feld durch eine neue Eichkraft ersetzen, die sie aufgrund der strikten Analogie zu den »Farbladungen« in der QCD *Technicolour* tauften. Die Technicolour-Theorie erklärt auf sehr elegante Weise, wie sich der Raum mit der Substanz füllen lässt, aus der die Massen von W- und Z-Teilchen hervorgehen. Außerdem holt sie die spontane Brechung der elektroschwachen Symmetrie unter das Dach des Eichprinzips zurück. Im späteren Verlauf geriet die Theorie durch experimentelle Messdaten in Bedrängnis und musste an einigen Stellen abgeändert werden. Die mit verzerrten Extradimensionen verknüpfte Eichtheorie liefert automatisch die Elemente, mit denen sich einige Probleme der Technicolour-Theorie lösen lassen könnten.

Mit diesem Ergebnis ist dem Konzept der verzerrten Extradimensionen die Aura des Geheimnisvollen genommen. Die Quantenmechanik lehrt uns, dass eine Diskussion, ob ein Elektron nun Teilchen oder Welle sei, sinnlos ist. Teilchen und Wellen sind zwei unterschiedliche Beschreibungen desselben physikalischen Gebildes. Ähnlich gibt es in manchen Fällen keinen konzeptuellen Unterschied zwischen zusätzlichen Raumdimensionen und neuen Kräften. Dimensionen und Kräfte können zwei unterschiedliche Beschreibungen desselben physikalischen Gebildes sein.

DIE SUCHE NACH EXTRADIMENSIONEN AM LHC

Manchmal entführen meine Träume mich in andere Dimensionen.

Uri Geller[4]

Wem das Bild von Branen und zusätzlichen Dimensionen zu sehr nach Science-Fiction klingt, um als seriös gelten zu können, ist damit nicht allein; manche Physiker sind derselben Meinung. Doch der Gedanke, es könnte gleich hinter der Grenze unseres Wissens eine andere Welt geben, ist so verlockend, dass viele Physiker ihn nicht ohne Weiteres aus ihrem Kopf verbannen können. Am erstaunlichsten an der Geschichte aber ist, dass der Large Hadron Collider diese fantasievollen theoretischen Gedankengebäude einer soliden experimentellen

[4] U. Geller 1997 in einem Interview für den *Holistic London Guide*.

Überprüfung unterziehen kann. Falls irgendeine dieser hypothetischen Theorien zutrifft, wird der LHC entdecken, dass der Zeptoraum ein vieldimensionaler Hyperraum ist, der sich in neue physikalische Richtungen erstreckt.

In Abbotts Roman konnte der Flächenländer, von seinem Besuch im dreidimensionalen Raum nach Flächenland zurückgekehrt, für die Umschreibung von Raumland nur die Worte finden: »Nein, nicht nach Norden; nach oben, ganz aus Flächenland heraus!«[5] Keinen seiner Landsleute konnte er durch diese Worte von den Wundern von Raumland überzeugen und wurde für seine ketzerischen Gedanken schließlich ins Gefängnis geworfen. Ob die Experimentalphysiker einen besseren Weg werden finden können, um die Welt davon zu überzeugen, dass der LHC den Hyperraum bereist hat?

Die Detektoren des LHC können Entfernungen in Extradimensionen nicht unmittelbar messen; wohl aber können die Experimentatoren die Existenz eines Hyperraums herleiten, indem sie die Echos der Teilchen untersuchen, die in jenem verborgenen Raum unterwegs sind. Zur Erklärung dieses Vorgehens möchte ich zunächst zur Analogie mit dem winzigen Insekt zurückkehren, das in der Schweiz Urlaub macht. Auf der Oberfläche des Kabelseils krabbelt unser flächenländischer Käfer dem Alpengipfel entgegen und dreht dabei fröhlich Runde um Runde um das Seil. Dem Sikläufer in der Ferne erscheint derweil jede Bewegung auf dem Seil als Bewegung entlang einer eindimensionalen Linie. Jegliche Kabelumrundungen bleiben für ihn unbemerkt.

Betrachten wir nun ein Teilchen, das in einem Raum mit kompaktifizierten Dimensionen unterwegs ist. Das Teilchen bewegt sich in verschiedenen flachen Richtungen im Raum und umrundet gleichzeitig die aufgerollten Dimensionen wie der Käfer sein Seil. Die Instrumente des LHC sind wie die Augen des Skiläufers unfähig, die kompaktifizierten Dimensionen aufzulösen, und beobachten die Teilchen, als bewegten diese sich im gewöhnlichen Raum. Mit dem Rotieren des

[5] E. A. Abbott: Flächenland. Ein Märchen mit vielerlei Dimensionen (Flatland, 1884). Dt. v. A. Kaehler, 2009.

Teilchens in der Extradimension ist jedoch Bewegungsenergie verbunden, die von den Detektoren nicht als Bewegung, sondern als eine Art intrinsische Energie des Teilchens aufgezeichnet wird. Wir sind mittlerweile hinreichend vertraut mit der Gleichung $E = mc^2$ und wissen sofort, dass sich wie bei jeder Form von intrinsischer Energie auch hinter dieser Energie Masse verbirgt. Die Bewegung eines Teilchens in einer aufgerollten Dimension wird in unserer Welt also schlicht als Masse wahrgenommen. Je schneller ein Teilchen im Innern der Extradimension seine Spiralbewegung vollführt, desto schwerer wird es uns erscheinen.

Doch die Quantenmechanik lässt für die Spiralbewegung in den aufgerollten Dimensionen nicht jede beliebige Energie zu. Ebenso wie Elektronen im Atom auf bestimmte Bahnen beschränkt sind, können Teilchen in aufgerollten Dimensionen ihre Spiralbewegung nur mit bestimmten Energiewerten vollführen. Teilchen, die sich in aufgerollten Dimensionen bewegen, sind wie Geigensaiten, die nur bestimmte harmonische Schwingungen erzeugen können. Diese harmonischen Schwingungen werden *Kaluza-Klein-Anregungszustände* genannt und sehen in unserer Welt wie vollkommen identische Teilchen aus—bis auf ihre Masse. Ebenso wie eine Geigensaite die gleiche Note in verschiedenen Oktaven erzeugt, haben die einzelnen Kaluza-Klein-Anregungszustände verschiedene Massezahlen, aber gleiche intrinsische Eigenschaften wie Ladung und Spin. Die Kaluza-Klein-Zustände sind die Echos, die ein Teilchen uns sendet, das sich durch den Hyperraum fortpflanzt. Diese Echos geben Hinweise auf die Struktur des verborgenen Raums zusätzlicher Dimensionen. Sollten die Detektoren des Large Hadron Collider daher unterschiedliche Kaluza-Klein-Zustände aufzeichnen, so ließen sich anhand dieser Informationen Größe und Form des Hyperraums rekonstruieren.

Ein Gluon oder ein Top-Quark (oder jedes andere Teilchen) im Hyperraum sähe für uns also ganz genau so aus wie ein gewöhnliches Gluon oder Top-Quark—mit Ausnahme seiner Masse. Die Jagd nach Extradimensionen am LHC ist daher eine Suche nach Teilchen, die aussehen wie gewöhnliche Teilchen, aber ungewöhnlich hohe Massewerte besitzen.

Die Art und Weise, in der am LHC Extradimensionen beobachtet werden, hilft Klarheit in die Deutung der Maldacena-Vermutung zu bringen. Die mit der Quantenchromodynamik erklärte starke Kraft zeigte sich in den Experimenten der 1950er und 1960er Jahre in Form einer Reihe neuer Teilchen, der Hadronen. Falls es eine neue starke Kraft wie Technicolour tatsächlich gibt, wird sich die Geschichte im Bereich höherer Energien wiederholen. Der LHC wird herausfinden, dass der Zeptoraum voller neuer Teilchen steckt, die in Analogie zur QCD als *Technihadronen* bezeichnet werden. Aber auch zusätzliche Dimensionen werden durch Collider-Experimente in Form einer Reihe neuer Teilchen sichtbar—der Kaluza-Klein-Zustände. In manchen Fällen zeigt sich, dass die Eigenschaften der Technihadronen mit denen der Kaluza-Klein-Zustände identisch sind. Ebenso wie sich im Experiment nicht eindeutig feststellen lässt, ob das Elektron Teilchen oder Welle ist, wird der LHC eine neue Wechselwirkung wie Technicolour nicht von einer neuen verzerrten Extradimension unterscheiden können, weil die experimentellen Auswirkungen in bestimmten Fällen identisch sind.

Die Suche nach Extradimensionen am LHC hat noch einen weiteren faszinierenden Aspekt. Die Lösung des Natürlichkeitsproblems anhand des Branen-Konzepts bedeutet in sehr geringen Entfernungen eine ungefähre Übereinstimmung von schwacher Skala und Planck-Skala. Wenn dies zutrifft, wird der LHC die überraschende Entdeckung machen, dass die Stärke der Gravitation im Zeptoraum mit der Stärke der übrigen Kräfte vergleichbar ist. Theorien zu Extradimensionen formulieren für gravitative Phänomene im Zeptoraum eine Stärke, die um ein rund 10^{30}-Faches höher liegt, als gemäß der Allgemeinen Relativitätstheorie für die gewöhnliche Raumzeit zu erwarten ist.

Phänomene, für welche starke gravitative Effekte charakteristisch sind, lassen sich ausschließlich in astrophysikalischen Umgebungen beobachten, wo es sehr massive und dichte Sterne gibt. Doch am LHC könnten sich analoge Phänomene ereignen, wenn die Gravitation im Zeptoraum deutlich verstärkt wird. Die Emission gravitativer Wellen, die gravitative Ablenkung von Quarks und Gluonen sowie die Erzeugung mikroskopisch kleiner Schwarzer Löcher könnten sich, falls diese hypothetischen Theorien zutreffen, als experimentell messbare Vorgänge in der Teilchenwelt erweisen. Zudem könnten sie, da bei diesen Vorgängen Elementarteilchen und nicht astronomische Körper eine Rolle spielen, die Untersuchung der Gravitation im quantenmechanischen Bereich ermöglichen. Das Nebeneinander von Gravitation und Quantenmechanik, das den Theoretikern schon so lange Rätsel aufgibt, könnte so zu einem Thema für Experimentalphysiker werden.

Der Gedanke, dass in einem Laboratorium künstlich Schwarze Löcher erzeugt werden könnten, hat außerhalb der Teilchenphysik einige Besorgnis hervorgerufen. Die einzigen Schwarzen Löcher aber, die am LHC überhaupt erzeugt werden können, werden binnen weniger als 10^{-26} Sekunden verdampfen. Diese mit einer Größe von maximal wenigen Hundert Zeptometern mikroskopisch winzigen Schwarzen Löcher ziehen weder Masse von außen an, noch führen sie in ihrem kurzen Leben in unserer Umgebung irgendeine Katastrophe herbei. Ungeachtet dessen begannen manche zu fürchten, die Schwarzen Löcher würden nicht verdampfen, obwohl es keine Theorie gibt, in deren Rahmen dies geschehen könnte.

Am CERN hat man diese Besorgnis in der Öffentlichkeit ernst genommen und 2003 einen wissenschaftlichen Ausschuss zur Klärung der Situation einberufen. Der Ausschuss kam zu dem Ergebnis, dass die von Theorien zu Extradimensionen vorhergesagte hypothetische Erzeugung von Schwarzen Löchern am LHC keine Gefahr darstellt. Anhand neuer experimenteller Resultate und neuer theoretischer Erwägungen konnte diese erste Schlussfolgerung später von Teilchenphysikern erweitert und bekräftigt werden. Ein neuer wissenschaftlicher Ausschuss, an dem auch ich selbst teilnahm, hat die Situation einer erneuten Überprüfung unterzogen und 2008 seinen Bericht vorgelegt.

Empirische Beobachtungen schließen die Erzeugung jeder Art gefährlicher Schwarzer Löcher am Large Hadron Collider vollkommen aus. Im Weltraum und auch auf der Erde kommt es pausenlos zu hochenergetischen Kollisionen kosmischer Strahlenpartikel. Am LHC werden lediglich unter kontrollierten und für experimentelle Messungen geeigneten Bedingungen Phänomene nachgebildet, die seit Milliarden von Jahren vorkommen und sich noch heute um uns herum ereignen. Die kosmischen Strahlen, die auf die Erde auftreffen, haben bereits eine Anzahl von Kollisionen erzeugt, die einhunderttausend experimentellen Forschungsprogrammen am LHC gleichkäme, und dies mit Energien, die ebenso hoch oder höher liegen als die des Ringbeschleunigers. Auf das Universum gerechnet laufen pro Sekunde 3.000 Milliarden komplette LHC-Forschungsprogramme ab. Kein Zweifel: Die einzige Auswirkung, die der Large Hadron Collider auf das Universum haben wird, besteht darin, dass er einen gigantischen Erkenntnisschritt für die Menschheit ermöglicht.

11

Das Universum unter dem Mikroskop

Können wir uns mit dem Universum überhaupt »auskennen«? Mein Gott, es ist schwierig genug, sich in Chinatown zurechtzufinden.

Woody Allen[1]

Weite Verbreitung findet die irrige Meinung, am Large Hadron Collider würden die Bedingungen rekonstruiert, die kurz nach dem Urknall herrschten. Das stimmt nicht. Die Vorstellung, die auf einer Verwechslung der Konzepte von Energie und Temperatur gründet, lautet folgendermaßen: »Die Gesamtbewegung der Galaxien, die sich mit einer Geschwindigkeit proportional zu ihrer Entfernung von uns wegbewegen, belegt die momentane Expansion unseres Universums. Aus der Zurückverfolgung der Geschichte des Weltraums zu ihren Ursprüngen leiten wir ab, dass das Universum früher einmal sehr heiß und dicht war und daher aus einer Urteilchensuppe bestand. Unter diesen Bedingungen besaßen die Teilchen eine hohe Energie und prallten häufig aufeinander, und genau dies geschieht am LHC. Folglich simulieren die hochenergetischen Protonenkollisionen am LHC die Bedingungen des frühen Universums.« Ganz so einfach ist die Sache aber nicht.

[1] W. Allen: Wie du dir, so ich mir (Getting Even, 1978). Dt. v. B. Schwarz, Rohwohlt, Berlin 1987.

G.F. Giudice, *Odyssee im Zeptoraum*, DOI 10.1007/978-3-642-22395-2_11,

Unmittelbar nach dem Beginn der Zeit bestand das Universum tatsächlich aus einer heißen Teilchensuppe, die ein großes thermisches System bildete. Ein solches System bringt kollektive Phänomene hervor, die von den statistischen Eigenschaften großer Teilchenanzahlen bestimmt werden und sich mithilfe seiner Einzelbestandteile nicht reproduzieren lassen. So ist es nicht möglich, den Übergang von Eis zu Wasser und zu Dampf zu simulieren, indem wir zwei einzelne H_2O-Moleküle aufeinanderprallen lassen. Die Phasenübergänge zwischen Eis, Wasser und Wasserdampf sind Ergebnis kollektiver Phänomene, an denen gleichzeitig viele Komponenten beteiligt sind. Die Geschichte des Universums wurde weitgehend von kollektiven Phänomenen bestimmt, die sich durch die Kollisionen einzelner Protonen am LHC nicht reproduzieren lassen.

Es gibt jedoch eine Ausnahme. Die Kollisionen schwerer Kerne, die am LHC vor allem im Rahmen des ALICE-Experiments untersucht werden, bringen ein System aus zahlreichen Teilchen hervor. Dieses System kann für die Dauer von rund 10^{-23} Sekunden in einem Zustand hoher Temperatur und hoher Dichte vorliegen und somit ähnliche Bedingungen herstellen, wie sie im frühen Universum herrschten. Die Energien, die bei den Kollisionen dieser schweren Kerne auftreten, reichen jedoch nicht aus, um die physikalischen Gesetze des Zeptoraums zu untersuchen.

Dass die Protonenkollisionen nicht imstande sind, die Urbedingungen des Universums direkt herzustellen, bedeutet allerdings nicht, dass der Large Hadron Collider zur Frühgeschichte des Kosmos nichts beizutragen hätte. Tatsächlich nämlich könnten die Protonenkollisionen am LHC zu einem zentralen Vehikel für die Erweiterung unserer Kenntnisse über die Frühstadien des Universums werden. Dies liegt darin begründet, dass wir die Gesetze, denen die Teilchenwelt unterworfen ist, letztlich auch für die Entstehung des Universums verantwortlich machen. Allein über die Erweiterung unserer Kenntnis dieser Gesetze auf die kleinstmöglichen Entfernungen werden wir in der Lage sein, einige der grundlegendsten Fragen zum Ursprung des Weltraums zu ergründen.

Dass zwischen der Welt der Teilchenphysik und dem Aufbau unseres Universums eine Verbindung besteht, gehört vermutlich zu den profundesten Erkenntnissen der modernen Wissenschaft und beschäftigt die Fantasie aller, die sich ihren Wundern gegenübersehen. Die Kosmologie hat diese Verbindung durch ihre Fortschritte der letzten Jahrzehnte erheblich festigen können und ein immer genaueres Bild vom Ursprung des Universums zutage gefördert.

Es erscheint beinahe paradox, wenn die Kosmologen in einer ersten Annäherung sämtliche Kräfte außer der Gravitation außer Acht lassen, während sich die Teilchenphysiker angesichts der Schwäche der Gravitation ratlos den Kopf kratzen. Für sehr große Systeme ist die Gravitation die dominierende Kraft und somit auch Hauptmotor der Entstehung des Universums. Doch hier stoßen wir sofort auf eine rätselhafte Unstimmigkeit: Die elektrostatische Kraft kann positiv oder negativ sein, da es positive wie negative Ladungen gibt. Andererseits jedoch ist laut Newton die Masse die einzige Quelle der Gravitation, und diese wirkt stets anziehend, da es eine »negative« Masse nicht gibt. Die Rätselfrage lautet daher: Was hat die Ausdehnung des Universums ausgelöst? Gibt es eine abstoßend wirkende »Antigravitation«?

Des Rätsels Lösung liegt tief in Einsteins Allgemeiner Relativitätstheorie verborgen. Hier ist jede Form von Energie eine Gravitationsquelle, weil Masse gleich Energie ist. Die Energiedichte eines Systems ist jedoch stets positiv, sodass ausschließlich anziehende Gravitation ausgeübt wird. Zum Glück steckt noch mehr dahinter. Im Widerspruch zur Newton'schen Theorie ist in der Allgemeinen Relativitätstheorie auch der Druck eine Gravitationsquelle. Dass ein Druckunterschied Kraft erzeugt, ist ein Konzept, mit dem wir vertraut sind: Der Druck eines expandierenden Gases bewegt die Kolben in einem Automotor. Neu an der Allgemeinen Relativitätstheorie ist die Behauptung, dass durch das Vorliegen von Druck Gravitation erzeugt wird. Nun kann Druck aber ebenso nach außen wie nach innen wirken oder, anders ausgedrückt, positiv oder negativ sein. Daraus ergibt sich der verblüffende Schluss, dass Gravitation auch *abstoßend* wirken kann. Negativer Druck übt Antigravitation aus.

Die abstoßende Gravitation ist möglicherweise der Motor, der die Ausdehnung des Universums zündete und in Gang setzte. Zu finden gilt es nun einen Vermittler mit einem negativen Druck, der ausreichend ist, um die gravitative Anziehungskraft sämtlicher Masse und Strahlung im Universum zu überwinden. Wer ist dieser kraftvolle Vermittler? Jegliche bekannte Materie scheidet offensichtlich aus, weil ihre Energie stets über dem Druck liegt und definitiv anziehende gravitative Kräfte bewirkt. Bei diesem Vermittler muss es sich um eine höchst ungewöhnliche Substanz handeln.

Es war Einstein, der 1917 die Antwort auf unsere Frage fand, auch wenn er eigentlich ein anderes Ziel im Sinn hatte. Ihn beschäftigte die Tatsache, dass die Gleichungen der Allgemeinen Relativitätstheorie ein sich veränderndes Universum vorhersagten anstatt eines statischen— ein Ergebnis, das für Einstein inakzeptabel war. Zu jener Zeit galt es als selbstverständlich, dass das Universum statisch sein müsse, weil keinerlei astronomische Belege für das Gegenteil sprachen. Einstein konnte nicht ahnen, dass Edwin Hubble zwölf Jahre später entdecken würde, dass sich das Universum tatsächlich ausdehnt. Wie Dirac später mit der Antimaterie gab sich Einstein unwillentlich alle Mühe, um aus seiner Gleichung die falsche Vorhersage zu erhalten. Gegenüber George Gamow gestand Einstein später, dies sei die »größte Eselei seines Lebens«[2] gewesen.

In seinen Berechnungen entdeckte Einstein eine ungewöhnliche Form der Energie, die gleichförmig den gesamten Raum ausfüllen und negativen Druck besitzen kann und somit eine abstoßende gravitative Kraft ausübt, die der Konkurrenz mit der Anziehung aus Materie und Strahlung standzuhalten imstande ist. Diese Substanz, die man als *Kosmologische Konstante* bezeichnet, ist eine Form der Energie, die sich in ihren Eigenschaften stark von gewöhnlicher Materie unterscheidet. Wer sich bei der Kosmologischen Konstante an die Higgs-Substanz erinnert fühlt, ist auf der richtigen Spur.

[2] G. Gamow: My World Line: An Informal Autobiography. Viking, New York 1970. Ich danke Robert Kirshner für diesen Hinweis.

Genau diese Spur verfolgte im Jahr 1980 Alan Guth und kam zu einem erstaunlichen Ergebnis. Nehmen wir an, der Raum sei mit einem neuen Quantenfeld angefüllt, das aus Gründen, die uns gleich ersichtlich werden, *Inflaton* genannt wird. Das Inflatonfeld ist dem Higgs-Feld sehr ähnlich, obwohl sein Ursprung noch rätselhafter ist. Wie das Higgs-Feld kann auch die Inflatonsubstanz den gesamten Raum durchdringen. Zu Urzeiten ist diese Substanz so dicht, dass sie die Auswirkungen jedes anderen Elements im Universum überwindet. Später verhält sich die Inflatonsubstanz wie die Kosmologische Konstante, und die Antigravitation, die von ihrem enormen negativen Druck ausgeht, bewirkt eine explosionsartige Dehnung des Raums, wodurch das Universum in ungeheurem Tempo expandiert. Innerhalb von vermutlich 10^{-35} Sekunden dehnte sich das Universum um einen Faktor von mindestens 10^{30} aus, möglicherweise noch viel stärker. Das entspricht einem 20 Nanometer großen Virus, das zu einer gigantischen Kreatur von der Größe der Entfernung der Erde zur Andromeda-Galaxie aufgeblasen wird, und dies innerhalb einer Zeit, in der Licht ein paar Millionstel Zeptometer zurücklegt! Dieses erstaunliche Phänomen wird als *Inflation* bezeichnet, wobei gegen diese Inflation selbst der Preisanstieg in der Weimarer Republik verblasst.

Nach etwa 10^{-35} Sekunden ist die Inflatonsubstanz aus dem Raum verschwunden; sie hat ihre gesamte Energie in eine heiße Suppe gewöhnlicher Teilchen übertragen. In dieser sehr kurzen Zeit jedoch legt der inflationäre Ausbruch sämtliche Startbedingungen fest, die über das zukünftige Schicksal des Universums entscheiden. Die Inflationstheorie mag sich anhören wie eine fantastische Hypothese am Rande zum Science-Fiction-Genre; tatsächlich aber ist sie eine solide wissenschaftliche Theorie, die sehr detaillierte und anhand unmittelbarer kosmologischer Beobachtungen der Frühzeit des Universums überprüfbare Vorhersagen macht.

Die Vorstellung einer »Beobachtung« des frühen Universums mag zunächst absurd erscheinen, aber die Geschwindigkeit des Lichts ist endlich, sodass wir entfernte Objekte so wahrnehmen können, wie sie in der Vergangenheit waren. Wir sehen die Sonne, wie sie vor rund acht

Minuten aussah; wir sehen den Andromedanebel, wie er vor über zwei Millionen Jahren aussah. Durch die endliche Geschwindigkeit des Lichts vermischen sich die Konzepte von Zeit und Raum.

Wir können in der Zeit zurückreisen, indem wir immer weiter entfernte Objekte beobachten. Man mag sich nun fragen, ob wir auf diese Weise mit einem ausreichend leistungsfähigen Teleskop nicht auch die Geburt des Universums miterleben könnten. Das ist leider nicht möglich. Ebenso wie eine Wand uns den Blick dahinter versperrt, reichen astronomische Beobachtungen bis in die Zeit zurück, als das Universum etwa 380.000 Jahre alt war; weiter aber gehen sie nicht. Vor jener Zeit lag die Temperatur im Universum bei über 2.700 °C, und durch die rasende Bewegung der Teilchen wurden sämtliche Elektronen aus ihrer atomaren Bahn katapultiert. Ebenso wie das Licht eine Mauer nicht durchdringen kann, weil es vom Material der Ziegelsteine absorbiert wird, konnte sich jegliche Form elektromagnetischer Strahlung im Medium aus entfesselten Elektronen und Atomkernen nicht frei bewegen. Das Universum war absolut lichtundurchlässig. Sämtliche Aufnahmen vom Universum im Alter von unter 380.000 Jahren sind dauerhaft gelöscht und unfähig die undurchdringliche Mauer aus heißen Elektronen und Atomkernen zu überwinden.

Diese Mauer jedoch ist bemalt mit dem frühesten und lebendigsten Bild vom Universum, das wir überhaupt erhalten können. In der eingehenden Betrachtung dieses Bilds bestand die Lieblingsbeschäftigung zahlreicher Teams aus beobachtenden Kosmologen, und diese Beschäftigung wurde mit einem Reichtum an wissenschaftlichen Informationen belohnt. Das Bild (siehe Abb. 11.1) wird als *Kosmische Hintergrundstrahlung* bezeichnet und ist ein Abbild der Strahlung zu jenem Zeitpunkt, als die Kerne Elektronen in atomare Umlaufbahnen bannten und das Universum urplötzlich lichtdurchlässig wurde. Diese Strahlung bewegt sich seit jenem Zeitpunkt weitgehend ungestört durch den Raum.

Abb. 11.1 Vom WMAP-Satelliten gemessene Temperaturschwankungen der Kosmischen Hintergrundstrahlung am Himmel. Hellere Regionen sind etwas wärmer und dunklere etwas kühler als die Durchschnittstemperatur von 2.725 Grad über dem absoluten Nullpunkt
Quelle: NASA/WMAP Science Team.

Die Kosmische Hintergrundstrahlung wurde erstmals 1965 von Arno Penzias (Nobelpreis 1978) und Robert Wilson (Nobelpreis 1978) entdeckt, die ihre Ursache allerdings zunächst hinter dem (von Penzias als »weißes dielektrisches Material«[3] beschriebenen) Taubendreck vermuteten, der ihren Mikrowellen-Hornreflektor bedeckte. In jüngerer Zeit hat der COBE-Satellit (COsmic Background Explorer), von der US-Raumfahrtbehörde NASA 1989 gestartet, sehr präzise Messungen dieser Strahlung erzielt. Für die Ergebnisse des COBE-Satelliten wurden seine beiden Hauptforscher George Smoot und John Mather 2006 mit dem Nobelpreis ausgezeichnet. Mit der 2001 gestarteten NASA-Raumsonde WMAP (Wilkinson Microwave Anisotropy Probe) wurde die Genauigkeit der Messungen der Kosmischen Hintergrundstrahlung dramatisch verbessert, und aus den Daten konnten wertvolle Informationen über das frühe Universum gewonnen werden. Mit dem Planck-Satelliten brachte im Mai 2009 die Europäische Raumfahrtbehörde ESA eine neue

[3] A. A. Penzias, zitiert in J. Bernstein: Three Degrees Above Zero: Bell Laboratories in the Information Age. Cambridge University Press, Cambridge 1984.

Raumsonde auf den Weg, von der man sich weitere Verbesserungen der Messgenauigkeit erwartet.

Das Bild der Kosmischen Hintergrundstrahlung hat im Verbund mit anderen astronomischen Beobachtungen einige der stichhaltigsten Belege für die Theorie der Inflation geliefert. Wie dies zustande kommt, möchte ich im Folgenden erläutern.

Der Allgemeinen Relativitätstheorie zufolge ist der Raum ein dynamisches Gebilde, das sich zu unterschiedlichen Formen krümmt und biegt. Laut Einsteins Theorie krümmt ein massereicher Stern—wie unsere Sonne—den Stoff des ihn umgebenden Raums, zieht die Planeten an und zwingt sie in eine Umlaufbahn. Gleichermaßen kann die gesamte im Universum vorhandene Masse und Energie eine globale Raumkrümmung verursachen. Es ist daher absolut legitim, sich über die Form des Universums Gedanken zu machen. Das Universum könnte beispielsweise gekrümmt sein und sich in sich selbst zurückfalten, sodass es zwar keine Ränder hätte, aber endlich wäre. In diesem Fall wäre der Raum gleichsam eine dreidimensionale Erweiterung der Erdoberfläche, die eine endliche Fläche, aber keine Ränder hat. Ein Raumschiff, dass in diesem gekrümmten Universum konstant in dieselbe Richtung fährt, würde irgendwann an seinen Ausgangspunkt gelangen wie ein Reisender, der auf der Erdoberfläche seine Richtung beibehält. Oder aber das Universum ist gekrümmt und erstreckt sich dabei ins Unendliche. Welche Form hat der Raum, in dem wir leben? Auf diese Frage gibt die Inflationstheorie eine klare Antwort. Die heftige Dehnung des Raums während der Inflation glättet jegliche ursprünglich vorhandenen Unregelmäßigkeiten oder Unebenheiten. Ebenso wie ein elastischer Stoff perfekt glatt wird, wenn man ihn auseinanderzieht, ist auch der Raum im Universum ungeachtet seines Urzustands nach der Zeit der Inflation vollkommen flach. Mit »flach« ist in diesem Zusammenhang nicht gemeint, dass der Raum zweidimensional sei wie die Oberfläche eines Tischs, sondern dass die Raumgeometrie den Regeln der gewöhnlichen euklidischen Geometrie folgt und keinerlei von einer intrinsischen Krümmung verursachte seltsame Deformationen aufweist.

Die theoretische Vorhersage der Inflationstheorie über die Flachheit des Raums lässt sich empirisch überprüfen. Das Licht, das uns aus der Zeit 380.000 Jahre nach dem Urknall erreicht, durchleuchtet die gesame Struktur der kosmischen Raumzeit und lässt sich zur Messung von deren intrinsischer Geometrie nutzen. Jede Raumkrümmung lenkt Licht ab, wodurch sich das Bild der Kosmischen Hintergrundstrahlung verzerrt und die Größe der Flecken in Abb. 11.1 verändert. Eine Auswertung der Messdaten führt zu dem Schluss, dass der Raum im Universum mit hoher Präzision *flach* ist—eine volle Bestätigung der Inflationstheorie.

Die Inflationstheorie wird durch weitere empirische Belege bekräftigt. Die Temperatur der Kosmischen Hintergrundstrahlung ist an jedem Punkt des Himmels nahezu vollkommen identisch; eine erstaunliche Gleichförmigkeit, die jedoch ein Rätsel aufwirft. Im Rückblick auf die Geschichte des Weltraums wird deutlich, dass während der ersten 380.000 Jahre seiner Existenz unmöglich zwischen zwei Punkten, die wir heute als deutlich getrennt am Himmel beobachten, ein Lichtstrahl hätte übermittelt werden können. Mit anderen Worten: Vor dem Augenblick, als die Kosmische Hintergrundstrahlung emittiert wurde, standen Raumregionen, die heute in unterschiedlichen Gebieten des Himmels liegen, nie in Kontakt und konnten keinerlei physikalische Information austauschen. Wie aber kann es dann sein, dass die Temperatur der Kosmischen Hintergrundstrahlung über einen so riesigen Bereich des Raums so vollkommen gleichförmig ist, wenn entfernte Teile des Himmels vor der Emission dieser Strahlung keinerlei Möglichkeit zur Kommunikation hatten?

Dieses Problem beschäftigte die Kosmologen über einen langen Zeitraum, bis die Inflationstheorie eine natürliche Erklärung bot. Durch die explosionsartige Dehnung des Raums während der Inflation war ein winziges Stückchen Raum, in dem alle Teile einander beeinflussten, plötzlich in einen Raum verwandelt worden, der größer war als das gesamte heute beobachtbare Universum. Auf diese Weise waren die Bedingungen für eine gleichförmige Temperatur der Kosmischen Hintergrundstrahlung gegeben.

Gemäß den Vorhersagen der Inflationstheorie müsste das Universum aufgrund der übermäßigen Dehnung des Raums ganz zu seinem Beginn gleichförmig und homogen sein. Auf den ersten Blick klingt das nach keiner sehr zutreffenden Vorhersage. Wir sind keine Population gleichförmiger und homogener Wesen (glaube ich), und ein einziger Blick in den Nachthimmel zeigt, dass unser Weltraum voller Sterne, Galaxien und Galaxiehaufen, keineswegs aber eine langweilige und fade gasförmige Masse ist. Tatsächlich jedoch ist die Vorhersage der Inflationstheorie überaus erfolgreich. Aus dem Blickwinkel sehr großer Entfernungsskalen erscheint unser Universum nämlich extrem gleichförmig und homogen, was durch zahlreiche astronomische Beobachtungen belegt ist. Unsere Position im Universum ist vergleichbar mit dem Blick eines mikroskopisch kleinen Wesens, nicht größer als ein Atom, auf die Materie. Diese winzige Kreatur sieht die Materie als eine klumpige Substanz voller kleinerer Strukturen, während die Materie in unseren Augen ein gleichförmiges Medium darstellt. Gleichermaßen sehen wir das Universum als eine Kombination einzelner Sterne und Galaxien, obwohl es aus viel größeren Entfernungen bemerkenswert gleichförmig erscheint.

Die Inflationstheorie erklärt somit erfolgreich die große Struktur des Universums. Doch wie fügt sich die Existenz all der einzelnen Galaxien, die wir am Nachthimmel beobachten, in das Bild dieser Theorie? Die Antwort auf diese Frage ist der verblüffendste Teil der Geschichte. Und ob man's glaubt oder nicht, letztlich geht alles auf das Heisenberg'sche Prinzip zurück.

Das Heisenberg'sche Prinzip beschreibt die intrinsische Unschärfe verschiedener physikalischer Größen in der Welt der Quantenmechanik. Das Inflatonfeld bildet da keine Ausnahme, auch es ist winzigen Quantenfluktuationen unterworfen. Daraus ergab sich, dass die im Inflatonfeld gespeicherte Energie zum Zeitpunkt der Inflation an verschiedenen Stellen leicht variierte und mikroskopisch kleine Klumpen verursachte. In Entfernungen, die so klein waren, dass die Quantenmechanik relevant wird, waren manche Regionen des Raums etwas dichter als andere. Mit der enormen Dehnung des Raums jedoch wurden die winzigen Klumpen zu gigantischen Strukturen von astronomischer Größe. Als die Inflation vorüber war, begannen sich die etwas dichteren Regionen aufgrund ihrer gravitativen Anziehungskraft zusammenzuziehen und bildeten Galaxien. Aus den durch die Quantenfluktuationen des Inflatonfelds entstandenen Keimzellen erwuchsen die Galaxien, die uns heute in sternenklaren Nächten leuchten.

Die theoretischen Berechnungen der aus der Inflation hervorgegangenen Strukturen stimmen mit den astronomischen Beobachtungen zur Verteilung der Galaxien sehr gut überein. Damit nicht genug, finden sich diese Überlegungen in den Messungen der Kosmischen Hintergrundstrahlung auf wunderbare Weise bestätigt. Die Temperatur dieser Strahlung liegt heute bei 2,7 Grad über dem absoluten Nullpunkt, ist jedoch, wie Abb. 11.1 zeigt, an einigen Stellen des Himmels nicht vollkommen gleich, sondern weicht um durchschnittlich rund 30 Millionstel Grad ab.

Die vom WMAP-Satelliten präzise gemessenen winzigen Abweichungen in der Temperatur der Kosmischen Hintergrundstrahlung werden anhand desselben Prozesses erklärbar, aus dem die Keimzellen der Galaxien hervorgingen. Die geringfügig kühleren oder wärmeren Regionen der Kosmischen Hintergrundstrahlung finden ihre Entsprechung in der uranfänglichen Klumpenstruktur des Inflatonfelds, die sodann durch die Inflation über den gesamten Himmel zu dem Bild gedehnt wurde, das wir heute beobachten. Die Messungen der Kosmischen Hintergrundstrahlung stehen in hervorragender Übereinstimmung mit der Inflationshypothese.

Das Bild, das sich aus der Inflationstheorie ergibt, ist absolut schwindelerregend. Das Muster der Galaxien, die wir am Nachthimmel beobachten, und ebenso die Wärmeabweichungen in der Kosmischen Hintergrundstrahlung sind die fossilen Überreste der Fluktuationen eines Quantenfelds, im Raum festgehalten vom Augenblick der Entstehung unseres Universums an. Die Physik einiger der kleinsten vorstellbaren Entfernungsskalen—jener der Quantenfluktuationen des Inflatons—bestimmt über einige der größten Strukturen im Universum.

Für die Untersuchung der Materie müssen die leistungsstärksten Mikroskope—in Form von Teilchenbeschleunigern wie dem LHC—sich in die kleinsten Entfernungen hinabbegeben, wo wir in die Welt der Quantenfelder vordringen. Für die Untersuchung des Universums müssen die leistungsstärksten Teleskope und Forschungssatelliten im Himmel das Bild eines über alle Maßen vergrößerten Quantenfelds betrachten. Dieselben Elemente und dieselben universellen Gesetze der Physik beschreiben das sehr Kleine und das sehr Große.

Dass der LHC uns eine direkte Auskunft über den Ursprung des Inflatonfelds oder eine Antwort auf viele der übrigen noch ungeklärten fundamentalen Fragen der Kosmologie geben wird, ist höchst unwahrscheinlich. Gleichzeitig ist mittlerweile klar, dass diese Auskünfte und Antworten in einer fundamentalen Theorie der Teilchenphysik zu suchen sind, die an die Stelle des Standardmodells treten wird; und der Large Hadron Collider kann die nötigen Hinweise zur Entdeckung einer solchen Theorie beisteuern. In diesem Sinne wird der LHC möglicherweise zur Lösung einiger der Rätsel beitragen, die sich um den Ursprung des Kosmos ranken.

Bei einem Thema, das auch mit der Struktur des Universums zu tun hat, könnte der Large Hadron Collider allerdings eine direkte Antwort liefern: Der LHC könnte Licht in die Dunkle Materie bringen.

DUNKLE MATERIE

> *»Gibt es noch irgendeinen anderen Umstand, auf den Sie meine Aufmerksamkeit lenken möchten?«—»Auf das merkwürdige Ereignis mit dem Hund in der Nacht.«—»Der Hund hat in der Nacht nichts getan.«—»Genau das war eben das merkwürdige Ereignis«, bemerkte Sherlock Holmes.*
>
> ARTHUR CONAN DOYLE[4]

Wie bei dem Hund in der Sherlock-Holmes-Geschichte, der nachts nicht bellte, enthält das Universum Materie, die nicht leuchtet. Ein merkwürdiges Ereignis. Das Vorhandensein von Materie, die nicht leuchtet, lässt sich aus der gravitativen Anziehung herleiten, die unsichtbare Körper ausüben. Eines der brillantesten Beispiele einer solchen Herleitung—und einer Sherlock-Holmes-Geschichte würdig—ist die

[4] A. Conan Doyle: Silberstern, in: Die Memoiren des Sherlock Holmes (Silver Blaze, The Memories of Sherlock Holmes, 1893); Dt. v. N. Stingl, 2007.

Entdeckung des Planeten Neptun. Urbain Le Verrier (1811–1877) erkannte, dass auffällige Verschiebungen in der Umlaufbahn des Uranus auf die gravitative Anziehung durch einen noch unbekannten Planeten zurückzuführen waren. In England hatte John Adams ähnliche, wenn auch weniger vollständige Berechnungen angestellt, die erst später veröffentlicht wurden. Am 23. September 1846 jedoch erhielt Johann Galle in der Berliner Sternwarte einen Brief von Le Verrier mit den exakten Koordinaten eines Himmelabschnitts am Übergang zwischen den Sternbildern Steinbock und Wassermann und mit der Bitte, Galle möge diesen Abschnitt genau beobachten. Noch in derselben Nacht fiel Galle ein neuer Himmelskörper ins Auge, und durch Beobachtungen während der nächsten beiden Nächte fand sich bestätigt, dass es sich bei dem entdeckten Objekt tatsächlich um einen Planeten handelte.

Die Entdeckung des Neptun war ein triumphaler Sieg gleichermaßen für die Newton'sche Theorie wie für die Kraft des deduktiven Denkens. Vor der Académie des Sciences bemerkte François Arago poetisch: »M. Le Verrier vit le nouvel astre au bout de sa plume« (Herr Le Verrier sah den neuen Planeten auf der Spitze seiner Feder).

Aber nicht alles, was nicht bellt, ist ein Hund. Auch die Bahn des Merkur wies auffällige Anomalien in der Drehung seines Perihels auf. Le Perrier versuchte aufs Neue sein Glück und postulierte die Existenz eines neuen Planeten namens Vulkan. Diesmal jedoch bestätigten die Beobachtungen seine Hypothese nicht. Die Entdeckung des Neptun war der Triumph der Newton'schen Gravitationstheorie, die Periheldrehung des Merkur besiegelte ihren Untergang. Die korrekte Erklärung der Anomalie in der Merkurbahn war allein in der Allgemeinen Relativitätstheorie zu finden.

Die Moral von dieser Geschichte lautet, dass eine unvermutet auftretende gravitative Anziehung entweder auf das Vorhandensein unsichtbarer Masse hindeutet oder auf die Notwendigkeit einer Überarbeitung der Gravitationstheorie. Diese aus dem Sonnensystem gewonnene Erkenntnis ist von großem Nutzen bei der Beobachtung des Universums in größeren Entfernungsskalen, wo Materie, die nicht leuchtet, für optische Teleskope vollkommen unsichtbar ist.

Der erste Hinweis auf die Existenz eines ansonsten unsichtbaren Elements im Universum mit einer gravitativen Anziehungskraft fand sich in den 1930er Jahren. Im Rahmen seiner Untersuchungen der Galaxiengruppe Coma-Haufen beobachtete der Schweizer Astrophysiker Fritz Zwicky (1898–1974), dass zahlreiche Galaxien zu schnell schienen, um im System festgehalten werden zu können. Wenn wir einen Stein in die Luft werfen, wird er aufgrund der gravitativen Anziehungskraft der Erde irgendwann wieder zu Boden fallen. Wirft jedoch Superman einen Stein mit mehr als 40.000 Stundenkilometern Geschwindigkeit in die Luft, wird der Stein ins All fliegen und nie zurückkehren. (Genau genommen würde ein so schneller Stein durch die Reibung beim Eintritt in die Atmosphäre verglühen, doch das ist ein irrelevantes Detail.) Zwicky erkannte, dass viele der Galaxien im Coma-Haufen sich wie von Superman geworfene Steine rasch aus der Galaxiengruppe hätten gelöst haben müssen. Galaxien von einer solchen Geschwindigkeit könnten nur im System festgehalten werden, wenn der Coma-Haufen etwa 400 Mal mehr Masse besäße als beobachtet. Damit war die Idee der *Dunklen Materie* geboren.

Die astronomischen Messungen der Geschwindigkeiten von Galaxien waren zu jener Zeit nicht exakt genug, um die mehrheitliche Astronomengemeinschaft von der Notwendigkeit einer solch drastischen Hypothese wie der Existenz einer Dunklen Materie zu überzeugen. Vom Ende der 1960er Jahre an aber begannen sich insbesondere durch die Pionierarbeit von Vera Rubin und ihren Forschungskollegen die Beobachtungsfunde zugunsten der Dunklen Materie zu häufen.

Die Rotationsgeschwindigkeit von Sternen in Galaxien liefert einen Hinweis auf die in der Sternenbahn enthaltene Masse. Beobachtungen von Spiralgalaxien führten zu dem verblüffenden Ergebnis, dass viel mehr Masse vorhanden sein musste, als sich auf sichtbare Sterne zurückführen ließ. Diese Ergebnisse deuteten darauf hin, dass Galaxien gigantischen Atomen gleichen, mit einem Kern aus Sternen im Zentrum einer gleichförmigen Wolke aus Dunkler Materie. Diese unsichtbare Wolke, die viel größer ist als der sichtbare Kern im Zentrum, wird als *Galaktischer Hof* oder *Halo* bezeichnet (siehe Abb. 11.2).

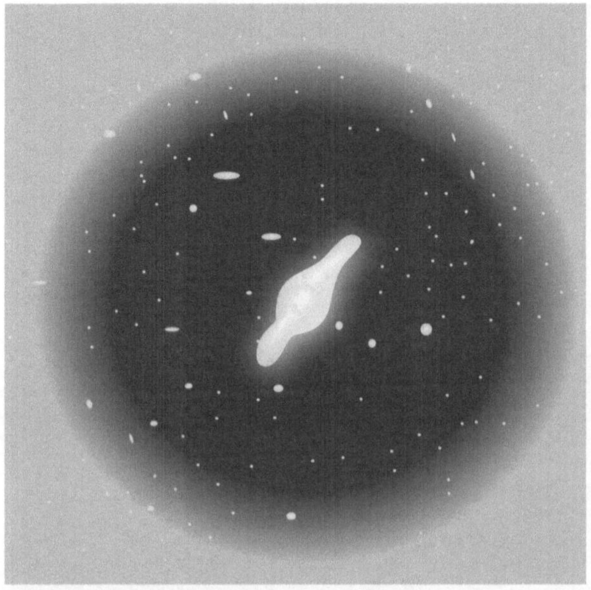

Abb. 11.2 Der sichtbare Teil der Galaxie befindet sich im Zentrum einer großen Wolke aus Dunkler Materie, inmitten des Galaktischen Hofs

Dunkle Materie ist im Universum allgegenwärtig und in nahezu jedem großen astronomischen Umfeld zu finden. Eine interessante Methode zum Nachweis Dunkler Materie gründet auf dem Phänomen des *Gravitationslinseneffekts.* Aus der Allgemeinen Relativitätstheorie ergibt sich die Vorhersage, dass Masse Lichtstrahlen ablenkt und so ähnlich wie eine optische Linse Bilder verzerrt. Der Gravitationslinseneffekt wurde dazu verwendet, anhand der sichtbaren Verschiebung von Galaxien im Hintergrund die Masse im Universum zu bestimmen.

Die Aufnahmen, die mithilfe dieser Methode entstanden, sind höchst faszinierend, da sie echte Fotografien von Dunkler Materie in Aktion zeigen (siehe Abb. 11.3).

Abb. 11.3 Diese Aufnahme des Weltraumteleskops Hubble zeigt den Galaxienhaufen Abell 1689. Die im Haufen enthaltene Masse in Form von sichtbarer wie Dunkler Materie verzerrt als Gravitationslinse das Abbild der weit hinter Abell 1689 gelegenen Galaxien
Quelle: NASA/ACS Science Team/ESA.

Die Existenz der Dunklen Materie lässt sich auch aus ihrer Rolle in der Geschichte des Universums herleiten. Wir haben gesehen, dass durch Quantenfluktuationen des Inflatonfelds die Keimzellen von Galaxien entstehen. Verursacht durch die gravitative Anziehungskraft wachsen diese Keime nach dem Abschluss der Inflation, und die in den geringfügig dichteren Regionen des Raums enthaltene Masse zieht sich zusammen. Ohne Dunkle Materie aber reicht die Lebensdauer des Universums nicht aus, um diese Keime zu den dichten Galaxien und Galaxienhaufen werden zu lassen, die wir heute beobachten. Detaillierte rechnerische Simulationen zeigen, dass die Dunkle Materie eine notwendige Komponente für die Bildung von Galaxien im Universum ist.

Die empirische Beweislage zugunsten der Dunklen Materie ist mittlerweile erdrückend. Die Verknüpfung verschiedener astronomischer

Beobachtungen mit den Messwerten zur Kosmischen Hintergrundstrahlung hat eine exakte Bestimmung der heute vorhandenen Menge an Dunkler Materie ermöglicht. Wie sich zeigt, liegt der Masseanteil der Dunklen Materie im Universum auf große Entfernungen gemittelt um ein *Fünffaches* höher als der gewöhnlicher Materie. Die Beschaffenheit der Dunklen Materie aber ist weiterhin ein Rätsel.

Zahlreiche mögliche Erklärungen der Beschaffenheit der Dunklen Materie wurden anhand von Beobachtungen oder theoretischen Erwägungen bereits ausgeschlossen. Sämtliche Versuche, die Beweise zugunsten der Dunklen Materie auf eine Veränderung der Gravitation zurückzuführen, sind im Wesentlichen gescheitert. Die Dunkle Materie muss daher mit einer physikalischen Substanz korrespondieren. Denkbar wäre, dass die Dunkle Materie sich aus kleinen Planeten oder anderen Himmelskörpern zusammensetzt, die nicht leuchten, weil sie nicht die dafür notwendigen thermonuklearen Reaktionen auslösen. Diese Möglichkeit aber ist aufgrund der folgenden theoretischen Erwägungen ausgeschlossen.

Berechnungen zu den Kernreaktionen im frühen Universum sagen die derzeitige Dichte der leichten chemischen Elemente wie Wasserstoff, Deuterium, Helium und Lithium vorher. Die Ergebnisse dieser Berechnungen stimmen hervorragend mit den Mengen an Elementen überein, die Astronomen messen, und stellen einen der spektakulärsten Erfolge der Urknalltheorie dar. Doch diese Ergebnisse reagieren sehr empfindlich auf anfänglich im Universum vorhandene Protonen- und Neutronenmengen und sind unvereinbar mit der Annahme einer für die Dunkle Materie hinreichenden Menge an gewöhnlicher Materie. Aus Planeten und kleinen Sternen bestehen kann die Dunkle Materie daher nicht. Durch die Untersuchung des Gravitationslinseneffekts fand sich diese Folgerung bekräftigt.

An dieser Stelle müssen wir erneut Sherlock Holmes bemühen, der seinem Gehilfen Watson einmal erklärt, »dass man nur alle Unmöglichkeiten zu beseitigen braucht, was dann übrig bleibt, muss trotz aller Unwahrscheinlichkeit der wirkliche Sachverhalt sein.«[5] Nachdem wir

[5] A. Conan Doyle: Das Zeichen der Vier (The Sign of the Four, 1890). Dt. Übs. ca. 1958 [o. A.].

alle Unmöglichkeiten beseitigt haben, bleiben uns zwei Lösungen, die beide höchst verblüffend sind. Die erste hat einen astrophysikalischen Beigeschmack: Die Dunkle Materie besteht aus einer Vielzahl Schwarzer Löcher, die in den sehr frühen Stadien des Universums entstanden sind. Wir haben keine klare Vorstellung davon, wie eine solche Vielzahl Schwarzer Löcher hätte erzeugt werden können, doch diese Möglichkeit widerspricht nicht den Beobachtungen. Die zweite Lösung hat einen teilchenphysikalischen Beigeschmack: Die Dunkle Materie besteht aus einer neuen Art von Teilchen. Vom Standpunkt des Large Hadron Collider betrachtet ist natürlich die zweite Lösung interessanter, und ihr möchte ich hier auch nachgehen.

Obwohl wir das Teilchen noch nicht kennen, das möglicherweise die Dunkle Materie ausmacht, lassen sich viele der Eigenschaften dieses hypothetischen Teilchens aus den bekannten Merkmalen der Dunklen Materie ableiten. Das Dunkle-Materie-Teilchen muss massereich sein, um die gravitative Anziehungskraft der unsichtbaren Materie bedingen zu können. Es muss stabil sein, da es ansonsten im Verlauf der Geschichte des Universums zerfallen und heute nicht vorhanden wäre. Es muss ladungsneutral sein und darf keine QCD-Ladung haben, damit eine Bindung an gewöhnliche Materie im Sternenmaterial ausgeschlossen ist. Das einzige bekannte Teilchen, dass diese Anforderungen erfüllt, ist das Neutrino, das jedoch leider zu leicht ist, um als glaubhafter Kandidat für die Dunkle Materie in Frage zu kommen. Sollte es ein Dunkle-Materie-Teilchen tatsächlich geben, muss dieses von neuer und unbekannter Art sein.

Der verblüffendste Aspekt der Hypothese, dass die Dunkle Materie aus einem neuen Teilchen bestehe, ergibt sich aus einer theoretischen Kalkulation. Die Kernaussage dieses wichtigen Resultats will ich erläutern. Als das Universum sehr heiß und sehr dicht war, wurden durch häufige Kollisionen unablässig alle möglichen Teilchen erzeugt und zerstört. In einer Tierpopulation sterben manche Tiere und andere werden geboren, sodass die Gesamtpopulation annähernd konstant bleibt. Ebenso war es zu uranfänglichen Zeiten, als ständig einzelne Teilchen entstanden und verschwanden, jede Teilchenart jedoch zu einem ungefähr gleich bleibenden Anteil in der heißen Suppe des frühen

Universums vertreten war. Sollte es ein Dunkle-Materie-Teilchen tatsächlich geben, muss dieses eine Zutat der Ursuppe gewesen und im sehr frühen Universum eine ebenso große Population gehabt haben wie die Photonen, die Elektronen und alle anderen Teilchenarten.

Als Folge seiner Ausdehnung kühlte das Universum ab. Sobald es eine bestimmte Temperatur unterschritten hatte, besaßen die Teilchen in der Suppe nicht mehr genügend Energie, um in ihren Kollisionen die sehr massereichen Dunkle-Materie-Teilchen hervorzubringen. Ab diesem Zeitpunkt konnten keine neuen Dunkle-Materie-Teilchen mehr produziert werden. Ebenso wie eine Dinosaurierherde, die sich nicht fortpflanzen kann, zum Aussterben verurteilt ist, konnte die Population der Dunkle-Materie-Teilchen nicht mehr aufgestockt werden und begann zurückzugehen. Da man davon ausgeht, dass die Dunkle-Materie-Teilchen stabil sind, können sie nicht spontan zerfallen; sie können jedoch im Prozess der sogenannten *Annihilation* ausgelöscht werden. Annihilation bedeutet, dass zwei Dunkle-Materie-Teilchen aufeinanderprallen, in einer tödlichen Umarmung ihre Energie an andere Arten von Teilchen und Strahlung abgeben und auf ewig aus dem Weltraum verschwinden. Trotzdem mündet die Annihilation nicht im Aussterben unserer Teilchen. Mit zunehmender Ausdehnung des Universums haben es die überlebenden Dunkle-Materie-Teilchen immer schwerer, einander zu finden und zu vernichten. Ab einem bestimmten Zeitpunkt in der Geschichte des Universums wurden die tödlichen Umarmungen der Annihilation so extrem selten, dass die Population der Dunkle-Materie-Teilchen sich nicht weiter dezimieren ließ. In diesem Stadium sprechen Physiker von einem »Freeze-out« der Anzahl der Dunkle-Materie-Teilchen, da sich weder neue Teilchen bilden noch alte zerstört werden konnten.

Die theoretischen Physiker können die nach dem »Freeze-out« verbliebenen Reste berechnen und die Menge der im heutigen Universum vorhandenen Dunkle-Materie-Teilchen hinsichtlich ihrer physikalischen Eigenschaften bestimmen. Im Ergebnis besitzt ein neues Teilchen, das über die schwache Kraft wechselwirkt und eine Masse im Bereich zwischen rund 0,1 und 1 TeV hat, die passenden Merkmale zur Erklärung der beobachteten Dichte der Dunklen Materie.

Solche schwach wechselwirkenden und massereichen Teilchen werden gemeinhin WIMP genannt (als Abkürzung von »weakly interacting massive particle« und Wortspiel »wimp« = Schwächling, Weichei).

Dieses Resultat hat in der Gemeinde der Teilchenphysiker für große Aufregung gesorgt, denn mit einer Masse zwischen 0,1 und 1 TeV liegt das WIMP mitten im Gebiet des Zeptoraums—eine großartige Neuigkeit für den Large Hadron Collider, weil damit ein weiteres Argument für die Existenz unbekannter Teilchen im Zeptoraum spricht. Diese Verbindung zwischen Dunkler Materie und Teilchenphysik ist für die Erforschung des Zeptoraums eine neue Motivation, die vom Problem der elektroschwachen Symmetriebrechung oder vom Natürlichkeitsproblem vollkommen unabhängig ist. Sollte sich die WIMP-Hypothese als zutreffend erweisen, wird der LHC herausfinden, dass eine neue Form von Materie den Zeptoraum bevölkert, die in der Gesamtmasse des Universums eine fünf Mal größere Rolle spielt als die Atome. Möglicherweise wird der LHC die Dunkle Materie entdecken.

Es hat noch einen weiteren Grund, dass Physiker die Idee von WIMPs so attraktiv finden. Wie in Kap. 9 erläutert, betrifft eine recht allgemeine Vorhersage der Supersymmetrie-Theorie die Existenz eines neuen massereichen, stabilen und ladungsneutralen Teilchens—des Neutralino. Dieses Teilchen ist für die Rolle des WIMP perfekt geeignet. Die rätselhafte Substanz, aus der die Dunkle Materie besteht, ist somit womöglich nichts Geringeres als ein Schatten des Superraums. Die Entdeckung, dass es sich bei den supersymmetrischen Teilchen letztlich um die gewöhnlichste Form von Materie im Universum handelt und dass wir in genau diesem Moment von ihnen umgeben sind, wäre sensationell.

Die Existenz von WIMPs lässt sich nicht allein durch die Supersymmetrie-Theorie bekräftigen, und die Suche nach dem Dunkle-Materie-Teilchen gehört zu den wichtigsten Themen der heutigen experimentellen Forschung. Die Entdeckung dieses Teilchens würde uns Auskunft über die Beschaffenheit der rätselhaften Materieform geben und könnte darüber hinaus eine neue und zutiefst bedeutsame Verbindung zwischen der Geschichte des Kosmos und den fundamentalen Gesetzen der Physik offenbaren.

DIE DETEKTION DER DUNKLEN MATERIE

Um zu erkennen, was sich vor unserer Nase befindet, bedarf es eines ständigen Kampfes.

GEORGE ORWELL[6]

Aus experimentellem Blickwinkel betrachtet ist ein WIMP einem Neutrino sehr ähnlich, obwohl es viel mehr Masse besitzt und vermutlich schwerer ist als rund hundert Protonen. Ebenso wie Neutrinos durchdringen WIMPs die Erde fast ohne jeden Kratzer, da jegliche Stoffe für sie im Wesentlichen transparent sind. Die Bezeichnung »Dunkle Materie« ist daher ziemlich irreführend. Ein dunkler Körper absorbiert Licht, ohne welches zu emittieren. WIMPs sind keinesfalls dunkel; sie sind »unsichtbar«, weil sie vollkommen durchsichtig sind. Doch »Transparente Materie« klingt wohl sehr viel weniger geheimnisvoll als »Dunkle Materie«, nehme ich an.

Sollten aus den Protonenkollisionen am Large Hadron Collider WIMPs hervorgehen, können sie nicht unmittelbar detektiert werden, da sie zu schwach wechselwirken, um in den Instrumenten eine Spur zu hinterlassen. Ihre Anwesenheit lässt sich jedoch aus der Messung »fehlender Energie« herleiten. Das experimentelle Signal von »fehlender Energie« haben wir in Kap. 9 für den Fall der Supersymmetrie kennen gelernt, die in der Tat ein prototypisches Beispiel für einen WIMP darstellt. Nun kann eine Entdeckung von »fehlender Energie« zwar als Anzeichen der künstlichen Herstellung von Dunkler Materie am LHC gelten; ein abschließender Beweis aber ist sie nicht. Andere unsichtbare Teilchen, die mit der Dunklen Materie nichts zu tun haben, könnten zum selben experimentellen Resultat führen. Für einen definitiven Beweis der Entdeckung von Dunkler Materie bedarf es der Bestätigung, dass die am LHC produzierten Teilchen jene Teilchen sind, die den Galaktischen Hof bilden. Einen solchen Nachweis können Ringbeschleuniger-Experimente nicht erbringen.

[6] G. Orwell: »In Front of Your Nose«, *Tribune*, 22. März 1946; in: The Collected Essays, Journalism and Letters of George Orwell. Harcourt, New York 1968.

Wie jede andere Galaxie im Universum ist auch unsere Milchstraße von einem großen Hof aus Dunkler Materie umgeben. Wenn sich die Dunkle Materie tatsächlich aus WIMPs zusammensetzt, sind diese Teilchen überall um uns herum physikalisch vorhanden, auch auf der Erde. Jeder Liter Luft, den wir einatmen, enthält mehrere dieser galaktischen WIMPs. Aber die WIMPs setzen sich nicht in unserer Lunge fest; im Gegenteil—sie bewegen sich sehr schnell durch den Raum. In jeder Sekunde passieren Hunderte von Millionen galaktischer WIMPs mit einer Geschwindigkeit von etwa einer Million Stundenkilometern unseren Körper. Dennoch hinterlassen sie fast keine Spuren, weil jedes Material für sie beinahe vollkommen transparent ist.

In zahlreichen Experimenten versuchen Forscher die Anwesenheit von WIMPs mit Detektoren aufzuzeichnen; für die Zukunft werden unterdessen neue und empfindlichere Instrumente geplant. Dass die unmittelbare Detektion galaktischer WIMPs eine gewaltige experimentelle Herausforderung darstellt, hat mindestens zwei Gründe. Zunächst einmal ist die Dichte an WIMPs in unserer Umgebung sehr niedrig. In jedem Kubikkilometer Raum um uns befindet sich ein halbes Milliardstel Gramm Dunkle Materie; das entspricht einem halben Kilogramm Dunkler Materie in dem Raum, den die gesamte Erde einnimmt. Nur eine Mittelung großer Teile des Universums ergibt mehr Masse in Form Dunkler Materie als in Form gewöhnlicher Materie. Wir jedoch leben nun einmal auf einem Planeten, der gegenüber einem durchschnittlichen Ort im Universum eine ungewöhnlich hohe Konzentration an Atomen und Molekülen aufweist. Auf der Erde ist Dunkle Materie daher vergleichsweise rar.

Die zweite Herausforderung, vor der uns die experimentelle Detektion von WIMPs stellt, steckt in der Tatsache, dass diese Teilchen ihrem Namen getreu sehr schwach interagieren. Mit ihrer rasenden Geschwindigkeit von einer Million Stundenkilometern können WIMPs auf einen Atomkern prallen und bei der Kollision etwas Energie an das Material abgeben. Das Problem besteht darin, dass bei Dunkle-Materie-Kollisionen in einem Kilogramm Material etwa 10^{-19} Watt Strom erzeugt wird. Eine wirklich verschwindend geringe Menge. Für ein experimentelles Signal von der Stärke der Strahlung, die eine herkömmliche 100-Watt-Birne emittiert, müsste man einen 10^{18} Tonnen schweren Detektor bauen – das ist ungefähr ein Prozent der Mondmasse. Doch die Physiker können nicht große Stücke des Mondes als Detektoren verwenden und müssen daher schlaue Methoden entwickeln, um die winzig kleinen Energiebeiträge der WIMPs sichtbar zu machen. Dass sich in Experimenten eine Empfindlichkeit erzielen lässt, die ein derart schwaches Signal aufzeichnen kann, ist zutiefst beeindruckend.

Die erste Voraussetzung für ein Experiment zur Detektion von galaktischen Dunkle-Materie-Teilchen ist die Abschirmung des Geräts gegen jede Energiequelle, die das gesuchte Signal überlagern könnte. Zur Gewährleistung eines ausreichenden Schutzes vor kosmischen Strahlen müssen die Experimente unter mehrere Kilometer dicken Gesteinsschichten stattfinden. Aus diesem Grunde sind diese Experimente in unterirdischen Labors untergebracht, die entweder, wie das Soudan Laboratory im Bundesstaat Minnesota, in stillgelegten Minen oder in Erweiterungen von Bergtunneln gebaut werden wie die Labors im italienischen Gebirgsmassiv Gran Sasso. Zusätzlich müssen die Detektoren gegen die natürliche Radioaktivität des Felsgesteins abgeschirmt werden, die sehr viel intensiver ist als das Signal der Dunklen Materie.

Ein WIMP, das auf einen Atomkern des Detektormaterials trifft, verändert dessen Position in der Kristallstruktur. Bei der Kollision gewinnt der Kern etwas Energie hinzu, die anschließend in Form von Ionisierung, als akustische Wellen infolge von Vibrationen im Kristallgitter oder in Form eines Temperaturanstiegs im Material freigesetzt wird. Zur Erfassung dieser kleinen Energiebeiträge werden in den Experimenten unterschiedliche Methoden eingesetzt; immer aber kommen erstaunliche Technologien zum Einsatz. Manche Experimente beispielsweise laufen bei Temperaturen, die nur wenige Tausendstel Grad über dem absoluten Nullpunkt liegen. Bei derart niedrigen Temperaturen reagiert das für die Detektoren verwendete Spezialmaterial auf die Ablagerung noch der winzigsten Menge an Wärmeenergie mit einer deutlichen Temperaturänderung, die dann gemessen werden kann.

Eine andere Methode zum Nachweis der Dunkle-Materie-Teilchen macht sich die Tatsache zunutze, dass es im Universum auch heute noch gelegentlich zu WIMP-Annihilationen kommt. Wenn zwei WIMPs sich im Annihilationsprozess gegenseitig zerstören, wandeln sie ihre

Energie in andere Teilchen um, die unsere Instrumente registrieren können. Aus dem Tod von WIMPs können Gammastrahlen, Neutrinos, Positronen, Elektronen, Antiprotonen und Antideuteriumkerne hervorgehen, die von Satelliten oder erdgestützten Detektoren nach Abzug des Effekts der allgegenwärtigen kosmischen Strahlen identifiziert werden können. Neutrinos eignen sich besonders gut zur Detektion der Vernichtung von WIMPs, sind jedoch nur sehr schwer zu erfassen und lassen sich nur mit Detektoren beobachten, die große Areale abdecken. Ein solcher Detektor liegt als ein Netz aus mehreren Strängen von Fotovervielfacherröhren etwa 2.500 Meter unter dem Mittelmeer. Ein anderes Experiment verwendet 1.500–2.500 Meter tief ins Eis der Antarktis gebohrte Signalkabelstränge; hier profitiert man vom Südpolareis, das in einer Tiefe von rund einem Kilometer extrem transparent ist.

Bislang hat keines der Experimente, in denen nach den galaktischen Dunkle-Materie-Teilchen gesucht wird, einen eindeutigen Nachweis für die Existenz von WIMPs erbracht, wobei einige Meldungen über erfasste Signale noch ungeklärt sind. Für letztgültige Schlussfolgerungen braucht es mehr Daten—der LHC wird hierzu entscheidende Informationen beitragen.

Ebenso wie ein Polizeiinspektor zahlreiche Indizien zusammentragen muss, bevor er von der Schuld eines Verdächtigen überzeugt sein kann, wird es zur Identifikation der Dunklen Materie erhärtender Hinweise aus verschiedenen Experimenten bedürfen. Die unterschiedlichen experimentellen Vorgehensweisen zur Entdeckung der WIMPs ergänzen einander, da sie voneinander unabhängige Aussagen über die Beschaffenheit der Dunkle-Materie-Teilchen machen. Die künstliche Erzeugung Dunkler Materie am Large Hadron Collider ermöglicht die besten Messungen der intrinsischen Eigenschaften von WIMPs wie ihrer Masse und der Stärke ihrer Wechselwirkung. Die unmittelbare Detektion Dunkler Materie in unterirdischen Experimenten wird die physikalische Präsenz von WIMPs um uns her nachweisen und Messwerte zu ihrer Dichte beisteuern. Die Beobachtung des Tods von WIMPs wird uns Informationen über die Verteilung dieser Teilchen im Universum liefern. Nur der Vergleich der Ergebnisse dieser unterschiedlichen experimentellen Methoden kann einen abschließenden

Nachweis der Existenz von Dunkle-Materie-Teilchen im Universum liefern.

DUNKLE ENERGIE

Obscurum per obscurius, ignotum per ignotius.
(Etwas Dunkles durch das Dunklere, etwas Unbekanntes durch das Unbekanntere.)

ALCHEMISTISCHER LEITSPRUCH

Supernovae gehören zu den dramatischsten und gewaltigsten Erscheinungen, die wir in der Natur beobachten können. Wenn bestimmte massereiche Sterne am Ende ihrer Lebenszeit ihren nuklearen Brennstoff vollständig verbrauchen, kollabiert der Stern durch die Gravitation unter seinem eigenen Gewicht. Dabei kommt es zu einer gigantischen Explosion, bei der das Material des Sterns mit Geschwindigkeiten von bis zu einhundert Millionen Stundenkilometern ausgestoßen wird. Eine Supernova kann die Helligkeit von Milliarden Sonnen erreichen und ihre gesamte Galaxie überstrahlen. Binnen weniger Wochen kann eine Supernova so viel Energie emittieren wie unsere Sonne während ihres gesamten Daseins.

Die sogenannten Supernovae vom Typ 1a eignen sich sehr gut zur Kartierung des fernen Universums—nicht nur, weil sie so stark leuchten, sondern auch durch die Stabilität der ihr eigenen Helligkeit. Dieses Charakteristikum gibt uns eine zuverlässige Methode zur Messung ihrer Entfernung an die Hand. Ebenso wie eine Glühbirne mit zunehmender Entfernung schwächer zu leuchten scheint, ist die beobachtete Helligkeit einer Supernova vom Typ 1a ein Maßstab für ihre Distanz zur Erde.

Infolge der Ausdehnung des Universums bewegen sich ferne Supernovae von uns fort. Die Geschwindigkeiten, mit denen sie sich entfernen, lassen sich durch die Messung der Wellenlänge des Lichts bestimmen, das sie emittieren. Ebenso wie das Martinshorn eines Rettungswagens tiefer klingt, wenn sich der Wagen von uns entfernt, wird auch die Wellenlänge des Lichts aus einem sich entfernenden astronomischen Körper proportional zu dessen Geschwindigkeit größer. Anhand der Geschwindigkeit, mit der sich entfernte Objekte von uns wegbewegen, können wir feststellen, wie schnell das Universum sich ausdehnt. Die Beobachtung von Supernovae vom Typ 1a ermöglicht daher die Messung der Expansionsrate des Universums.

Die Initialzündung für die Expansion, die wir heute beobachten, war die Inflation. Nach dem Abschluss der Inflation aber trug die gravitative Anziehungskraft der gesamten Materie und Strahlung im Universum zu einer Verlangsamung der Expansionsrate bei. Die Ausdehnung des Universums müsste sich daher heute *verlangsamen*. Mehrere Astronomenteams starteten in den 1990er Jahren ein Forschungsprogramm zur Beobachtung entfernter Supernovae, um die Verlangsamungsrate der Expansion des Universums zu messen. Die Umsetzung des Projekts gestaltete sich sehr schwierig, da Supernovae durch ihre charakteristischen Merkmale zwar leicht erkennbar, Ort und Zeitpunkt einer solchen Supernovaexplosion aber nicht vorhersagbar sind. Hinzu kommt, dass die Supernova ein seltenes Phänomen ist, das sich in einer Galaxie nur annähernd einmal in etwa hundert Jahren ereignet. Das Projekt ließ sich nur mithilfe spezieller Technologien für die verwendeten Instrumente verwirklichen, die gleichzeitig eine große Anzahl von Galaxien beobachten.

Im Jahr 1998 gaben zwei Astronomenteams ihre Ergebnisse bekannt. Sie hatten eine der überraschendsten Entdeckungen der Wissenschaft in vielen Jahren gemacht: Die Expansion des Universums wird nicht langsamer, sondern *schneller*. Dieses Resultat ist ein ziemlicher Schock. Wenn die Expansion des Universums sich beschleunigt, muss heute eine Antigravitation vorliegen, die eine Abstoßungskraft ausübt. Ein unsichtbarer Motor treibt genau in diesem Moment die Ausdehnung des Universums an. Aus der Zusammenführung von Supernova-Beobachtungen und anderen astronomischen Messungen mit den jüngsten Daten zur Kosmischen Hintergrundstrahlung ergibt sich, dass 72% der heute im Universum vorhandenen Energie in Form einer neuen Substanz vorliegt, die eine abstoßende Gravitation ausübt. Diese rätselhafte Substanz wurde *Dunkle Energie* getauft.

Nicht genug mit der beunruhigenden Erkenntnis, dass in der Gesamtmasse des Universums die Dunkle Materie ein Fünffaches der gewöhnlichen Materie ausmacht, müssen wir uns nun der alarmierenden Tatsache stellen, dass die Dunkle Materie von einer noch unheimlicheren Substanz in den Schatten gestellt wird. In der Energiebilanz unseres

Universums macht die Dunkle Energie fast das 16-Fache der Energie gewöhnlicher atomarer Materie aus. Diese Erkenntnis hat das Weltbild der Teilchenphysiker erschüttert, ihnen aber gleichzeitig neue Gründe gegeben, über ihre derzeitigen Theorien hinauszudenken. Das Erhabene Wunder (alias das Standardmodell) der Teilchenphysik erklärt lediglich 4,6% der Bestandteile des Universums; der Rest ist Stoff für theoretische Spekulation (siehe Abb. 11.4).

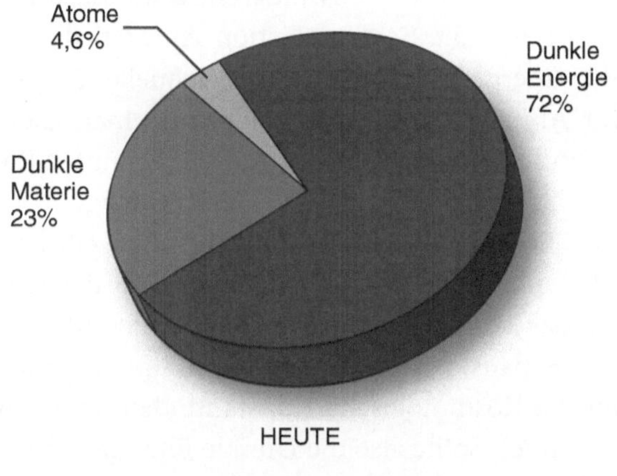

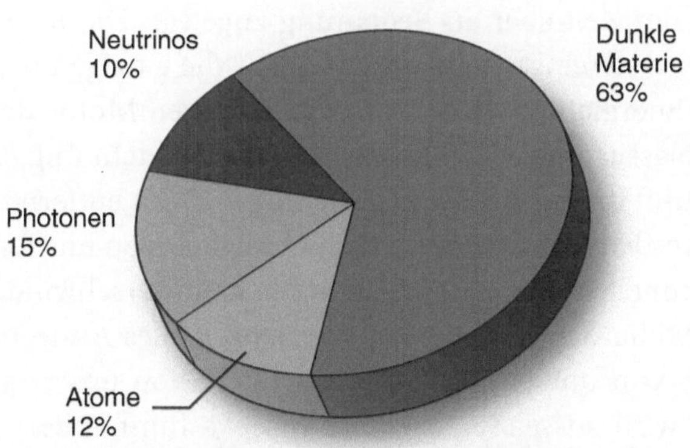

Abb. 11.4 Der Energiegehalt des Universums heute (*oben*) und vor 13,7 Milliarden Jahren (*unten*), als die Kosmische Hintergrundstrahlung emittiert wurde und das Universum 380.000 Jahre jung war
Quelle: NASA/WMAP Science Team.

Eine überzeugende Idee zum Ursprung der Dunklen Energie haben wir nicht. Allein aus ihrer gravitativen Abstoßungskraft folgern wir, dass es sich bei der Dunklen Energie um eine Art Kosmologische Konstante oder etwas sehr Ähnliches handeln muss. Am normalen Maßstab gemessen ist der Energieanteil der Dunklen Energie in unserer Nachbarschaft nicht gerade beeindruckend hoch. Die in einem Quadratkilometer gespeicherte Dunkle Energie entspricht der Energie, die eine 60-Watt-Birne in einer Hundertstelsekunde verbraucht. Dieser Wert dürfte selbst die Science-Fiction-Autoren davon abbringen, sich die Dunkle Energie als mögliche Energiequelle für die Menschheit (oder auch für Außerirdische) vorzustellen. Da man aber davon ausgeht, dass die Dunkle Energie gleichförmig den gesamten Raum ausfüllt, summiert sie sich zu einer gigantischen Gesamtmenge.

Die Dunkle Energie ist mit Abstand die am weitesten verbreitete Energieform in unserem heutigen Universum. In der Geschichte des Weltraums war das jedoch nicht immer so. Während Materie und Strahlung infolge der Expansion des Universums in immer geringerer Dichte vorliegen, füllt die Kosmologische Konstante den Raum immer gleich aus (daher ihr Name). Sollte also die Dunkle Energie nur aus einer Kosmologischen Konstante bestehen, so hat sie sich im frühen Universum gegenüber anderen Energieformen nur in unerheblichem Maße ausgewirkt, mit der Zeit aber an Bedeutung zugelegt. Die Kosmologische Konstante wird dereinst mehr oder weniger die einzige im Universum vorhandene Energieform sein. Vom unsichtbaren Motor der Dunklen Energie unablässig angetrieben, wird sich die Ausdehnung des Universums in Zukunft immer stärker beschleunigen. Weit entfernte Regionen des Raums werden mit Überlichtgeschwindigkeit von uns fortgetrieben werden und für alle Zeiten aus unserem Blickfeld verschwinden. In etwa einhundert Milliarden Jahren wird alles jenseits des Andromedanebels sich so rasch von uns entfernen, dass es kein von uns registrierbares Signal mehr wird aussenden können. In etwa fünfhundert Milliarden Jahren wird der Weltraum so stark auseinandergetrieben worden sein, dass alles jenseits unseres Sonnensystems für alle Zeiten unsichtbar bleiben wird. Und irgendwann wird der Raum sich so rasch ausdehnen, dass ein Mensch seine Füße nicht mehr wird sehen können (so es uns Menschen dann noch geben wird).

Man darf sich nicht wundern, dass die Expansion des Universums schneller sein kann als Licht. Die Spezielle Relativitätstheorie besagt, dass kein Signal sich schneller durch den Raum fortpflanzen kann als Licht. Nichts jedoch verbietet dem Raum selbst, schneller zu expandieren als Licht, solange bei dieser Geschwindigkeit nicht zwischen zwei physikalischen Punkten Information übermittelt wird. Zur Zeit der Inflation war überlichtschnelle Expansion fast überall an der Tagesordnung.

Ob unser Universum sich tatsächlich auf das düstere Schicksal zubewegt, das ihm die Kosmologische Konstante vorhersagt, können wir bis heute nicht mit Gewissheit sagen. Die Dunkle Energie könnte eine Art Kosmologische Konstante sein, die sich mit der Zeit verändert und deren Wirkung sich in Zukunft verringert oder verschwindet, bevor sie noch ihre oben beschriebene Grausamkeit entwickeln kann. Ebenso wie die uranfängliche Zeit der Inflation mit dem Phasenübergang des Inflatonfelds endete, könnte auch die Dunkle Energie irgendwann aus dem Raum verschwinden. Das tatsächliche Schicksal des Universums wird uns verborgen bleiben, bis wir das wahre Wesen der Dunklen Energie ergründet haben.

DER EINTRITT INS MULTIVERSUM

Es gibt kein Gesetz außer dem Gesetz, dass es kein Gesetz gibt.

JOHN ARCHIBALD WHEELER[7]

Die Entdeckung der Dunklen Energie sorgte für Verwunderung unter den Kosmologen, die nicht erwartet hatten, dass es eine Kosmologische Konstante gebe, schon gar nicht mit einer solch starken Wirkung. Auch die Teilchenphysiker wunderten sich, wenn auch letztlich aus

[7] J. A. Wheeler, zitiert in J. D. Barrow und F. J. Tipler: The Anthropic Cosmological Principle. Oxford University Press, Oxford 1986.

dem entgegengesetzten Grund: Sie können nicht begreifen, warum die Kosmologische Konstante so klein ist. Das Problem mit der Kosmologischen Konstante ist vollkommen analog zum Natürlichkeitsproblem der Higgs-Substanz, die wir in Kap. 8 kennen gelernt haben. Die Quantenfluktuationen virtueller Teilchen im Vakuum beeinflussen verschiedene physikalische Größen, zu denen auch die Kosmologische Konstante gehört. Theoretische Berechnungen, die den Effekt der virtuellen Teilchen berücksichtigen, sagen für die Kosmologische Konstante einen Wert vorher, der um ein 10^{120}-Faches über dem tatsächlich beobachteten Wert liegt. Dieses Ergebnis gilt als die falscheste je getroffene theoretische Vorhersage der Physik. Es liegt so sehr daneben wie eine Vorhersage, dass das Volumen eines Protons in etwa mit dem Volumen des beobachtbaren Universums übereinstimmen müsse.

Das Natürlichkeitsproblem der Higgs-Substanz war eine fruchtbare Quelle, die zahlreiche neue theoretische Ideen wie die Supersymmetrie, die Extradimensionen, Technicolour und diverse weitere hervorgebracht hat. Sämtliche Versuche jedoch, das Natürlichkeitsproblem der Kosmologischen Konstante zu lösen, sind gescheitert. Deutet dies darauf hin, dass das Natürlichkeitsproblem auf einem Fehlurteil basiert und die Physik auf dem Holzweg ist?

Ausgelöst durch die Krisensituation um die Konzepte der Dunklen Energie und der Kosmologischen Konstante entstanden neue Ansätze für einige teilchenphysikalische Grundfragen. Eine interessante Möglichkeit ergab sich aus einem Merkmal der Stringtheorie, das mit dem Begriff der *Landschaft* umschrieben wird. Der Physiker Leonard Susskind entlehnte diesen Begriff aus der Biochemie, wo er die gigantische Anzahl möglicher Konfigurationen großer Biomoleküle bezeichnet. Auch die Stringtheorie lässt eine gigantische Anzahl möglicher Konfigurationen zu, die jeweils einer anderen Teilchenwelt mit eigenen Besonderheiten und eigenen Werten der fundamentalen Konstanten zugeordnet sind.

Ein interessantes Ergebnis entsteht, wenn sich die Landschaftstheorie mit dem Konzept der *Ewigen Inflation* zusammentut. Bei der Ewigen Inflation erzeugt das Universum unablässig neue Raumblasen, die ihrerseits expandieren und in ihrem Innern neue Blasen bilden. Jede dieser

Blasen entspricht einer anderen Konfiguration der Landschaft, sodass der gesamte Kosmos schließlich in eine große Anzahl einzelner Universen mit jeweils eigener Teilchenwelt aufgeteilt ist. Dieses Modell wird daher als *Multiversum* bezeichnet, in Abgrenzung zum Normalfall eines einzigen *Uni*versums.

Das Multiversum ist gleichzeitig von einer großen Vielfalt an Universen bevölkert, deren jedes von anderen physikalischen Gesetzen gekennzeichnet ist. Diese Konzeption der Wirklichkeit widersetzt sich der Vorstellung von einer einzigen Theorie, die auf einzigartige Weise von logischer Schlüssigkeit bestimmt am oberen Ende der Jakobsleiter zu finden sein müsse. Die Idee des Multiversums zwingt uns, einige der »Warum?«-Fragen der Physik zu überdenken und uns zu fragen, ob wir es hier mit echten Anhaltspunkten oder lediglich mit falschen Fährten zu tun haben. Gemäß dieser neuen Konzeption bilden die physikalischen Gesetze, die wir in der Natur beobachten, nur eine der zahlreichen möglichen Alternativen, die im Multiversum gleichzeitig nebeneinanderher leben. Diese Gedanken möchte ich anhand eines Beispiels veranschaulichen.

Im Jahr 1595 fragte Johannes Kepler sich: »Warum gibt es sechs Planeten?« Das hört sich nach einer guten wissenschaftlichen »Warum?«-Frage an, denn man hielt die sechs Planeten (Uranus und Neptun waren zu jener Zeit noch nicht entdeckt) für Grundbestandteile des Universums. Die Frage gleicht jenen, die wir heute formulieren, beispielsweise: »Warum gibt es drei Generationen von Quarks und Leptonen?« In seinem Werk *Mysterium Cosmographicum* legte Kepler eine Antwort auf seine Frage vor, die sich auf die geometrische Symmetrie stützte. Die Planetenbahnen, behauptete Kepler, liegen auf aufeinanderfolgenden Himmelssphären, die in die fünf Platonischen Körper eingebettet sind. Bei den Platonischen Körpern handelt es sich um konvexe Körper mit regelmäßigen Seitenflächen; in der Antike schrieb man diesen Körpern magische Eigenschaften zu. Da es nur fünf Platonische Körper gibt (Tetraeder, Hexaeder, Oktaeder, Dodekaeder, Ikosaeder), könne es nur sechs Planeten geben. Das Verdienst der Kepler'schen Hypothese bestand darin, dass sie Entfernungsverhältnisse der Planeten vorhersagen konnte, die mit den damaligen Beobachtungen recht gut übereinstimmten. Im späteren Verlauf seines Lebens spann Kepler diesen Gedankengang in einem eher mystischen Zusammenhang weiter und argumentierte in seinen *Harmonices Mundi*, die Positionen und Orbitalgeschwindigkeiten der Planeten sowie sämtliche Proportionen der natürlichen Welt folgten den musikalischen Harmoniegesetzen. Eine *musica universalis*, ähnlich der »Sphärenharmonie« Pythagoras', lenke die Bewegung des Kosmos in einer himmlischen Symphonie. All dies mag uns obskur vorkommen, doch seine Hypothese brachte Kepler dazu, sein Drittes Gesetz zur Planetenbewegung zu formulieren.

Heute wissen wir natürlich, dass Keplers geometrische Konstruktion des Sonnensystems falsch ist. Seine ursprüngliche »Warum?«-Frage hatte ihn nicht zu einem grundlegenden Problem geführt. In der Anzahl von Planeten oder ihrer Entfernung von der Sonne steckt nichts Fundamentales. Unser Sonnensystem ist nur eines von vielen im Universum, die unterschiedlich viele Planeten und unterschiedliche Entfernungen aufweisen. Aus Erdensicht mögen wir uns über den seltsamen Zufall wundern, der die Entfernung zwischen Erde und Sonne genau richtig bemessen hat, um das Vorhandensein von flüssigem Wasser zu ermöglichen. Tatsächlich ist es ein glücklicher Umstand, dass wir weder in der Hitze des Merkur braten noch in der Kälte des Uranus frieren müssen. Aus einem weiter gefassten Blickwinkel betrachtet ist an dieser Tatsache jedoch nichts Rätselhaftes. Von allen Planeten im Universum hat sich unsere Lebensform ausschließlich dort entwickelt, wo es Wasser in flüssigem Zustand geben *konnte*. Es überrascht daher kaum, dass wir zufällig auf einem Planeten leben, der genau die richtige Entfernung zur Sonne hat.

In der Multiversumtheorie werden diese Überlegungen auf einen sehr viel größeren Maßstab erweitert. Von allen Universen müssen wir uns zwingend in einem wiederfinden, das die passenden Merkmale aufweist, um Leben zu ermöglichen. Manche der Eigenschaften unseres Universums lassen sich allein aus der Tatsache herleiten, dass ein solches Universum existiert, ebenso wie sich die Entfernung zwischen Erde und Sonne annähernd aus der Notwendigkeit herleiten lässt, dass es auf unserem Planeten Wasser geben muss. Dieser Argumentation folgend erkannte Steven Weinberg, dass ausschließlich Universen mit einer ausreichend kleinen Kosmologischen Konstante lebensfreundlich sind. Wäre die Kosmologische Konstante deutlich größer, hätte ihre abstoßende Gravitation die Galaxien auseinandergetrieben und es gäbe im Universum keinen bewohnbaren Ort. Möglicherweise spiegelt sich in der Dunklen Energie lediglich eine spezifische Eigenschaft jenes Teils des Multiversums wider, in dem Menschen leben und den Weltraum betrachten können. Vor diesem Hintergrund ist das Konzept der Natürlichkeit falsch formuliert, denn was oberflächlich betrachtet nach einer ausgeklügelten Feinabstimmung aussieht, ist womöglich lediglich die Konsequenz aus der Tatsache, dass es Menschen nur in einem kleinen Teil des Multiversums geben kann.

Ein Bruchteil der Wissenschaftlergemeinschaft stellt sich vehement gegen die Vorstellung eines Multiversums. Einigen Physikern ist die Bedingung, dass sich in unserem Universum Leben entwickeln muss, zu anthropozentrisch. Tatsächlich jedoch erteilt die Multiversumtheorie dem Anthropozentrismus eine umfassende Absage. Nicht nur ist die Erde ein gewöhnlicher Planet im Kosmos; sogar unser Universum ist lediglich ein gewöhnlicher Bestandteil des Multiversums. Wenn dies zutrifft, wäre das die endgültige kopernikanische Revolution.

Ein weiterer Kritikpunkt ergibt sich aus der Ansicht, die Multiversumtheorie mache den Wunsch des Menschen zunichte, die Natur auf dem Wege der Deduktion zu ergründen, und bedeute einen Rückzug von den Kernzielen wissenschaftlicher Forschung. Doch obwohl die Multiversumtheorie sicherlich eine tiefgreifende Neuformulierung einiger der aktuellen Fragen der Wissenschaft erforderlich macht, bringt sie für die Gesetze der Physik nicht zwangsläufig das absolute Chaos mit sich. Die Physik ist und bleibt eine Naturwissenschaft, und durch philosophische Vorurteile wird sich diese Frage nicht klären lassen. Das Konzept des Natürlichkeitsproblems in der Higgs-Substanz wird experimentell überprüft werden, und das Resultat wird uns Hinweise für oder gegen einige der Ideen liefern, die auf der Multiversumtheorie aufbauen. Auch hier also dringt der Large Hadron Collider direkt zum Kern der Materie vor.

12

NACHWORT

Es ist schlimm genug, die Vergangenheit zu kennen; es wäre unerträglich, die Zukunft zu kennen.

WILLIAM SOMERSET MAUGHAM[1]

Der Large Hadron Collider ist ein fantastisches Abenteuer des menschlichen Intellekts. Ziel dieses Abenteuers ist nicht allein die Entdeckung neuer Teilchen oder die Ergründung der Funktionsweise einer Welt weit jenseits unserer Sinneswahrnehmung. Sein Ziel ist sehr viel umfassender. Der LHC ist ein nächster Schritt auf dem langen Weg, den die Menschheit eingeschlagen hat, um die Bedeutung der physikalischen Erscheinungen zu ergründen, die Struktur der Materie, die Grundsätze der Natur und die fundamentalen Gesetze, denen das Universum gehorcht. Er ist ein Kernstück des weltumfassenden menschlichen Vorhabens, das wir Wissenschaft nennen. Hinter der mathematischen Komplexität der teilchenphysikalischen Theorien und der technologischen Kompliziertheit der experimentellen Apparaturen verborgen, sind die Fragen, mit denen sich das LHC-Projekt auseinandersetzt, dieselben Fragen, die den menschlichen Geist seit dem Anbeginn der Zivilisation umtreiben.

[1] W. S. Maugham, zitiert in R. Hughes: Foreign Devil. Deutsch, London 1972.

G.F. Giudice, *Odyssee im Zeptoraum*, DOI 10.1007/978-3-642-22395-2_12,

Die Auswirkungen des LHC-Projekts auf die Gesellschaft ziehen jedoch Folgen nach sich, die weit über sein Primärziel der wissenschaftlichen Entdeckung hinausgehen. Für Planung, Entwicklung und Bau des LHC waren Vorstöße über viele Grenzen der Technologie erforderlich. Ein dermaßen rasanter Zuwachs an Innovationen lässt sich nur in großen und komplexen wissenschaftlichen Projekten erzielen, die sich der Grundlagenforschung widmen, denn für die Privatindustrie ist ein solches Vorgehen zu riskant und unsicher. Forschungsprojekte dieser Art beschleunigen den technologischen Fortschritt in einer Form, die für die Gesellschaft ansonsten unmöglich und unvorstellbar wäre.

Die Teams des LHC waren permanent mit der Notwendigkeit konfrontiert, über neue Materialien und neue Instrumente zu forschen, mit der Notwendigkeit, innovative Elektronik zu entwickeln, mit dem Problem, gigantische Mengen digitaler Information zu verarbeiten. Jeden Tag stellten die Wissenschaftler unablässig die Grenzen des Möglichen infrage. Der LHC bot die einzigartige Gelegenheit, jene finanziellen Mittel und jenen menschlichen Intellekt zusammenzubringen, die erforderlich sind, um diese Herausforderungen zu meistern und im Bereich technologischer Erfindungen Neuland zu erschließen. Die Wissenschaft kanalisiert das Talent und die Kreativität des Menschen in die Lösung komplexer Probleme, und diese Lösungen münden zwangsläufig in unverhoffte Anwendungen. Welcher Art diese Anwendungen letztlich sein werden, können wir nur selten vorausahnen, ergeben aber tun sie sich unweigerlich.

Die Forschung an Teilchenbeschleunigern und -detektoren bringt beständig einen Reichtum an Nebenentwicklungen zum Wohle der Gesellschaft hervor, von der Hadron-Krebstherapie bis zur Synchrotronstrahlung, von der Positronen-Emissionstherapie bis zur Magnetresonanzbildgebung und weiteren Instrumenten für medizinische Diagnose und Bildgebungstechnologie. Schon immer waren die extremen Anforderungen teilchenphysikalischer Experimente an die Informationstechnologie der Motor für Innovationen, allen Beispielen voran das am CERN entwickelte World Wide Web. Der Large Hadron Collider stellt uns heute mit einer Datenmenge von einer Million Gigabyte pro Jahr bei Aufzeichnung sämtlicher Ereignisse vor eine vollkommen neue

Herausforderung. Diese Daten gilt es rasch zu filtern und auf eine Jahresmenge von zehn Millionen Gigabyte zu reduzieren, die anschließend in verschiedenen Teilen der Welt gespeichert und ausgewertet werden. Diese hohen Anforderungen bieten die ideale Gelegenheit, neue Rechner- und Informationstechnologien wie das GRID-Computing zu entwickeln und zu testen, das dereinst vielleicht Teil unseres Alltags sein wird.

Die Größe eines Projekts wie des Large Hadron Collider macht die unmittelbare Einbindung der Industrie erforderlich, mit direktem wirtschaftlichen Mehrwert für die Industriebranche ebenso wie für indirekte Nebenprodukte in Form der Entwicklung neuer Produktionsverfahren oder des Erwerbs neuer Fertigkeiten und neuen Fachwissens. Darüber hinaus wirkt sich der internationale Charakter des LHC in politischer Hinsicht positiv auf die Beziehungen und die Zusammenarbeit einzelner Länder aus. Die Wissenschaft fördert Austausch und Verständigung, indem sie Länder, Institutionen und Menschen zusammenbringt.

Nicht zuletzt bietet der Large Hadron Collider Studierenden und Nachwuchswissenschaftlern einzigartige Bildungs- und Schulungsmöglichkeiten. Junge Menschen sind maßgeblich an den Aktivitäten des LHC beteiligt und hinter zahlreichen spezifischen Aufgaben oftmals die treibende Kraft. Diese Menschen erwerben die Fähigkeit, komplizierte Probleme anzugehen, modernste Technologien zu beherrschen, sich auf schwierige Situationen einzustellen und in großen Teams zu arbeiten. Nicht alle bleiben sie in der wissenschaftlichen Forschung; häufig tragen sie ihre einzigartigen Fertigkeiten und Erfahrungen in andere Bereiche der Gesellschaft. Investitionen in den LHC sind zugleich Investitionen in zukünftige Generationen fähiger und kompetenter Einzelpersonen.

Bei alldem herrscht im Denken der am Large Hadron Collider arbeitenden Menschen wenig Zweifel, dass das vorderste Ziel ihrer Arbeit in der Entdeckung besteht. Der Mathematiker und theoretische Physiker Henri Poincaré hat dies einmal in leidenschaftliche Worte gefasst: »Der Gelehrte studiert die Natur nicht, weil das etwas Nützliches ist; er studiert sie, weil er daran Freude hat, und er hat Freude daran, weil sie so schön ist. [Wäre die Natur nicht so schön, würde sie zu kennen sich nicht lohnen, und das Leben wäre nicht lebenswert.]«[2]

Wie wird die Odyssee im Zeptoraum enden? Homer erzählt, dass Odysseus' Irrfahrten durch das Mittelmeer mit der Rückkehr des Helden ins heimische Ithaka endeten. Nachdem er sämtliche Freier Penelopes niedergemetzelt hatte, bestieg Odysseus den Thron von Ithaka und brachte seinem Land endlich Frieden. So endet die Odyssee. Der Dichter Dante Alighieri konnte kein Griechisch und hatte, wenn man von einigen mittelalterlichen Zusammenfassungen und den Darstellungen in Ovids *Metamorphosen* absieht, die *Odyssee* offensichtlich nie gelesen. In dieser seligen Unkenntnis erdichtete Dante eine interessante Ergänzung zum Epos Homers. Er malte sich aus, dass der nach Ithaka zurückgekehrte Odysseus seinen Drang nach neuen Explorationen nicht bezähmen konnte und sich nach einigen Jahren in Begleitung seiner treuesten Gefährten erneut auf die Reise begab. Er schalt seine Gefährten: »Geschaffen ward ihr nicht, wie Tiere hinzuleben, doch Tüchtigkeit euch zu erringen und Erkenntnis.«[3] Also brachen sie gen Westen auf, getrieben von dem Wunsch, das Unbekannte zu erkennen, und segelten hinter die Säulen des Herakles, welche zu durchfahren den Menschen verboten war. »Das Achterschiff dem Morgen zugewendet, wurden zum tollen Flug die Ruder Flügel.«[4]

Wir können uns von diesen Geschichten inspirieren lassen und uns den Ausgang der Odyssee im Zeptoraum vorzustellen versuchen. Die Entdeckung des Higgs-Bosons ist mit der erfolgreichen Rückkehr Odysseus' nach Ithaka vergleichbar, wie Homer sie erzählt. Diese Entdeckung wird die Bestätigung sein, dass die Idee der spontanen Brechung der elektroschwachen Symmetrie richtig ist, und durch die Detektion der letzten fehlenden Zutat wird sie die experimentelle Validierung des Standardmodells vervollständigen. Ohne Zweifel wird die

[2] J. H. Poincaré: Wissenschaft und Hypothese, Bd. XVII: Wissenschaft und Methode (Science et Method, Flammarion, Paris 1908). Dt. v. F. u. L. Lindemann, B. G. Teubner, Leipzig/Berlin 1914.

[3] D. Alighieri: Die Göttliche Komödie, Inferno; Fünfundzwanzigster Gesang, 119–120; Dt. v. I. und W. von Wartburg.

[4] D. Alighieri, ebd., 124–125.

Entdeckung des Higgs-Bosons ein zentraler Schritt im Erkennen der Naturprinzipien und in unserem Wissen über die Teilchenwelt sein.

Vielen Physikern jedoch wird das Higgs-Boson wie eine vorausgeplante Entdeckung erscheinen. Wir haben bereits experimentelle Daten und theoretische Hinweise zusammengetragen, die auf das Higgs-Boson hindeuten und unserem Glauben an die Existenz dieses Teilchens eine gewisse Sicherheit verleihen. Ein bisschen gleicht die Situation den Entdeckungen des W- und des Z-Teilchens 1983 am CERN sowie des Top-Quarks 1995 am Fermilab. Noch bevor man diese Teilchen entdeckte, hatte die Theorie gewichtige Hinweise auf ihre Existenz gefunden. Anders als bei W- und Z-Teilchen oder beim Top-Quark aber, deren Eigenschaften die Theorie präzise vorhergesagt hatten, sind die Vorhersagen über das Higgs-Boson deutlich weniger scharf umrissen. Der Teil des Standardmodells, der sich auf das Higgs-Boson bezieht, ergab sich ausschließlich aus der Einfachheit und unterliegt keinem tiefgründigen Prinzip. Diese einfache Wahl mag sich durchaus als falsch erweisen. Aus guten Gründen mag die Natur eine andere Struktur zur Verursacherin der elektroschwachen Symmetriebrechung erkoren haben; vielleicht aber ist das Higgs-Boson auch der Überrest derzeit noch unbekannter Kräfte, die im Zeptoraum wirken. In diesem Fall wird die experimentelle Erfassung des Higgs-Bosons Überraschungen für uns bereithalten, wenn sich die Eigenschaften des neuen Teilchens als ganz andere erweisen, als wir gemäß dem Standardmodell erwarten.

Doch ebenso wie Dante dem Epos Homers ein einfallsreiches neues Finale gab, wird die Odyssee im Zeptoraum mit der Entdeckung des Higgs-Bosons womöglich nicht einfach zu Ende sein. Die Physiker erhoffen und erwarten eine neue Wendung in der Geschichte. Und diese Hoffnung gründet nicht einfach auf dem pauschalen Anspruch, der Large Hadron Collider erkunde unbekanntes und unkartiertes Terrain. Im Gegenteil: Die unbefriedigenden Anhaltspunkte zum Higgs-Boson, das Natürlichkeitsproblem und die Verbindung zur Dunklen Materie sind gewichtige Argumente für eine Bevölkerung des Zeptoraums mit ganz anderen Phänomenen und Teilchen als einem einfachen Higgs-Boson.

Eine bedeutende Erkenntnis der Wissenschaft im 19. Jahrhundert war der Nachweis, dass die Himmelskörper aus den gleichen chemischen Elementen bestehen, wie sie auf der Erde zu finden sind, womit gezeigt war, dass das gesamte Universum aus der gleichen Materie zusammengesetzt ist. Durch kosmologische Beobachtungen der jüngeren Zeit ist dieses Bild ins Wanken geraten. Die gewöhnliche atomare Materie kommt für weniger als 5% des Universums auf und der Rest liegt als noch nicht erklärte und unbekannte Substanzen vor—als Dunkle Energie und Dunkle Materie. Der LHC hat die Chance, die Identität der Dunklen Materie zu enthüllen und eines der größten Rätsel unseres derzeitigen Universums zu lösen.

Ein Kernthema der theoretischen Physik der letzten Jahrzehnte setzte sich mit der Frage auseinander, wie der Zeptoraum aussehen könnte. Hierzu wurden zahlreiche neue theoretische Ideen vorgelegt. Manche dieser Ideen wirken fraglos so konstruiert und kompliziert, dass sie mehr Probleme einführen als Lösungen bieten. Andere sind an den experimentellen Daten früherer Beschleuniger, insbesondere des LEP, zerschellt. Dennoch hat der Prozess der spekulativen Erkundung des Zeptoraums einige faszinierende Theorien wie jene der Supersymmetrie, der Extradimensionen, Technicolour sowie mehrere weitere hervorgebracht. Diese Ideen ziehen eine vollständige Überprüfung unserer Vorstellung von Raumzeit, Kräften und Symmetrien nach sich. Ihre Entdeckung im Experiment würde einen Umsturz unserer Konzeption der physikalischen Realität auslösen, mit Konsequenzen für unser Denken, die mit den Auswirkungen der Relativitätstheorie oder der Quantenmechanik vergleichbar sind.

In jüngeren Untersuchungen haben sich zwischen verschiedenen theoretischen Vorstellungen vom Zeptoraum tiefgreifende und unvermutete Verbindungen offenbart, die gezeigt haben, dass die verschiedenen Vorschläge einander nicht ausschließen und dass sich die Natur möglicherweise gleichzeitig mehrerer von ihnen bediente, als sie den Zeptoraum schuf. Hinzu kommt, dass eine neue Idee, einmal geboren, gleich einem Geist aus der Wunderlampe gern eigene Wege geht. Victor Hugo formulierte dies so: »Ideen können ebenso wenig rückwärts fließen wie ein Fluss.«[5] Neue Ideen führen bisweilen zu Ergebnissen, die

[5] V. Hugo: Les Misérables [Die Elenden]. Pagnerre, Paris 1862.

sich ihre Urheber nie ausgemalt hätten. Einstein führte die Kosmologische Konstante ein, um das Universum statisch zu machen; er hatte keinerlei Vorstellung von dem explosiven Phänomen der Inflation oder von der Dunklen Energie, die das Universum heute beherrscht. Yang und Mills entwickelten ihre Theorie in einem missglückten Versuch, die Wechselwirkungen zwischen Pionen zu modellieren; sie konnten nicht ahnen, dass Eichtheorien das fundamentale Prinzip enthalten, dem die Teilchenwelt unterworfen ist. Die Stringtheorie wurde zur Beschreibung der Hadronen ersonnen, bevor die QCD auf den Plan trat, und gilt heute als aussichtsreichste Kandidatin für die Vereinheitlichung der Gravitation mit den übrigen bekannten Kräften. Nicht immer folgt die Wissenschaft einem geraden und logischen Pfad, vielmehr geht sie bisweilen unerwartete Wege. Manche der genialen Theorien, die zur Beschreibung des Zeptoraums erdacht wurden, mögen in keinerlei Verbindung zu den Entdeckungen am Large Hadron Collider stehen; eines Tages jedoch werden wir vielleicht feststellen, dass sie in einem vollkommen anderen wissenschaftlichen Zusammenhang eine Schlüsselrolle spielen. Das wird dann eine weitere Nebenentwicklung aus dem LHC-Projekt sein, ein Spin-off im Bereich der konzeptuellen und geistigen Entwicklungen.

Wie es um die theoretischen Vorhersagen zum Zeptoraum steht, ist weiterhin sehr unklar. Jeder der Vorschläge hat gleichermaßen interessante Merkmale wie Mankos, und keiner von ihnen hat sich bislang als am ehesten zutreffende Theorie erwiesen. Dieser Zustand der Ungewissheit steigert den Reiz der Experimente am LHC. Viele Fragen und Probleme geistern noch im Zeptoraum umher, und Physiker leben von Fragen und Problemen. Die Suche nach der Physik des Zeptoraums gleicht in sehr Vielem der Erkundung eines unbekannten Geländes, in dem es kostbare Schätze geben soll, von dem jedoch niemand eine Karte hat, die den Weg zu diesen Schätzen weist. Wir wissen nicht, was im Zeptoraum liegt, und der Large Hadron Collider hat seine Reise gerade erst begonnen.

Glossar

Achtfacher Weg Methode zur Klassifizierung von Hadronen, die deren Symmetrieeigenschaften verdeutlicht

ALICE (A Large Ion Collider Experiment) Detektor des LHC, der sich vorwiegend der Untersuchung von Schwerionenkollisionen widmet

Allgemeine Relativitätstheorie Theorie, in der die Gravitation auf eine Krümmung von Raum und Zeit zurückgeführt wird

Alphateilchen Heliumkern aus zwei Protonen und zwei Neutronen

Annihilation Prozess, bei dem ein Teilchen und ein Antiteilchen vernichtet und ihre Energien in andere Teilchen- und Strahlungsformen umgewandelt werden

Antimaterie Materie aus Antiteilchen

Antineutron Antiteilchen des Neutrons

Antiproton Antiteilchen des Protons

Antiteilchen Aus der Verknüpfung von Quantenmechanik und Spezieller Relativitätstheorie ergibt sich die Vorhersage, dass jedem Teilchen ein Antiteilchen zugeordnet ist. Ein Antiteilchen besitzt dieselbe Masse und denselben Spin wie sein Partner, aber die entgegengesetzte elektrische Ladung.

Asymptotische Freiheit Eigenschaft einer Fundamentalkraft, in geringeren Entfernungen beliebig schwach zu werden

G.F. Giudice, *Odyssee im Zeptoraum*, DOI 10.1007/978-3-642-22395-2,

ATLAS (A Toroidal Lhc ApparatuS) einer der Detektoren zur Untersuchung der Teilchenkollisionen am LHC

Atom Grundbaustein der Materie aus einem positiv geladenen und von einer Elektronenhülle umgebenen Kern

Atomkern aus Protonen und Neutronen bestehende und von der starken Kraft zusammengehaltene dichte Region im Innern eines Atoms

Baryon Sammelbegriff für sämtliche aus drei Quarks zusammengesetzten und von Gluonen zusammengehaltenen Teilchen (z. B. Proton oder Neutron)

BNL (Brookhaven National Laboratory) 1947 gegründetes US-Forschungslaboratorium in Upton, Staat New York

Boson sämtliche Teilchen mit einem Spin von null oder ganzzahligem Spin

Bran (*auch engl.* Brane) Gebilde mit weniger Dimensionen, als der Raum besitzt, in den es eingebettet ist; auf einer Bran können Teilchen und Kräfte gefangen sein

CERN (Conseil Européen pour la Recherche Nucléaire; Europäische Organisation für Kernforschung) 1954 gegründetes europäisches Laboratorium für Hochenergiephysik bei Genf

Chargino elektrisch geladenes hypothetisches Teilchen in supersymmetrischen Theorien

CMS (Compact Muon Solenoid) einer der Detektoren zur Untersuchung der Teilchenkollisionen am LHC

COBE (COsmic Background Explorer) 1989 gestarteter NASA-Satellit, der erstmals die Temperaturschwankungen der Kosmischen Hintergrundstrahlung feststellte

Collider (Kollisions- *oder* Ringbeschleuniger) ringförmiger Beschleuniger mit zwei gegenläufigen Teilchenstrahlen, die an festgelegten Punkten zur Kollision gebracht werden

DESY (Deutsches Elektronen SYnchrotron) 1959 gegründetes deutsches Laboratorium für Grundlagenforschung mit Standorten in Hamburg und Zeuthen bei Berlin

Detektor Anordnung von Instrumenten zur Messung der in hochenergetischen Kollisionen erzeugten Teilchen

Dipolmagnet Bauelement zur Erzeugung eines Magnetfelds, das die Protonenstrahlen in eine kreisförmige Bahn lenkt

Dunkle Energie noch unbekannte Form der Energie, die einen negativen Druck ausübt und 72% der Gesamtenergie im Universum ausmacht

Dunkle Materie noch unbekannte Form nicht leuchtender Materie, die für 23% des Energiegehalts im Universum aufkommt

Eichteilchen Teilchen, das eine Fundamentalkraft übermittelt

Eichtheorie auf einem Symmetrieprinzip aufbauende Quantenfeldtheorie zur Beschreibung einer Fundamentalkraft

Elektromagnetische Kraft (*auch* elektromagnetische Wechselwirkung) eine der vier Fundamentalkräfte, verantwortlich für sämtliche elektrischen und magnetischen Phänomene

Elektromagnetisches Kalorimeter Instrument zur Messung der Energiewerte von Elektronen und Photonen

Elektron negativ geladenes Elementarteilchen und Bestandteil der Atome

Elektronvolt (eV) Einheit der Energie oder Masse, entspricht der Energie eines Elektrons, das im Vakuum die Spannung von 1 Volt durchläuft

Elektroschwache Symmetriebrechung noch unbekannter Prozess, der Quarks, Leptonen und Eichteilchen Masse verleiht; als wahrscheinlichster Verursacher der elektroschwachen Symmetriebrechung in der Natur gilt der Higgs-Mechanismus

Elektroschwache Theorie Theorie zur Beschreibung von elektromagnetischer und schwacher Kraft in einer gemeinsamen Konzeptstruktur

Endkappe Teil an beiden Enden des Detektors zur Erfassung der Teilchen, die sich verhältnismäßig nah an den Protonenstrahlen entlang bewegen

Ereignis sämtliche Teilchen, die aus der Kollision zweier hochenergetischer Protonen am LHC hervorgehen

Farbladung (*auch engl.* Colour) für die starke Kraft charakteristische, von der QCD beschriebene Teilchenladung (analog zur elektrischen Ladung der QED)

Fehlende (transversale) Energie nicht detektierte Energie, deren Vorhandensein sich aus der Bedingung der Energieerhaltung ergibt und die auf ein »unsichtbares« Teilchen hindeutet

Fermilab (Fermi National Accelerator Laboratory) 1967 gegründetes US-amerikanisches Forschungslaboratorium für Teilchenphysik in Batavia, Staat Illinois

Fermion sämtliche Teilchen mit einem Spin von ½ oder eines ungeraden Vielfachen davon

Galaktischer Hof (*auch engl.* Halo) Bereich einer Galaxie, der sich weit über deren sichtbaren Teil hinaus erstreckt und eine messbare gravitative Anziehungskraft ausübt

Generation eine der drei Gruppen aus Quarks und Leptonen im Standardmodell

GeV (Giga-Elektronvolt) Maßeinheit der Energie; entspricht einer Milliarde Elektronvolt

Gluino hypothetisches Teilchen und supersymmetrischer Partner des Gluons

Gluon Trägerteilchen der starken Kraft

Gravitation eine der vier Fundamentalkräfte, wirkt auf jede Form von Masse und Energie

GRID-Computing verteiltes Computernetzwerk zur gemeinsamen Nutzung von Leistung und Speicherkapazität

Große Vereinheitlichte Theorie (*engl.* grand unified theory, GUT) hypothetische Theorie, in der sich elektromagnetische, schwache und starke Kraft in sehr geringen Entfernungen zu einer einzigen Kraft vereinen

Hadron Teilchenverbindungen aus Quarks, Antiquarks und Gluonen

Hadronisches Kalorimeter Instrument zur Messung der Energiewerte von Hadronen

HERA (Hadron-Elektron-Ring-Anlage) Speicherring des DESY (Deutsches Elektron-Synchrotron); von 1992–2007 wurde hier ein Protonenstrahl mit einem Elektronen- oder einem Positronenstrahl zur Kollision gebracht

Hierarchieproblem Größe des Verhältnisses (Faktor 10^{17}) zwischen schwacher Längenskala und Planck-Längenskala; zeigt die Schwäche der Gravitation gegenüber den übrigen Fundamentalkräften

Higgs-Boson neues Teilchen, das dem Higgs-Mechanismus zugerechnet wird

Higgs-Mechanismus spontane Brechung der elektroschwachen Symmetrie infolge einer gleichförmigen Verteilung des Higgs-Felds, d. h. eines Quantenfelds; dieser Mechanismus kann den Elementarteilchen des Standardmodells Masse verleihen

Higgs-Substanz (*auch* Vakuumerwartungswert des Higgs-Felds) den Raum durchdringende gleichförmige Verteilung des Higgs-Felds als Ursprung des Higgs-Mechanismus

Inflation theoretische anfängliche rasche Ausdehnung des Universums, bei der die Bedingungen für die Erklärung der derzeitigen Struktur unseres Weltalls entstanden

Inflatonfeld hypothetisches Quantenfeld, das in den Anfangsstadien des Universums die Inflation auslöste

Ion Atom, das Elektronen aufgenommen oder abgegeben hat und daher insgesamt eine elektrische Ladung aufweist

Jet gebündelter Hadronenstrom, der ein bei einer Kollision erzeugtes Quark oder Gluon umgibt

Kaluza-Klein-Zustände Abfolge von Teilchenzuständen mit zunehmender Masse als Anzeichen der Bewegung des Teilchens in einem Raum mit zusätzlichen Dimensionen

Klassische Physik Gesamtheit der physikalischen Gesetze ohne die Theorien der Quantenmechanik und der Relativität

Kompaktifizierung Prozess, bei dem sich Raumdimensionen in kleinen Bereichen des Raums aufrollen

Kopplungskonstante Zahl für die Stärke einer Kraft

Kosmische Hintergrundstrahlung (*auch* Kosmischer Mikrowellenhintergrund) elektromagnetische Strahlung im gesamten Universum, die im Mikrowellenbereich erhöht ist und ein thermisches Spektrum bei 2,7 Grad über dem absoluten Nullpunkt aufweist

Kosmische Strahlung hochenergetische Teilchen, die im Universum erzeugt werden und pausenlos auf die Erde auftreffen

Kosmologie Lehre von der Entwicklung des Universums

Kosmologische Konstante gleichförmige Verteilung von Energie, die keiner gewöhnlichen Materie zugeordnet ist

Kryotechnisches System System zur Verteilung von flüssigem Helium zur Kühlung der LHC-Dipolmagnete auf 1,9 Grad über dem absoluten Nullpunkt

Landschaft das aus der Stringtheorie mögliche riesige Spektrum an Theorien zur Teilchenwelt, die jeweils mithilfe anderer physikalischer Gesetze beschrieben werden

LEP (Large Electron-Positron collider) 1989–2000 am CERN betriebener Speicherring zur Beschleunigung und Kollision von Elektronen und Positronen

Lepton Klasse von Elementarteilchen, die nicht der starken Kraft unterliegen; zu den Leptonen gehören Elektron, Myon, Tau sowie die drei Neutrinos

LHC (Large Hadron Collider) Wenn Sie dieses Buch gelesen haben, wissen Sie Bescheid!

LHCb (Large Hadron Collider beauty) LHC-Detektor, der speziell auf die Untersuchung von Hadronen ausgerichtet ist, welche Bottom-Quarks (*auch* Beauty-Quarks) oder Antiquarks enthalten

LHCf (Large Hadron Collider forward) LHC-Detektor zur Untersuchung simulierter kosmischer Strahlen unter Laborbedingungen

Luminosität Anzahl der im hochenergetischen Strahl beschleunigten Teilchen pro Quadratzentimeter und Sekunde

Meson sämtliche aus einem Quark und einem Antiquark bestehenden und von Gluonen zusammengehaltenen Teilchen (z. B. das Pion)

Molekül Baustein der Materie aus mehreren Atomen mit gemeinsamen Elektronen

Multiversum hypothetische Vielfalt an Universen, deren jedes anderen physikalischen Gesetzen unterworfen ist und die in der physikalischen Realität gleichzeitig existieren könnten

Myon Elementarteilchen, das dem Elektron gleicht, aber eine rund 200-fach größere Masse besitzt

Myonenkammer Instrumente zur Messung der Myonenbahnen

Natürlichkeitsproblem konzeptuelles Dilemma zwischen dem stark voneinander abweichenden Größenverhältnis von schwacher und Planck'scher Längenskala ungeachtet der natürlichen Tendenz virtueller Teilchen, jegliche Unterschiede zwischen beiden Längenskalen aufzuheben

Neutralino auf Grundlage der Supersymmetrietheorie vorhergesagtes, elektrisch neutrales hypothetisches Teilchen

Neutrino elektrisch neutrales Elementarteilchen, das ausschließlich der schwachen Kraft unterliegt; die drei Neutrinoarten sind dem Elektron, dem Myon bzw. dem Tau zugeordnet

Neutron elektrisch neutrales Teilchen in Atomkernen, bestehend aus zwei Down-Quarks und einem Up-Quark, die von Gluonen zusammengehalten werden

Photon Teilchen, das die elektromagnetische Kraft vermittelt

Pion Meson mit der geringsten Masse

Planck-Längenskala (10^{-35} Meter) Entfernung, bei der die quantenmechanischen Effekte der Gravitation bedeutsam werden

Positron Antiteilchen des Elektrons

QCD (QuantenChromoDynamik) Theorie zur Beschreibung der starken Kraft

QED (QuantenElektroDynamik) Theorie zur Beschreibung der elektromagnetischen Kraft

Quadrupolmagnet Gerät zur Erzeugung eines Magnetfelds zur Fokussierung der Protonenstrahlen

Quantenfeldtheorie Theorie, derzufolge Teilchen als im Raum verteilte Gebilde, sogenannte Felder, gelten und die Kräfte sich aus Wechselwirkungen zwischen Feldern oder, anders ausgedrückt, aus dem Austausch von Teilchen ergeben

Quantenmechanik Theorie zur Beschreibung der mikroskopisch kleinen Welt, gekennzeichnet von einer intrinsischen Unschärfe und einem indeterministischen Wesen; Teilchen und Wellen werden als gleich gedeutet

Quark Elementarteilchen, das der starken Kraft unterliegt; die sechs Quarks heißen: Down, Up, Strange, Charm, Bottom (*auch* Beauty) und Top (*auch* Truth)

Quark-Gluon-Plasma Form der Materie aus nahezu freien Quarks und Gluonen bei hoher Dichte und Temperatur

Quench Vorgang, bei dem ein Supraleiter durch Erwärmung über seine kritische Temperatur einen Widerstand entwickelt und seine supraleitenden Eigenschaften verliert

Radiofrequenzquadrupol Gerät zur Erzeugung eines elektrischen Felds, das mit Radiofrequenz oszilliert und die Protonenstrahlen beschleunigt

RHIC (Relativistic Heavy Ion Collider) 2000 in Betrieb genommener Schwerionen-Collider am BNL

Schwache Kraft (*auch* schwache Wechselwirkung) eine der vier Fundamentalkräfte, u. a. verantwortlich für die Betastrahlung und die Kernfusionsprozesse, infolge derer die Sonne scheint

Schwache Längenskala (10^{-18} Meter) Reichweite der schwachen Kraft

Signal Ereignis, das sich nicht auf das Standardmodell zurückführen lässt und auf neue Teilchen oder neue Phänomene hindeutet

SLAC (Stanford Linear Accelerator Center) 1962 gegründetes US-amerikanisches Forschungslaboratorium in Menlo Park, Kalifornien

SLC (Stanford Linear Collider) 1989–1998 am SLAC betriebener Linearbeschleuniger für die Kollision von Elektronen- und Positronenstrahlen

Slepton hypothetisches supersymmetrisches Partnerteilchen eines Leptons

Spezielle Relativitätstheorie Theorie zur Beschreibung von Bewegung; unter Abwandlung der Vorhersagen aus der Newton'schen Mechanik für annähernde Lichtgeschwindigkeit

Spin von der Quantenmechanik beschriebene und mit der klassischen Physik unvereinbare unaufhörliche Drehung eines Teilchens um die eigene Achse

Spontane Symmetriebrechung Bedingung für den Zustand eines Systems, die gegen die Symmetrie der physikalischen Gesetze verstößt

SPS (Super Proton Synchrotron) 1976 in Betrieb genommener Teilchenbeschleuniger am CERN, der bereits mit Protonen-, Antiprotonen-, Elektronen- und Positronenstrahlen sowie mit verschiedenartigen Kernen gearbeitet hat

Squark hypothetisches supersymmetrisches Partnerteilchen eines Quarks

SSC (Superconducting Super Collider) Dieser Proton-Collider wäre der größte der Welt geworden. Nach seiner Genehmigung 1987 wurde in Waxahachie im Staat Texas mit dem Bau begonnen, 1993 jedoch wurde das Projekt eingestellt.

Stabiles Teilchen Teilchen, das nicht zerfällt (z. B. Elektron)

Standardmodell Theorie zur Beschreibung sämtlicher bekannter Teilchen und ihrer Wechselwirkungen über elektromagnetische, schwache und starke Kraft

Starke Kraft (*auch* starke Wechselwirkung) eine der vier Fundamentalkräfte, u. a. verantwortlich für die Bindung von Quarks in Hadronen und von Protonen und Neutronen im Atomkern

Stringtheorie Hypothese zur schlüssigen Beschreibung von Gravitation und Quantenmechanik mithilfe von als Strings bezeichneten fundamentalen Gebilden

Supergravitation Erweiterung der Allgemeinen Relativitätstheorie um die Supersymmetrie

Superraum hypothetischer Raum mit neuen Dimensionen, deren Koordinaten ungewöhnlichen algebraischen Regeln folgen

Superstringtheorie um die Supersymmetrie erweiterte Version der Stringtheorie

Supersymmetrie Symmetrie eines Systems im Superraum mit einem Austausch von Teilchen mit unterschiedlichem Spin

Superteilchen Teilchen im Superraum, dem zwei gewöhnliche Teilchen mit unterschiedlichem Spin zugeordnet sind

Suprafluidität Eigenschaft von Materialien, ohne Reibung zu fließen

Supraleitfähigkeit Eigenschaft von Materialien, elektrische Ströme ohne Widerstand zu leiten und Magnetfelder aus ihrem Innern zu verdrängen

Symmetrie (diskrete) Symmetrie bezüglich einer endlichen Anzahl von Veränderungen eines Systems

Symmetrie (globale) Symmetrie bezüglich einer Veränderung eines Systems, die sich an jedem Punkt in Raum und Zeit identisch auswirkt

Symmetrie (kontinuierliche) Symmetrie bezüglich einer beliebig kleinen Veränderung eines Systems

Symmetrie (lokale *oder* Eich-) Symmetrie bezüglich einer Veränderung eines Systems, die sich an verschiedenen Punkten in Raum und Zeit unterschiedlich auswirkt

Symmetrie Eigenschaft eines Systems, unter einer eindeutig definierten Transformation unverändert zu bleiben

Synchrotronstrahlung elektromagnetische Strahlung, die von elektrisch geladenen Teilchen erzeugt wird, deren Bahn man in einem Magnetfeld ablenkt

Tau Elementarteilchen ähnlich dem Elektron, jedoch mit einer etwa 3.500-fachen Masse

Technicolour hypothetische Theorie der elektroschwachen Symmetriebrechung; sagt eine neue Kraft vorher, aber kein elementares Higgs-Boson

Technihadronen von der Technicolour-Theorie vorhergesagte neue Teilchen

Teilchenbeschleuniger Maschine, die Teilchenstrahlen auf hohe Energien beschleunigt

Teilchenzerfall Prozess, bei dem ein Teilchen sich auflöst und seine Energie in andere Teilchen- und Strahlungsformen umwandelt

Tesla Maßeinheit für ein Magnetfeld (*auch* magnetische Flussdichte *genannt*)

TeV (Tera-Elektronvolt) Maßeinheit der Energie, entspricht 1 Billion (= eintausend Milliarden) Elektronvolt

Tevatron 1987 in Betrieb genommener Collider am Fermilab für Proton- und Antiprotonstrahlen

TOTEM (TOTal Elastic and diffractive cross-section Measurement) LHC-Detektor zur Untersuchung der in Strahlrichtung erzeugten Teilchen

Tracker (*auch* innere Detektoren, Streifendetektoren) Instrumente zur Aufzeichnung der Bewegungsspuren jener elektrisch geladenen Teilchen, welche den Detektor passieren

Trigger elektronisches System zur Auslese interessanter Kollisionsereignisse für die spätere Offline-Analyse

Unschärfeprinzip (*oder* Heisenberg-Prinzip) (*auch* Heisenberg'sche Unschärferelation) Grundsatz der Quantenmechanik, demzufolge der Genauigkeit, mit der sich zwei komlementäre physikalische Eigenschaften (z. B. Energie und Zeit, Impuls und Ort) gleichzeitig bestimmen lassen, prinzipiell eine Grenze gesetzt ist

Vakuum Zustand eines Systems mit der niedrigsten möglichen Energie

Virtuelles Teilchen gemäß der Quantenmechanik ein sehr kurzlebiges Teilchen, das einen von seiner Geschwindigkeit unabhängigen Energiebetrag zu übermitteln imstande ist

Wellenlänge Abstand zwischen zwei aufeinanderfolgenden Wellenbergen (bzw. –tälern)

WIMP (Weakly Interacting Massive Particle; *engl.* wimp = Schwächling, Weichei) hypothetisches Teilchen der Dunklen Materie

WMAP (Wilkinson Microwave Anisotropy Probe) 2001 gestarteter NASA-Satellit, der präzise Messungen der Kosmischen Hintergrundstrahlung vornahm

W-Teilchen eines der Teilchen zur Übermittlung der schwachen Kraft

Zeptometer Längenmaß; entspricht einem Milliardstel Milliardstel eines Millimeters (10^{-21} Meter)

Zeptoraum der physikalische Raum, wie er sich bei Entfernungen von unter 100 Zeptometern darstellt; er ist das Ziel der Erkundungsreise des LHC

Z-Teilchen eines der Teilchen zur Übermittlung der schwachen Kraft

Danksagungen

Dieses Buch ist aus öffentlichen Vorträgen und Seminarvorlesungen zum Thema entstanden, die ich aus dem Wunsch heraus gehalten habe, Menschen außerhalb der Welt der Physik die Bedeutung der herannahenden Entdeckungen zu verdeutlichen und ihnen etwas von der Ehrfurcht und Erregung zu vermitteln, die ich persönlich, als Teil dieses epochalen Projekts, empfinde. Thematisch breiter gefasst als ein Vortrag, behält der Text dennoch seinen ursprünglichen Stil einer mündlichen Präsentation bei. In diesem Sinne beschränkt sich seine Zielsetzung darauf, die allgemeine Leserschaft einzuladen, an der Begeisterung eines einzelnen Physikers und an seinen Erwartungen an die Ergebnisse des LHC-Projekts teilzuhaben; das Buch erhebt daher keinen Anspruch auf Vollständigkeit.

Bedanken möchte ich mich bei den Menschen am CERN für die zahlreichen Gespräche, die ich mit ihnen zu Themen um den LHC geführt habe; für ihre Bereitschaft, über Physik zu diskutieren; sowie auch dafür, dass sie dieses Laboratorium zu einem der wunderbarsten und anregendsten Arbeitsumfelder machen, denen ich je angehören durfte. Mein besonderer Dank gilt Guido Altarelli, David Barney, Fabiola Gianotti, Thomas Lohse, Ken Peach, Antonio Riotto, Gigi Rolandi, Emma Sanders und James Wells für ihre sorgfältige und gründliche Lektüre des Manuskripts und ihre wichtigen Anmerkungen, die das Buch sehr verbessert haben. Großen Nutzen gezogen habe ich aus vielen Diskussionen mit Reyes Alemany, Luis Alvarez-Gaumé, Ignatios Antoniadis, Tiziano Camporesi, Albert De Roeck, Alvaro De Rújula, Gia Dvali, John Ellis, Sergio Ferrara, Christophe Grojean, Karl Jakobs, Julien Lesgourgues, Michelangelo Mangano, Emilio Picasso, Riccardo Rattazzi, Lucio Rossi, Geraldine Servant, Mike Seymour, Elena Shaposhnikova, Ezio Todesco, Joachim Tuckmantel, Gabriele Veneziano, Jörg Wenninger und Urs Wiedemann. Mariarosa Mancuso und Nicoletta Moncada möchte ich für ihre Anmerkungen zu einer früheren Version des Buchs danken.

Sehr profitiert habe ich vom hervorragend sortierten Bestand der Bibliothek des CERN, deren Personal ich für seine Freundlichkeit und sein Geschick im Auffinden von Dokumenten danke. Mein besonderer Dank gilt Tullio Basaglia für seine großzügige Hilfe, Anita Hollier vom Pauli-Archiv sowie der Herausgeberin des *CERN Courier* Christine Sutton.

Die Verlagsmitarbeiterschaft bei Oxford University Press hat dieses Projekt mit ihrer professionellen und dabei freundlichen Beratung zu einem Vergnügen für mich gemacht. Besonders geholfen haben mir Sonke Adlung, Melanie Johnstone und April Warman. Paul Beverley möchte ich für seine wertvolle Unterstützung bei der Textbearbeitung sowie für seine umsichtige Verbesserung meines Englisch danken.

Die deutsche Ausgabe dieses Buchs kam dank des entgegenkommenden Engagements von Angela Lahee beim Springer-Verlag in Heidelberg zustande. Aufrichtiger Dank gilt ihr sowie Nicola Fischer für ihre hervorragende übersetzerische Arbeit und ihr Engagement beim Versuch, den Forschergeist der Teilchenphysik ins Deutsche zu übertragen.

Meine Frau Debra hat mehr als eine Manuskriptfassung gelesen und wertvolle Anmerkungen beigesteuert. Die Fragen meiner Söhne Giacomo und Enrico haben mich angeregt, Möglichkeiten zur Darstellung vieler der Konzepte im Bereich der höheren Physik zu finden. Ich widme dieses Buch meiner Familie.

Sachverzeichnis

L

R